石油石化职业技能培训教程

液化石油气库站运行工

(下册)

中国石油天然气集团公司职业技能鉴定指导中心 编

石油工业出版社

内 容 提 要

本书是由中国石油天然气集团公司职业技能鉴定指导中心统一组织编写的《石油石化职业技能培训教程》中的一本。本书包括液化石油气库站运行工高级工、技师应掌握的基础知识、专业知识以及相关知识,并配套编写了相应层级的练习题。

本书既可用于职业技能鉴定前的培训,又可用于员工岗位技术培训和自学提高。

图书在版编目(CIP)数据

液化石油气库站运行工. 下册/中国石油天然气集团公司职业技能鉴定指导中心编. —北京:石油工业出版社,2016.5

石油石化职业技能培训教程

ISBN 978 - 7 - 5183 - 1194 - 1

Ⅰ. 液…

Ⅱ. 中…

Ⅲ. 液化石油气 - 配气站 - 技术培训 - 教材

Ⅳ. TU996

中国版本图书馆 CIP 数据核字(2016)第 060435 号

出版发行:石油工业出版社

(北京安定门外安华里 2 区 1 号　100011)

网　　址:www.petropub.com

编辑部:(010)64243803　图书营销中心:(010)64523633

经　销:全国新华书店

印　刷:北京中石油彩色印刷有限责任公司

2016 年 5 月第 1 版　2016 年 5 月第 1 次印刷

787×1092 毫米　开本:1/16　印张:20

字数:512 千字

定价:65.00 元

(如出现印装质量问题,我社图书营销中心负责调换)

版权所有,翻印必究

《石油石化职业技能培训教程》

编 委 会

主　　任　金　华　赵永起
副 主 任　黄　革　王子云　郝庆华　胡兆科
委　　员　（按姓氏笔画排序）
　　　　　王　工　王中元　王海云　王增玉
　　　　　刘国群　纪安德　李　丰　何　波
　　　　　谷柏强　张月钦　张维勤　苗永健
　　　　　范广文　胡新文　胥　勇　商博军

前 言

随着企业产业升级、装备技术更新改造步伐不断加快,对从业人员的素质和技能提出了新的更高要求。为适应经济发展方式转变和"四新"技术变化要求,提高石油石化企业员工队伍素质,满足职工鉴定的需要,中国石油天然气集团公司职业技能鉴定指导中心根据 2015 年版《国家职业大典》对工种目录的调整情况,修订了《石油石化行业职业资格等级标准》,在新标准的指导下,对"十五"、"十一五"期间编写的职业技能培训教程和职业技能鉴定试题集进行了全面修订。

本套书的修订坚持以职业活动为导向、以职业技能提升为核心,以统一规范、充实完善为原则,注重内容的先进性与通用性。修订的内容主要是新技术、新工艺、新设备、新材料。教程内容范围与鉴定题库基本一致,每个工种的教程分上、下两册,本书上册为初、中级工的内容,下册为高级工、技师的内容,同时配套编写了相应层级的练习题,便于读者对知识点的理解和掌握。本套书既可用于职业技能鉴定前的培训,也可用于员工岗位技术培训和自学提高。本套教材为员工免费提供了学习增值服务,员工可通过石油工业出版社官方微信"微油题库"、油题库 APP 手机移动端进行自主练习和组卷测试。

本教程由中石油昆仑燃气有限公司组织编写,金小青任主编,章淑林任副主编。参加编写的人员有王亚男、付仓宁、刘铎、刘玲娜、刘新宇、毕研成、杜静雯、吴楚、吴松阁、张煦晗、姚正元、贾振旺、郭力、高玉生、彭勤、鄢复春,参加审定的人员有何波、胥勇、王鹏、张廷首、张华芝、陈晓辉、项群、赵海龙。

由于编者水平有限,书中错误、疏漏之处,请广大读者提出宝贵意见。

编 者
2015 年 5 月

目 录

高 级 工

第一章　液化石油气的安全使用 ……………………………………… (3)
　第一节　液化石油气的危险性 ……………………………………… (3)
　第二节　液化石油气的理化特性对安全使用的影响 ……………… (4)
　高级工练习题及答案 ………………………………………………… (8)

第二章　爆炸性气体环境基础知识 …………………………………… (10)
　第一节　爆炸性气体环境 …………………………………………… (10)
　第二节　爆炸危险场所使用的电气设备 …………………………… (11)
　高级工练习题及答案 ………………………………………………… (13)

第三章　机械基础知识 ………………………………………………… (15)
　第一节　机械的识图、制图及国标的基本规定 …………………… (15)
　第二节　螺纹的基础知识 …………………………………………… (18)
　第三节　润滑的基础知识 …………………………………………… (18)
　高级工练习题及答案 ………………………………………………… (22)

第四章　液化石油气储罐与工艺管道 ………………………………… (25)
　第一节　储罐与管道的技术要求及检验要求 ……………………… (25)
　第二节　阀门的维护 ………………………………………………… (30)
　第三节　堵漏技术及方法 …………………………………………… (36)
　高级工练习题及答案 ………………………………………………… (39)

第五章　液化石油气充装设备 ………………………………………… (60)
　第一节　活塞式压缩机 ……………………………………………… (60)
　第二节　烃泵 ………………………………………………………… (62)
　第三节　汽化器 ……………………………………………………… (65)
　第四节　钢瓶 ………………………………………………………… (68)
　第五节　电子充装秤 ………………………………………………… (69)
　高级工练习题及答案 ………………………………………………… (72)

第六章　自动控制系统 ………………………………………………… (90)
　第一节　温度传感器 ………………………………………………… (90)
　第二节　压力传感器 ………………………………………………… (92)

  第三节 伺服液位计 ·· (97)
  第四节 定量装车控制系统故障处理 ·· (100)
  高级工练习题及答案 ·· (105)

第七章 液化石油气库站安全管理与安全设施 ·· (119)
  第一节 作业许可制度 ·· (119)
  第二节 事故应急救援 ·· (124)
  第三节 雨淋报警阀 ·· (127)
  高级工练习题及答案 ·· (131)

第八章 危险化学品的安全管理 ·· (142)
  第一节 危险化学品的储存 ·· (142)
  第二节 危险化学品的安全管理要求 ·· (143)
  高级工练习题及答案 ·· (145)

液化石油气库站运行工高级模拟试卷及参考答案 ·· (147)

技　师

第九章 液化石油气库站管理 ·· (167)
  第一节 液化石油气库站布局 ·· (167)
  第二节 液化石油气库站选址及布置 ·· (169)
  第三节 液化石油气库站安全检查 ·· (174)
  第四节 液化石油气库站充装许可 ·· (176)
  第五节 储罐的安全使用与管理 ·· (182)
  技师练习题及答案 ·· (184)

第十章 储罐的检验及投产 ·· (194)
  第一节 储罐的检验方法 ·· (194)
  第二节 储罐的投产方法 ·· (197)
  技师练习题及答案 ·· (199)

第十一章 机泵的安装及管理 ·· (210)
  第一节 泵 ·· (210)
  第二节 压缩机 ·· (211)
  技师练习题及答案 ·· (214)

第十二章 台秤 ·· (227)
  第一节 台秤的安装 ·· (227)
  第二节 台秤的调试 ·· (229)
  第三节 台秤的故障处理 ·· (234)

技师练习题及答案 ··· (237)
第十三章　自动控制系统及色谱仪 ··· (243)
　第一节　自动控制系统 ··· (243)
　第二节　气相色谱仪故障及处理 ··· (246)
　技师练习题及答案 ··· (248)
第十四章　电子汽车衡 ··· (255)
　第一节　电子汽车衡的组成及工作原理 ··· (255)
　第二节　操作、维护与故障处理 ··· (256)
　第三节　传感器 ··· (258)
　第四节　系统安装 ··· (259)
　技师练习题及答案 ··· (262)
第十五章　HSE 管理体系 ··· (268)
　第一节　HSE 管理体系简介 ··· (268)
　第二节　HSE 管理体系的两书一表 ··· (270)
　技师练习题及答案 ··· (274)
液化石油气库站运行工技师模拟试卷及参考答案 ··································· (277)
附录 ·· (291)
　附录1　液化石油气库站运行工职业资格等级标准 ································· (291)
　附录2　高级液化石油气库站运行工理论知识鉴定要素细目表 ······················· (301)
　附录3　高级液化石油气库站运行工技能操作鉴定要素细目表 ······················· (306)
　附录4　技师液化石油气库站运行工理论知识鉴定要素细目表 ······················· (307)
　附录5　技师液化石油气库站运行工技能操作鉴定要素细目表 ······················· (310)
　附录6　液化石油气库站运行工技能操作考试内容层次结构表 ······················· (311)
参考文献 ··· (312)

高级工

第一章 液化石油气的安全使用

第一节 液化石油气的危险性

一、火灾爆炸危险性

液化石油气的热值很高,是一种理想的工业用燃料和民用燃料,但它的着火温度低,引燃能量小,爆炸下限低,爆炸范围大,遇火源就有燃烧、爆炸的危险。

爆炸下限低于10%的可燃气体属于一级可燃气体,爆炸下限高于10%的可燃气体属于二级可燃气体。液化石油气的爆炸极限为1.5%~9.5%,属于一级可燃气体,因此,液化石油气是一种易燃易爆的介质。液化石油气中丙烷爆炸极限为2.1%~9.5%,丙烯为2.0%~11.7%,丁烷为1.5%~8.5%,爆炸下限值都较低,在泄漏量较小的情况下,发生爆炸事故的可能性很高。

在常压下,液化石油气的着火温度在430~510℃之间。其着火温度较低,所以在安全上要严防泄漏,严禁火种。一旦发生液化石油气着火爆炸事故,将会造成严重的后果。

GAA001 液化石油气的火灾爆炸危险性

二、中毒及烧伤危险性

在液化石油气的生产、储存、运输和使用过程中,一旦罐车、储罐发生泄漏,高浓度的液化石油气吸入人体,会使人昏迷、呕吐,严重时可能使人窒息死亡。

液化石油气若遇明火发生爆炸,可能造成在场人员重伤甚至死亡的严重后果。

GAA002 液化石油气的中毒与冻伤的危险

三、冻伤危险性

液化石油气的沸点极低,是在0℃以下经加压、降温而成液体,储存在罐体内。在液化石油气由气态变液态过程中,其体积缩小为1/250~1/300,也就是250~300m^3气态可变成1m^3的液态,在由气态变液态的变换过程中放出大量的热。当使用过程中,液化石油气由液态变成气态,体积膨胀250~300倍,1m^3的液体又变成250~300m^3的气体;在由液态变气态的变换过程中吸收大量的热,气态液化时放出的热与液态气化时吸收的热相等。

在罐车充装(也称灌装)的过程中,一旦罐体的管道接头连接不好,或管道阀门等发生泄漏,液化石油气体大量喷出,由液态急剧变为气态,便从周围环境中大量吸收热量而造成低温。若该液体不小心溅在操作人员皮肤上,液体急剧吸走皮肤上的热量,会造成皮肤冻伤。因此在装卸液化石油气的过程中,应该采取有效措施进行保护。

第二节 液化石油气的理化特性对安全使用的影响

一、密度和相对密度对安全使用的影响

液化石油气的密度和相对密度，包含两方面的意义，一是气态的密度和相对密度，二是液态的密度和相对密度。

液化石油气气态的密度，随温度的不同而发生变化，随饱和温度相对应的饱和压力的升高而增加。但在容器的外边，在压力不变的情况下，随温度的升高，气态的密度只能缩小。液化石油气液态的密度，随温度的升高而缩小；温度降低时，密度将增大。

GAA003 液化石油气的气态密度对安全的影响

（一）气态相对密度对安全使用的影响

一般液化石油气的气态相对密度为1.5~2（空气相对密度为1），是空气的1.5~2倍。

液化石油气在生产、储存、使用和运输过程中，有时会从容器或管道中漏出来，这些漏出来的液化石油气，由于相对密度比空气大，它不像相对密度比空气小的可燃气体那样容易挥发，而会像水一样往低处流，易积存在低洼处的空气中，越积越多，累积到爆炸极限的浓度，若遇到明火、火花就会发生爆炸或着火。在安全生产和安全使用中，这一物理特性必须特别注意。

GAA004 液化石油气的液态密度对安全的影响

（二）液态相对密度对安全使用的影响

液化石油气液体的相对密度，随温度的上升而降低，随温度的下降而升高。这是液体热胀冷缩的一般道理，但不同的是，液化石油气由温度而引起的体积膨胀系数要大得多，大约是水的10~16倍。一般城市液化石油气的各种压力容器，是按丙烷50℃的条件设计的。

液化石油气的相对密度（或体积、密度）因温度不同而有显著变化的特性，在液态液化石油气的安全使用和管理上必须十分注意，因此，不论是罐车（也称槽车或槽罐车）、储罐还是钢瓶，在充装时都绝对不可以充满，而应留有足够的气相空间，即不得超过通过质量充装系数计算得出的最大充装量。对于液化石油气汽车罐车，考虑到最高温度可能为50℃，其质量充装系数规定如表1-1所示。

表1-1 液化石油气的质量充装系数

介质	丙烯	丙烷	混合液化石油气	正丁烷	异丁烷	丁烯	异丁烯	丁二烯
质量充装系数，kg/L	0.43	0.42	0.42	0.51	0.49	0.55	0.53	0.55

表1-1中质量充装系数的规定，是考虑各种充装误差为5%，并按50℃时充装95%容积而计算的，保证在温度升至50℃时仍不会因液态体积膨胀而充满全部容积。如果不是按质量而是按体积计算充装，则应根据表1-1规定的最大充装量结合充装温度下介质的密度加以换算，而绝不能不管充装温度高低，一概而

论,统统以85%体积充装,否则还是有可能会发生事故。以丙烷为例,在不同充装温度下,其体积充装量如表1-2所示。

表1-2 丙烷在不同充装温度下的体积充装量

温度,℃	-30	-20	-10	0	10	20	30
体积充装量,%	74.07	75.81	77.63	79.55	81.71	84.0	86.42
质量充装系数,kg/L	0.42							

可以看出,如果从充装到使用的全部过程中能控制温升不超过30℃,按85%体积充装,也不会导致充满整个容积的危险,在此条件下按国家劳动总局颁布的《液化石油气汽车槽车安全管理规定》执行也是允许的。

液化石油气的液体全部充满整个容器容积或所留气相空间不够,都是十分危险的。火车(汽车)罐车、储罐、钢瓶等,如果超量充装,把液体完全充满,则温度比充装时上升1℃,压力就增长2.04MPa,超出了原设计压力的范围,温度升高5℃左右就会引起容器的超压自爆。

由于充装过量,气相空间不够,或容积过小,导致储存液化石油气设备发生爆炸的事故案例较多。火车罐车由于全部充装满液体而升压,把安全阀的法兰垫顶破的事故也曾发生过,所以,罐车一定要严格控制充装量,才能保障使用安全。

二、蒸气压对安全使用的影响

液化石油气蒸气压与其组分和温度有着密切的关系。温度越高,饱和蒸气压就越高;温度越低,饱和蒸气压也随之降低。碳原子数越少的组分,其饱和蒸气压越高,碳原子数多的组分,饱和蒸气压较低。

液化石油气的饱和蒸气压,对安全生产、安全储存、安全运输和安全使用的关系极大。因此罐车、储罐都是按丙烷在50℃的饱和蒸气压来考虑,即饱和蒸气压为1.77MPa。丙烯也是液化石油气的组分,但丙烯在50℃时的蒸气压力为2.04MPa,所以按充装丙烷介质设计的罐车严禁充装丙烯。

液化石油气是由多种组分组成的,由于生产过程中的某种原因,丙烯在液化石油中所占的比例有时比较高,此时必须与C_4混合充装,并保证丙烯的含量不得超过50%,这样才能做到蒸气压不超过1.57MPa,达到安全生产使用要求。

此外,根据罐车的安全管理规定,罐车内的液化石油气是不能卸净的,必须留有0.05MPa以上的剩余压力,以免空气进入罐内。所以,在卸液和使用时,都必须留有余压。

GAA005 液化石油气的蒸气压对安全的影响

三、相变对安全使用的影响

在液化石油气的生产过程中,首先要使它由气态变为液态(一般采用加压或降温的方式),使其体积缩小,便于存储。气态变为液态大体上体积可以缩小为1/250,也就是250m³的气体可变成1m³的液体。在由气态变为液态的转变过程中,放出大量的热。当使用的过程中,又要使它由液态变为气态,使液态的体积又膨胀250倍,1m³的液体又变为250m³的气体。气态液化时放出的热和液态汽化时吸收的热相等。

GAA006 液化石油气的相变对安全的影响

在液化石油气液态变为气态的过程中,如果罐壁液体面部分吸热量的速度大于或等于汽化(蒸发)速度时,其液体温度不产生变化。当液体汽化速度加快,使罐壁液面部分的吸热速度小于汽化速度时,液体就会急剧降温,罐体的液相部分就会出现冷凝水,在这种情况下继续大量汽化,罐体的液相部分外壁就会结冰。

由于液体温度下降,汽化速度会减慢,对用户使用来说,是最不利的情况。对于安全生产来说也会产生一些不利因素,特别是在夏天出现这种情况时,罐体的液相部分与气相部分会出现很大的温差。由于温差的作用,气相部分产生热胀,液相部分产生冷缩,就会产生冷缩热胀的温差应力,严重时会引起裂缝。这就是我们常讲的球罐上温带热影响区易产生裂缝的原因之一。

在充装罐车的过程中,有时因管接头部位连接不好,可能会泄漏小部分液体,如果这些液体溅在操作人员的皮肤上,由于液体迅速汽化把皮肤上的热量吸走,会使皮肤冻伤。

四、露点和沸点对安全使用的影响

GAA007 液化石油气露点和沸点对安全的影响

沸点是相对于液体而言的,露点是相对于蒸气而言,两者在数值上是相等的。罐体中液化石油气的气相和液相平衡时的温度,就是该饱和蒸气压下气体的露点和液体的沸点,升温和降压都会引起液体沸腾而继续汽化。

常压下,丙烷的沸点为-42.1℃,在常温下呈气态,即使在严冷的冬季也很容易汽化;正丁烷的沸点为-0.5℃,丁烷的沸点比丙烷高,丁烷在0℃左右就不能汽化使用。所以在北方冬季气温条件下,储存丁烷时表压降到零,甚至出现负压,会造成罐车卸车和储罐出液都很困难,尤其是如果罐车和储罐有轻微泄漏现象时,空气会进入罐车或储罐,罐体内就会出现液化石油气和空气的混合,达到爆炸极限时遇火源即发生爆炸。

出现负压时,罐车卸料和储罐出料都是很困难的。此时可使用蒸发器让部分液化石油气强制汽化,并注入出料的罐车和储罐,使之由负压变为正压,造成与进料储罐的压差。禁止把水蒸气注入储罐和罐车来升温和加压。

五、闪点和自燃点对安全使用的影响

GAA008 闪点和自燃点对安全的影响

可燃物质发生自行燃烧的最低温度称为自燃点。

挥发性混合物遇火源能够燃烧的最低温度称为闪点,不同的可燃物有不同的闪点,闪点越低,发生火灾危险程度越大,所以闪点是一个安全指标,它的高低可确定运输、储存和使用的各种防火安全措施。闪点时发生的燃烧只出现瞬间火苗或闪光,称为闪燃,闪燃是液体发生火险的信号,是着火的前奏。闪点是评定可燃液体火灾危险的主要指标,液化石油气的闪点非常低,属于一类一级易燃易爆液体。液化石油气主要成分闪点如表1-3所示。

表1-3 液化石油气主要成分闪点

成分	丙烷	丙烯	丁烷	丁烯
闪点,℃	-104	-108	-82.78	-80

六、其他烯烃和烷烃对安全使用的影响

二烯烃,一般存在于炼厂液化石油气中,它能聚合成相对分子质量高达 4×10^5 的橡胶状固体聚合物,在气体中,当温度大于 60~70℃ 时即开始聚合。含有二烯烃的液化石油气在升压汽化器的加热面上生成固体聚合物,使汽化器不能正常工作。

相同温度下,乙烷和乙烯的饱和蒸气压远高于丙烷的饱和蒸气压,若液化石油气中的乙烷和乙烯含量过多,将使混合液体的饱和蒸气压升高,会对钢瓶和储罐等储存设备的安全造成影响。

高级工练习题及答案

一、理论知识试题

(一)单项选择题(每题四个选项,只有一个是正确的,将正确的选项号填入括号内)

1. AA001　爆炸下限低于10%的可燃气体属于一级可燃气体,下列不属于一级可燃气体的是(　　)。
   (A)丙烷　　　　(B)丁烷　　　　(C)丙烯　　　　(D)氨气

2. AA001　在常压下,液化石油气的着火温度为(　　)之间,其着火温度较低,所以在安全上要严防泄漏,严禁火种。
   (A)510~650℃　(B)430~510℃　(C)400~500℃　(D)490~540℃

3. AA002　高浓度液化石油气吸入人体后,可使人产生(　　)。
   (A)窒息、昏迷　(B)头痛　　　　(C)身体疲劳　　(D)无症状

4. AA002　液化石油气与人体接触后,会因为(　　)对人体的皮肤造成冻伤。
   (A)释放出大量热量　　　　(B)吸收大量热
   (C)不会造成伤害　　　　　(D)呼吸困难

5. AA003　液化石油气在容器中呈气、液两相存在,其气相密度是空气密度的(　　)倍。
   (A)0.5~1　　　(B)1.5~2　　　(C)250~300　　(D)10~16

6. AA003　液化石油气从容器或管道中漏出来,而会像水一样往低处流的原因是(　　)。
   (A)液态液化石油气的密度比水大
   (B)气态液化石油气的相对密度比空气大
   (C)液化石油气重
   (D)液化石油气里重组分和水分较多

7. AA004　液化石油气由温度而引起的体积膨胀系数大约是水的(　　)倍。
   (A)10~16　　　(B)250~300　　(C)1.5~2　　　(D)0.9

8. AA004　液态液化石油气的相对密度随温度升高而(　　)。
   (A)增加　　　　(B)降低　　　　(C)不变　　　　(D)升高

9. AA005　液化石油气的蒸气压随温度的(　　)。
   (A)升高而减小　(B)升高而增大　(C)无变化　　　(D)降低而减小

10. AA005　对液化石油气蒸气压影响大的是(　　)。
    (A)容器的大小　(B)储存方式　　(C)组分和温度　(D)大气压

11. AA006　液化石油气液态变为气态时要(　　),气态变液态时要(　　)。
    (A)缩小、膨胀　(B)放热、吸热　(C)吸热、放热　(D)放热、放热

12. AA006　液化石油气储罐外壁出现冷凝水现象的原因是(　　)。
    (A)液化石油气汽化的速度太慢　(B)液化石油气汽化的速度太快
    (C)液化石油气液化的速度太快　(D)液化石油气液化的速度太慢

13. AA007　罐体中液化石油气的气相和液相平衡时的温度,就是该饱和蒸气压下气体的露点和液体的(　　)。

(A)蒸气压　　　(B)露点　　　(C)沸点　　　(D)自燃点

14. AA007　丙烷在101.3kPa下的沸点为(　)。
    (A)36.2℃　　(B)-11.7℃　　(C)-47℃　　(D)-42.1℃
15. AA008　丙烷的闪点较低,约为(　)。
    (A)-82.78℃　(B)-80℃　　(C)-108℃　　(D)-104℃
16. AA008　可燃物质发生自行燃烧的最低温度称为(　)。
    (A)闪点　　(B)闪燃点　　(C)自燃点　　(D)燃烧点
17. AA009　含有(　)的液化石油气在升压汽化器的加热面上生成固体聚合物。
    (A)甲硫醇　(B)甲硫醚　(C)乙烷和乙烯　(D)二烯烃
18. AA009　二烯烃聚合后常会对(　)造成影响,使其在很短时间内不能正常工作。
    (A)汽化器　(B)压缩机　　(C)烃泵　　(D)充装秤

(二)多项选择题(每题四个选项,至少有两个是正确的,将正确的选项号填入括号内)
1. AA003　液化石油气的密度和相对密度包含的意义(　)。
   (A)气态密度　　　　　(B)气态相对密度
   (C)液态密度　　　　　(D)液态相对密度

(三)判断题(对的画"√",错的画"×")

(　)1. AA001　液化石油气的热值很高,它的着火温度低,引燃能量小,爆炸下限低,爆炸范围大,遇火源就有燃烧、爆炸的危险。
(　)2. AA002　在液化石油气的生产、储存、运输和使用过程中,一旦罐车、储罐发生泄漏,高浓度的液化石油气吸入人体,会使人昏迷、呕吐,严重时可能使人窒息死亡。
(　)3. AA003　液化石油气的储存场所不应留有井、坑、穴等,对设计的水沟、水井、管沟必须密封。
(　)4. AA004　不论是槽车、罐车、储罐还是钢瓶,在充装时绝对不可以充满,而应留足够的气相空间。
(　)5. AA005　饱和蒸气所显示出来的压力称为饱和蒸气压。
(　)6. AA006　球罐上温带热影响区易产生裂缝的原因之一是饱和蒸气压增加。
(　)7. AA007　液体在沸腾过程中,由外界吸收的热量全部用于汽化,因而温度停留在沸点不再升高,直至液体全部变成气体为止。
(　)8. AA008　闪燃是液体发生火灾的信号,是着火的前奏。
(　)9. AA009　二烯烃在适当的温度下可以聚合成橡胶状的固体聚合物。

二、答案

(一)单项选择题

1. D　2. B　3. A　4. B　5. B　6. B　7. A　8. B　9. B　10. C　11. C
12. B　13. C　14. D　15. D　16. C　17. D　18. A

(二)多项选择题

1. ABCD

(三)判断题

1. √　2. √　3. √　4. √　5. √　6. ×　球罐上温带热影响区易产生裂缝的原因之一是热胀冷缩。　7. √　8. √　9. √

第二章 爆炸性气体环境基础知识

第一节 爆炸性气体环境

GAA010 爆炸性气体环境的概念

一、爆炸性气体环境的概念

随着石油、化工、煤矿等工业的发展,防止爆炸性事故的发生,越来越引起人们的重视,但是在生产过程中又难免会产生爆炸性物质的泄漏,形成爆炸性气体危险场所。

爆炸性环境:可能发生爆炸的环境。

爆炸性气体环境:大气条件下,气体、蒸气或雾状的可燃物质与空气构成的混合物,该混合物点燃后,燃烧将传遍整个未燃混合物的环境。

爆炸危险物质分为以下三类:

Ⅰ类:矿井甲烷。

Ⅱ类:爆炸性气体混合物(含蒸气、薄雾)。

Ⅲ类:爆炸性粉尘和纤维。

温度(热表面)是爆炸性气体产生爆炸的重要点燃源之一。每一种爆炸性气体都有一个温度,在该温度下,即使没有任何其他外界点火源,它都将发生点燃。通常,人们将这一温度称为该气体的引燃温度(AIT)。AIT是反映爆炸性气体点燃特性的又一个重要特征参数。

爆炸性气体、蒸气、薄雾按引燃温度不同分为六组,见表2-1;粉尘、纤维按引燃温度不同分为三组,见表2-2。

表2-1 气体、蒸气、薄雾按引燃温度不同分组

组别	T1	T2	T3	T4	T5	T6
引燃温度,℃	$T>450$	$450 \geq T>300$	$450 \geq T>300$	$450 \geq T>300$	$450 \geq T>300$	$450 \geq T>300$

注:T—温度,℃。

表2-2 粉尘、纤维按引燃温度不同分组

组别	T11	T12	T13
引燃温度,℃	$T>270$	$270 \geq T>200$	$200 \geq T>140$

注:T—温度,℃。

对于Ⅰ类爆炸性物质(只有甲烷气体一种)不分级。

对于Ⅱ类爆炸性气体,可按其不同的点燃特性进行分级。Ⅱ类爆炸性气体、蒸气按最小点燃电流比和最大试验安全间隙分为Ⅱ$_A$级、Ⅱ$_B$级、Ⅱ$_C$级。

爆炸性粉尘、纤维按其导电性和爆炸性分为Ⅲ$_A$级、Ⅲ$_B$级。

二、爆炸性气体环境区域的划分

(一)气体、蒸气爆炸危险环境

气体、蒸气爆炸危险环境分为0区、1区、2区。

0区:是指正常运行时连续出现或长时间出现或短时间频繁出现的爆炸性气体、蒸气或薄雾的区域。除了装有危险物质的封闭空间(如密闭容器、储油罐等内部气体空间)外,很少存在0区。

1区:在正常运行时可能出现(预计周期性出现或偶然出现)的爆炸性气体、蒸气或薄雾的区域。

2区:在正常运行时不可能出现爆炸性气体环境,如果出现也只可能是短时间偶然出现爆炸性气体、蒸气或薄雾的区域。

GAA011 气体、蒸气爆炸性环境区域划分

(二)粉尘、纤维爆炸危险环境

粉尘、纤维爆炸危险环境分为10区、11区。

10区:是指正常运行时连续出现或长时间或短时间频繁出现爆炸性粉尘、纤维的区域。

11区:是指正常运行时不出现、仅在不正常运行时短时间偶然出现爆炸性粉尘、纤维的区域。

GAA012 粉尘、纤维火灾危险区域划分

(三)火灾危险环境

火灾危险环境分为21区、22区、23区,分别是有闪点高于环境温度的可燃液体、悬浮状或堆积状的可燃粉体和可燃固体存在,且在数量和配置上能引起火灾危险的环境。

第二节 爆炸危险场所使用的电气设备

爆炸危险场所使用的电气设备要根据安装环境的类型和等级选择防爆性电气设备。所选用的防爆电气设备的级别和组别不应低于该环境内爆炸性混合物的级别和组别。

一、防爆电气设备的原理

(一)隔爆型电气设备的防爆原理

为防止电气设备将周围爆炸性气体环境引燃而采取将电气设备装入隔爆外壳内,具有这种隔爆外壳的电气设备称为隔爆型电气设备,它是以隔爆外壳所具有的耐爆性和不传爆性来防爆的。所谓耐爆性,就是外壳能承受壳内部爆炸性气体混合物燃烧和爆炸时所产生的很高压力,并且不会引起外部由一种、多种气体或蒸气形成的爆炸性环境点燃,这种压力的大小与混合物的种类、浓度、初始压力、容器的容积大小和形状等因素有关。一般要求外壳能承受1~1.5MPa的内压力而不产生永久性变形。厂家一般按实际压力的1.5倍来设计生产外壳,其外壳材料一般采用钢、铝合金等,对于小型设备和按钮外壳等,可采用高强度的工程塑料。

GAA013 隔爆型和增安型电气设备防爆原理

隔爆型电气设备通常用字母"d"表示。符号"Ex"表明电气设备符合某一种或几种防爆型式的规定。

（二）增安型电气设备的防爆原理

在电气设备的可能产生危险温度、电弧及火花的部件上（所谓可能是指在正常条件下不产生而仅在故障条件下可能产生），采取一些机械的、电气的保护措施，提高其安全性，这种形式的电气设备称为增安型电气设备。

此种电气设备没有防爆级别，而只有类别和温度组别。其安全程度低于隔爆型、本质安全型、充油型，而高于普通形式的电气设备。它适合制造在正常工作时，必须没有电弧、火花或危险温度的设备或设备个别部件，如接线盒、灯具、某些开关或按钮的保护外壳及大部分电动机，包括三相及单相异步电动机、滑环式电动机和同步电动机的无火花部件（如转子、定子等）。

二、爆炸性气体环境用电气设备分类

GAA014 防爆电气设备的种类与标志

（一）防爆电气设备种类与标志

(1) 隔爆型（标志 d）；
(2) 增安型（标志 e）；
(3) 充油型（标志 o）；
(4) 本质安全型（标志 i）；
(5) 正压型（标志为 p）；
(6) 无火花型（标志 n）；
(7) 特殊型（标志 s）设备。

例如，dII_BT4 组是隔爆型、II_B 级 T4 组的防爆电气设备。

GAA015 电气设备的工作温度

（二）电气设备的工作温度

(1) 电气设备的工作温度是设备在额定运行时所达到的温度。
(2) 电气设备的最高表面温度是电气设备在允许的最不利条件下运行时，其表面或任一部分可能达到的并有可能引燃周围爆炸性环境的最高温度。

GAA016 爆炸性气体环境用的电气设备分类

（三）爆炸性气体环境用的电气设备分类

I 类：煤矿用电气设备。
II 类：除煤矿外的其他爆炸性气体环境用电气设备。

II 类电气设备可以按爆炸性气体的特性进一步分类：II 类隔爆型"d"和本质安全型"i"电气设备又分为 II_A、II_B、II_C 类；这种分类对于隔爆型电气设备按最大试验安全间隙，对于本质安全型电气设备按最小引燃电流划分；标志 II_B 的设备可适用于 II_A 设备的使用条件，标志 II_C 的设备可适用于 II_A 及 II_B 设备的使用条件。

液化石油气场所使用的电气设备属于爆炸性气体环境用电气设备的第 II 类。

高级工练习题及答案

一、理论知识试题

(一)单项选择题(每题四个选项,只有一个是正确的,将正确的选项号填入括号内)

1. AA010　可能发生爆炸的环境称为( )。
   (A)爆炸性环境　　　　　　(B)爆炸性气体环境
   (C)可爆炸性环境　　　　　(D)可爆炸气体环境

2. AA010　大气条件下,气体、蒸气或雾状的可燃物质与空气构成混合物,在该混合物中点燃后,燃烧将传遍整个未燃混合物的环境称为( )。
   (A)爆炸性环境　　　　　　(B)爆炸性气体环境
   (C)可爆炸性环境　　　　　(D)可爆炸气体环境

3. AA011　根据爆炸危险区域划分,正常运行时不可能出现爆炸性气体混合物的环境为( )。
   (A)1区　(B)0区　(C)2区　(D)3区

4. AA011　气体、蒸气爆炸危险环境分为( )。
   (A)0区　(B)1区　(C)2区　(D)以上均是

5. AA012　正常运行时不出现、仅在不正常运行时短时间偶然出现爆炸性粉尘、纤维的区域是( )。
   (A)10区　(B)11区　(C)21区　(D)20区

6. AA012　火灾危险环境分为( )。
   (A)10区、11区　　　　　　(B)21区、22区、23区
   (C)0区、1区、2区　　　　 (D)Ⅰ区、Ⅱ区、Ⅲ区

7. AA013　对在正常运行条件下不会产生电弧、火花的电气设备采取一些附加措施以提高其安全程度,防止其内部和外部部件可能出现危险温度、电弧和火花的可能性的防爆型式称为( )。
   (A)隔爆型电气设备　　　　(B)增安型电气设备
   (C)正压型电气设备　　　　(D)充油型电气设备

8. AA013　隔爆型电气设备的防爆原理是( )。
   (A)在电气设备上采取一些机械的、电气的保护措施
   (B)以隔爆外壳所具有的耐爆性和不传爆性来防爆的
   (C)对电气设备的保护部分进行充压,使外界可燃气体不能进入
   (D)以上都是

9. AA014　防爆标志为 Exe Ⅱ$_B$T4 表示防爆电气设备为( )。
   (A)Ⅰ$_B$类隔爆型 T4 组　　　(B)隔爆型Ⅱ$_B$级 T4 组
   (C)Ⅰ$_B$级增安型 T4 组　　　(D)Ⅱ$_B$级增安型 T4 组

10. AA014　防爆标志为 Exed Ⅱ$_B$T5 表示防爆电气设备为( )。
    (A)主体隔爆型,接线腔体增安型　(B)主体隔爆型,接线腔体正压型
    (C)主体增安型,接线腔体隔爆型　(D)主体正压型,接线腔体隔爆型

11. AA015　电气设备在额定状况下运行时所达到的温度称为(　　)。
　　　　　　(A)最高工作温度　　　　　　(B)工作温度
　　　　　　(C)最高表面工作温度　　　　(D)以上均可
12. AA015　电气设备在允许的最不利的条件下运行时,其表面或任意部分可能达到的并有可能引燃周围爆炸性环境的最高温度称为(　　)。
　　　　　　(A)最高工作温度　　　　　　(B)工作温度
　　　　　　(C)最高表面温度　　　　　　(D)以上均可
13. AA016　爆炸性气体环境用电气设备分为(　　)。
　　　　　　(A)2类　　　(B)3类　　　(C)4类　　　(D)5类
14. AA016　液化石油气场所使用的电气设备属于爆炸性气体环境用电气设备的第(　　)类。
　　　　　　(A)Ⅰ　　　(B)Ⅱ　　　(C)Ⅲ　　　(D)Ⅳ

(二) 多项选择题(每题四个选项,至少两个是正确的,将正确的选项号填入括号内)

1. AA016　关于爆炸性气体环境用电气设备的分类及标识说法正确的是(　　)。
　　　　(A)Ⅰ类为非煤矿山用电气设备
　　　　(B)Ⅱ类为煤矿用电气设备
　　　　(C)Ⅱ类电气设备可以按爆炸性气体的特性进一步分为:Ⅱ$_A$、Ⅱ$_B$、Ⅱ$_C$
　　　　(D)防爆标识为 Ex

(三) 判断题(对的画"√",错的画"×")

(　)1. AA010　每一种爆炸性气体都有一个温度,在该温度下,即使没有任何其他外界点火源,它都将发生点燃。
(　)2. AA011　除密闭容器、储油罐等内部气体空间外,很少存在爆炸危险环境的0区。
(　)3. AA012　火灾危险环境分为0区、1区、2区。
(　)4. AA013　具有隔爆外壳的电气设备称为增安型电气设备。
(　)5. AA014　防爆标志为 ExpⅡT3 表示防爆电气设备为Ⅱ类增安型 T3 组。
(　)6. AA015　电气设备的工作温度是设备在额定运行时所达到的温度。
(　)7. AA016　爆炸性气体环境用电气设备标志Ⅱ$_C$的设备可适用于Ⅱ$_A$及Ⅱ$_B$设备的使用条件。

二、答案

(一) 单项选择题

1. A　2. B　3. C　4. D　5. B　6. B　7. B　8. B　9. B　10. C　11. B
12. C　13. A　14. B

(二) 多项选择题

1. CD

(三) 判断题

1. √　2. √　3. ×　火灾危险环境分为21区、22区、23区。　4. ×　具有隔爆外壳的电气设备称为隔爆型电气设备。　5. ×　防爆标志为 ExpⅡT3 表示防爆电气设备为Ⅱ类正压型 T3 组。　6. √　7. √

第三章　机械基础知识

第一节　机械的识图、制图及国标的基本规定

一、机械图样的概念

机械图样是指准确地表达物体的形状、大小及其技术要求的图形,机械图样的主要内容为一组用正投影法绘制成的机件视图,有加工制造所需的尺寸和技术要求。

图样是生产中最基本的技术文件,是设计、制造、检验、装配产品的依据。

机械图样通常由三部分组成,即主视图、俯视图、左视图。

二、机械制图国家标准的基本规定

为了提高图样和技术文件上字体的清晰、美观程度,国家标准规定了机械制图图纸的幅面、格式、标题栏及字体等。

图纸幅面尺寸有五种规定,代号分别为 A0、A1、A2、A3、A4,A0 号图纸的尺寸为 841mm×1189mm,A1 为 594mm×841mm,A2 为 420mm×594mm,A3 为 297mm×420mm,A4 为 210mm×297mm。每张图纸右下角都应该有标题栏,汉字应写成长仿宋体。

图样中,除了用视图表明机件的结构形状外,还要用文字和数字说明机件的技术要求和尺寸大小。图形只能表达物体的形状,不能确定它的真实大小。因此,在图样上必须标注尺寸,机件的真实大小应以图样上所标注的尺寸数值为依据,与图形的大小及绘制的准确度无关。国家标准规定图样中的尺寸以毫米为单位时,不需标注计量单位的代号或名称,如采用其他单位,则必须标明相应计量单位的代号或名称。

在机械图样上为获得实际机件大小的真实概念,应尽可能使用 1:1 的比例绘图。

图样中所标注的尺寸,为该图样所示机件的最后完工尺寸,否则应另加说明。机件的每一尺寸一般只标注一次,并应标注在反映该结构最清晰的图样上。

三、视图的概念

图样中常见的图形有两种:立体图和视图。立体图富有立体感,给人一种直观的感觉,但不能反映物体的真实形状,不能应用于生产上。视图是"正对着"物体的几个方面去看,而分别按正投影方法绘制的图形。投影线与投影面垂直时得到的投影简称为正投影,由于正投影能真实地表达物体的大小和形状,画图也比较方便,所以广泛应用于机械制图,习惯上将正投影简称为视图。

在视图中,规定物体的可见轮廓线画成粗实线,不可见轮廓线画成虚线。为了便于看图,在视图中一般只画出机件的可见部分,必要时可画出其不可见部分。在画剖视图时,在剖切面后的可见轮廓线要全部画出。

GAB001 机械图样的概念

GAB002 机械制图国家标准的基本规定

GAB003 视图的概念

主视图是最重要的视图,选择合理与否对看图和画图是否方便影响很大。

四、零件的表达方法

机械零件的表达方法分别是:基本视图、局部视图、斜视图、旋转视图和剖视图。

(一)基本视图

零件向基本投影面投影所得到的图形,称为基本视图。

国家标准规定,采用正六面体的六个面为基本投影面。将零件放在正六面体中,由前、后、左、右、上和下六个方向,分别向六个基本投影面投影,再按图3-1所示的方法展开,正投影面不动,其余各面按箭头所指方向旋转展开,与正投影面展成一个平面,即得到六个基本投影面。

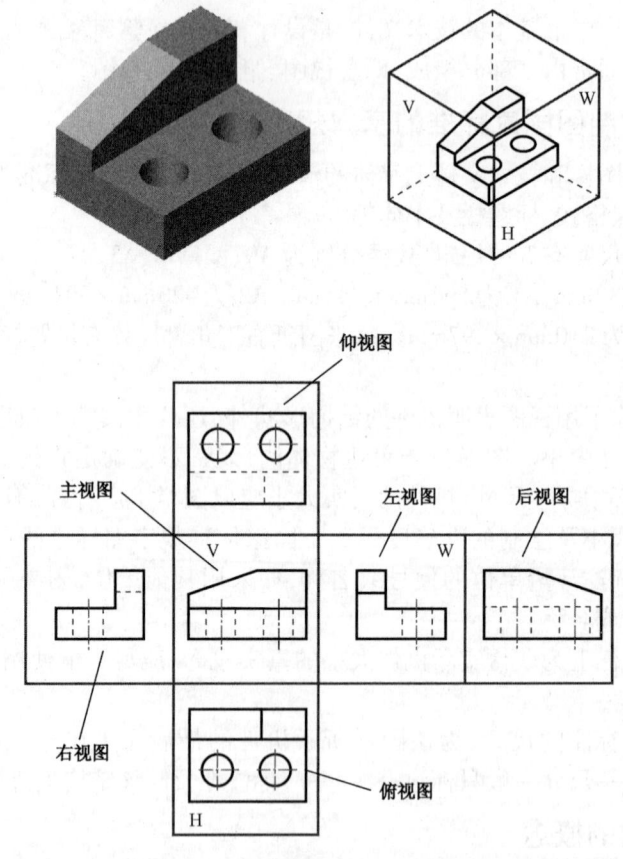

图3-1 零件的六个基本投影图

六个基本视图的名称和投影方向为:

主视图——由正面向后投影物体的形状和长度、高度方向的尺寸及左右、上下方向的位置的视图;俯视图——由上向下投影所得的视图;左视图——由左向右投影所得的视图;右视图——由右向左投影所得的视图;仰视图——由下向上投影所得的视图;后视图——由后向前投影所得的视图。六个基本视图保持"长对正、高平齐、宽相等"的投影特性。

(二)局部视图

零件的某一部分向基本投影面投影而得到的视图称为局部视图。基本视图是不完整的基本视图,利用局部视图可以减少基本视图的数量,补充基本视图尚未表达清楚的部分。下面零件图的局部视图如图3-2所示。

局部视图有以下特点:
(1)除局部视图外重复表达部分不必画出;
(2)用波浪线表示局部视图范围,有材料处画波浪线;
(3)除局部视图外其余部分不必画出;
(4)局部视图轮廓线完整,省略波浪线;
(5)绘制四个基本视图,能反映各部分形体的真形,但左、右视图重复表达底板和竖桶,可采用局部视图来表达。

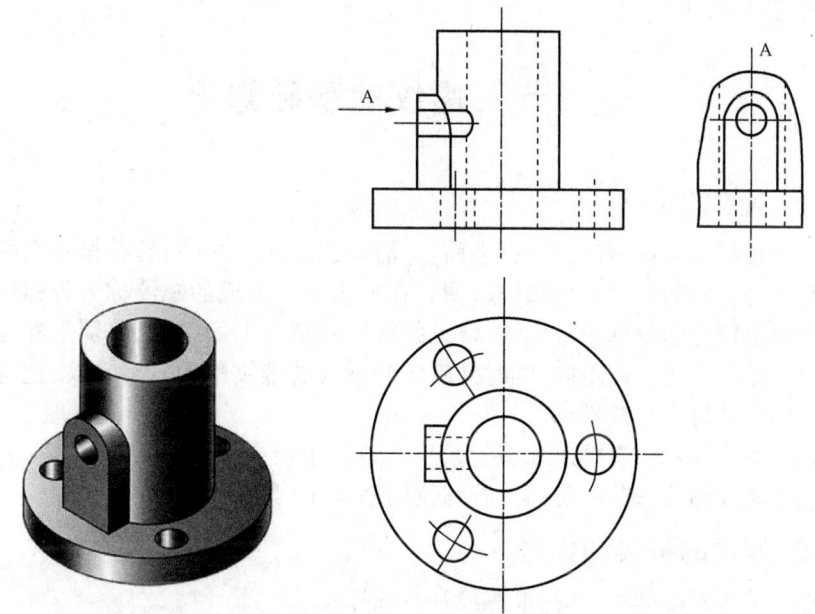

图3-2 零件的局部视图

(三)斜视图

向零件不平行于任何投影面的平面投影所得的视图,称为斜视图。

(四)旋转视图

假想将零件的倾斜部分旋转到与某一选定的基本投影面平行后再向该投影面投影所得到的视图,称为旋转视图。

(五)剖视图

用视图表达零件时,零件内部的结构形状都用虚线表示。如果视图中虚线过多,就会使图形不够清晰,而且标注尺寸也不方便。为此,表达零件内部结构,常采用剖视图的方法,即假想用剖切面剖开零件,将处在观察者和剖切面之间的部分移去,而将其余部分向投影面投影所得到的视图称为剖视图,简称剖视。剖视图不能表达零件的形状。

剖视图按剖切范围的大小,可分为:全剖视图、半剖视图和局部剖视图。

剖面图:假想用剖切平面将零件的某处切断,仅画出断面的图形,称为剖面图。

剖面图与剖视图的区别在于:剖面图仅画出切断面的图形;剖视图除了画出切断处端面的图形,还要画出剖切后面其余部分的投影。剖面图有移出剖面和重合剖面两种图形形式。

五、识读零件图

一般零件图包括四项内容:一组表达零件内外结构形状的视图、制造零件所需的尺寸、必要的技术要求和标题栏。

识读零件图的方法和步骤:一看标题栏;二分析视图;三分析形体;四分析尺寸;五看技术要求。

第二节　螺纹的基础知识

一、螺纹的概念

螺纹是指在圆柱表面或圆锥表面上,沿着螺旋线形成的、具有相同剖面的连续凸起部分。凹陷部分称为螺纹沟槽。在外表面上形成的螺纹称为外螺纹。在内表面上形成的螺纹称为内螺纹,常见的螺钉和螺母上的螺纹,分别是外螺纹和内螺纹。按螺纹的旋向不同,顺时针旋转时旋入的螺纹称为右旋螺纹;逆时针旋转旋入的螺纹称为左旋螺纹。

螺纹的常用术语有螺纹牙型、大径(d、D)、小径(d_1、D_1)和中径(d_2、D_2)、单线螺纹和多线螺纹、螺距、旋向。外螺纹用小写,内螺纹用大写。

GAB005 螺纹的种类及代号

二、螺纹的种类和代号

螺纹分为标准螺纹、非标准螺纹和特殊螺纹。

国家标准对螺纹的牙型、大径和螺距做了统一规定,这三个因素搭配符合标准时,称为标准螺纹;若牙型符合标准,而大径和螺距不符合标准时,称为特殊螺纹;凡牙型不符合标准的螺纹,称为非标准螺纹。标准螺纹中包括普通螺纹、英寸制圆柱管螺纹、梯形螺纹和锯齿形螺纹等,这些螺纹的牙型符号分别为 M、G、T、S。矩形螺纹是非标准螺纹,它没有牙型符号。

第三节　润滑的基础知识

GAB006 润滑的概念

润滑是改善或减少两摩擦表面之间的摩擦和磨损状态,以降低摩擦阻力、减缓磨损的技术措施,常用润滑剂来达到润滑目的。润滑剂有液体、半固体、固体和气体四种,通常分别称为润滑油、润滑脂、固体润滑剂和气体润滑剂。黏性是润滑油和润滑脂的一个重要物理特性,常用的固体润滑剂有二硫化钼和石墨润滑剂。

一、润滑剂的作用

润滑剂的作用是润滑、冷却、冲洗、密封、减振、卸荷、保护等。

(1) 润滑作用。

改善摩擦状况、减少摩擦、防止磨损,同时还能减少动力消耗。

(2) 冷却作用。

在摩擦时产生的热量,大部分被润滑油带走,少部分热量经过传导、辐射直接散发出去。

(3) 冲洗作用。

磨损下来的碎屑可被润滑油带走,称为冲洗作用。冲洗作用的好坏对磨损影响很大,在摩擦面间形成的润滑油很薄,金属碎屑停留在摩擦面上会破坏油膜,形成干摩擦,造成磨粒磨损。

(4) 密封作用。

压缩机的缸壁与活塞之间的密封,就是借助于润滑油的密封作用。

(5) 减振作用。

摩擦件在油膜上运动,好像浮在"油枕"上一样,对设备的振动起一定的缓冲作用。

(6) 卸荷作用。

由于摩擦面间有油膜存在,作用在摩擦面上的负荷就比较均匀地通过油膜分布在摩擦面上,油膜的这种作用称为卸荷作用。

(7) 保护作用。

润滑剂可以防腐和防尘,起保护作用。

二、润滑油的选择原则

润滑油的主要物理化学性质指标有:黏度、闪点、机械杂质、酸值、凝点、水分、水溶性酸和水溶碱的含量、残炭、灰分、抗氧化安定性、腐蚀试验和抗乳化度等。

在充分保证机器摩擦零件安全运转的条件下,为了减少能量消耗,应优先选用黏度最小的润滑油。在高速轻负荷条件下工作的摩擦零件,应选择黏度小的润滑油;而在低速度重负荷条件下工作的,则应选择黏度大的润滑油。在冬季工作的摩擦零件,应选用黏度小和凝点低的润滑油;而在夏季工作的,应选用黏度大的润滑油。受冲击负荷(或交变负荷)和往复运动的摩擦零件,应选用黏度较大的润滑油。

氧气压缩机应选用特殊的润滑剂,如蒸馏水和甘油的混合物。

当没有合适的专用润滑油时,可选用主要指标(黏度)相近(等于或稍大于)的代用油;但它的使用应是临时的,当规定的润滑油到厂后,应停止使用,更换专用润滑油。

三、润滑脂

(一)润滑脂的分类及作用

润滑脂主要是由矿物油与稠化剂混合而成的,润滑脂的摩擦系数较小,其工作情况与普通的润滑油基本上是一样的,而且在运转或停车时都不会泄漏。

常用润滑脂有钙基润滑脂、钠基润滑脂、锂基润滑脂。

润滑脂的主要功能是减磨、防腐和密封。

(二)润滑脂的性质

润滑脂的主要物理化学性质指标包括针入度、滴点、皂分含量、游离有机酸含量、游离碱含量、机械安定性和胶体安定性等。

针入度表示润滑脂软硬的程度,是主要的质量指标之一。针入度越大,润滑脂越软,针入度越小,则润滑脂越硬,针入度随着温度的升高而增大,即润滑脂变软。

滴点表示润滑脂的抗热特性,也是其重要的质量指标之一。普通润滑脂的滴点大约在75~150℃之间。选择润滑脂时,应选择滴点比摩擦零件的工作温度高20~30℃的润滑脂。

皂分含量,在润滑脂中金属皂分的含量越多,则针入度越小,滴点也就越高。

游离有机酸含量指润滑脂中未经皂化的过量有机酸的含量。一般润滑脂中不应含有游离有机酸,因为它不仅会腐蚀金属,而且会使润滑脂变稀变软,致使其性能变坏。

游离碱含量是指制造润滑脂时未起作用的过剩碱量,一般用所相当的氢氧化钠的质量分数表示。皂基润滑脂允许保持微碱性,游离碱含量不大于0.2%。少量游离碱可延长使用寿命和储存期,而过多的游离碱会促使油皂分离,使润滑脂发生分油现象。

机械安定性指润滑脂抵抗机械剪切作用的能力。

胶体安定性指润滑脂抵抗温度和压力的影响而保持其胶体结构的能力。

四、润滑剂"五定""三过滤""三清洁"要求

润滑剂的"五定""三过滤""三清洁"是设备润滑管理的重要内容,是设备安全运行的保障,要做到经常化、规格化和制度化。

GAB009 润滑剂的"五定"内容

(一)"五定"

(1)定点:根据润滑卡片上指定的润滑部位、润滑点和检查点(油标、窥视孔等),实施定点加油、换油,并检查液面高度及供油情况。

(2)定质:根据设备润滑部位和摩擦副的特点要求选择不同性质类别的润滑剂,保证油品不受污染或变质。每个润滑部位使用的润滑剂的质量和品种牌号必须符合润滑卡片上的要求。

(3)定量:按润滑卡片上规定的油、脂数量对各润滑部位进行日常润滑。做好加油和油箱清洗换油时的数量控制和废油回收,做好设备治漏工作。规定每个润滑点最佳加油量,规定每台设备合理消耗定额。

(4)定期:按润滑卡片上规定的间隔时间进行加油和换油。大机组按规定分析频率进行抽样化验,视其结果确定清洗换油或循环过滤,实行按质换油制。

(5)定人:每台设备专人负责加换油。一般来说每班加油及清洗换油工作以车间操作工为主负责,凡常拆卸后才能加油的部位由维修钳工负责,电气部分加

油由电工负责。按润滑卡片上分工规定,明确各工种负责加油、添油、清洗换油和抽验化验的工作职责。

(二)"三过滤"

GAB010 润滑剂的"三过滤""三清洁"要求

三过滤,即三级过滤:检验合格的油品进入固定油桶时进行一级过滤;固定油桶里的油进入加油工具时进行二级过滤;加油工具里的油进入设备润滑点时进行三级过滤。

润滑油三级过滤示意图如图3-3所示。

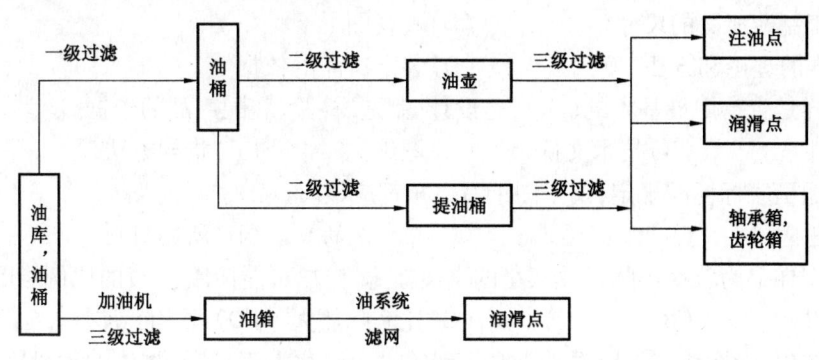

图3-3 三级过滤方框图

透平油、冷冻机油、压缩机油、液压油、机械油、车用机油一级过滤60目(0.28mm),二级过滤80目(0.18mm),三级过滤100目(0.154mm)。

气缸油、齿轮油一级过滤40目(0.45mm),二级过滤60目(0.28mm),三级过滤80目(0.18mm)。

如有特殊油品,由设备管理部确定过滤网网目。

(三)"三清洁"(油桶、油具、加油点)

(1)储油器具清洁。

(2)加油工具清洁。

(3)注油孔隙及周边清洁。

高级工练习题及答案

一、理论知识试题

(一) 单项选择题(每题四个选项,只有一个是正确的,将正确的选项号填入括号内)

1. AB001　机械图样的主要内容为一组用正投影法绘制成的机件视图,有( )和技术要求。
　　(A)加工制造所需的尺寸　　　　(B)斜视图
　　(C)图样的理论和方法　　　　　(D)装配产品的依据

2. AB001　机械图样是生产中最基本的( ),是设计、制造、检验、装配产品的依据。
　　(A)文件　　　(B)技术文件　　　(C)图纸　　　(D)指导方法

3. AB002　机械制图国家标标准规定,每张图纸右下角都应该有( )。
　　(A)标题栏　　(B)作者栏　　(C)单位名称栏　　(D)所用材料

4. AB002　在机械图样上为获得实际机件大小的真实概念,应尽可能使用( )的比例绘图。
　　(A)1:2　　　(B)1:1　　　(C)比实际放大　　(D)比实际缩小

5. AB003　机械制图中,投影线与投影面垂直时得到的投影简称为正投影,物体的正投影称为( )。
　　(A)主视图　　(B)俯视图　　(C)左视图　　(D)右视图

6. AB003　关于三视图的描述内容正确的是( )。
　　(A)主视图和左视图都反映了立体的长度
　　(B)主视图和俯视图都反映了立体的高度
　　(C)主视图和俯视图都反映了立体的长度
　　(D)俯视图和左视图都反映了立体的长度

7. AB004　零件图除具备表达零件内外结构形状的视图和制造零件所需的尺寸外,还要具备( )。
　　(A)零件的技术要求　　　　　(B)标题栏
　　(C)零件的技术要求和标题栏　　(D)加工位置图

8. AB004　不是机件形状的表达方法的是( )。
　　(A)剖视图　　(B)视图　　(C)局部放大图　　(D)简笔画

9. AB005　螺纹分为标准螺纹、非标准螺纹和( )。
　　(A)管螺纹　　(B)内螺纹　　(C)普通螺纹　　(D)特殊螺纹

10. AB005　国标对螺纹的牙型、大径和螺距做了统一的规定,若牙型符合标准,而大径和螺距不符合标准时,称为( )。
　　(A)特殊螺纹　　(B)非标准螺纹　　(C)标准螺纹　　(D)普通螺纹

11. AB006　表示润滑油和润滑脂的一个重要物理特性是( )。
　　(A)水性　　(B)黏性　　(C)张力性　　(D)摩擦性

12. AB006　润滑是改善设备等的摩擦状态以降低( )、减缓磨损的技术措施。
　　(A)摩擦阻力　　(B)设备使用寿命　　(C)摩擦　　(D)动力

13. AB007　润滑剂的作用是润滑、冷却、冲洗、密封、减振、卸荷及( )设备。

(A)支撑　　　(B)减少摩擦　　(C)保护　　　(D)防尘

14. AB007　压缩机的活塞与缸壁之间的密封就是借助于润滑油的( )作用。
(A)保护　　　(B)缓冲　　　(C)防尘　　　(D)密封

15. AB008　在夏季和高温条件下工作的摩擦面应选择( )的润滑脂。
(A)钙基润滑脂　(B)滴点低　　(C)滴点高　　(D)黏度大

16. AB008　润滑脂的主要物理化学性质指标包括针入度、( )、游离有机酸、游离碱、机械安定性和胶体安定性。
(A)酸度　　　　　　　　　(B)润滑液含量
(C)滴点、皂分含量　　　　(D)腐蚀度

17. AB009　润滑油品的定量是按润滑卡片上规定的( )对各润滑部位进行日常润滑。
(A)油、脂数量　(B)油、脂黏度　(C)设备数量　(D)油、脂含量

18. AB009　润滑油品的"五定"中的定量是指( )。
(A)在指定的润滑部位、润滑点和检查点,实施定点加油、添油、换油、并检查液面高度及供油情况
(B)每个润滑部位使用的润滑剂的质量和品种牌号必须符合润滑卡片上的要求
(C)按润滑卡片上规定的油、脂数量对各润滑部位进行日常润滑
(D)每台设备专人负责加换油

19. AB010　气缸油、齿轮油一级过滤用的型号是( )。
(A)40目　　　(B)60目　　　(C)80目　　　(D)120目

20. AB010　气缸油、齿轮油三级过滤用的型号是( )。
(A)40目　　　(B)60目　　　(C)80目　　　(D)120目

(二)多项选择题(每题四个选项,至少两个是正确的,将正确的选项填入括号内)

1. AB004　一般零件图包括的内容为( )。
(A)一组表达零件内外结构形状的视图
(B)制造零件所需的尺寸
(C)必要的技术要求
(D)标题栏

(三)判断题(对的画"√",错的画"×")

(　)1. AB001　机械图样一般由物体的主视图、左视图和俯视图三部分组成。
(　)2. AB002　国家标准对机械图样中的字体形式做了规定。
(　)3. AB003　在视图中,规定物体的可见轮廓线画成粗实线,不可见轮廓线画成虚线。
(　)4. AB004　在画剖视图时,在剖切面后的可见轮廓线不必要全部画出。
(　)5. AB005　矩形螺纹是非标准螺纹,它没有牙型符号。
(　)6. AB006　润滑剂没有防锈、减振、密封、传递动力等作用。
(　)7. AB007　在摩擦面加入润滑剂,能使摩擦系数降低,从而减少了摩擦阻力,节约了能源消耗。
(　)8. AB008　润滑脂的摩擦系数较小,其工作情况与普通的润滑油是不一样的,而且在运转或停车时都会泄漏。
(　)9. AB009　"五定""三过滤"中的"定人"意思是每台设备专人加油。

( )10. AB010 压缩机油的一级过滤一般为80目。

二、答案

(一)单项选择题

1. A   2. B   3. A   4. B   5. A   6. C   7. C   8. A   9. D   10. A   11. B
12. A   13. C   14. D   15. C   16. C   17. A   18. B   19. A   20. C

(二)多项选择题

1. ABCD

(三)判断题

1. √   2. √   3. √   4. ×   在画剖视图时,在剖切面后的可见轮廓线要全部画出。   5. √
6. ×   润滑剂有防锈、减振、密封、传递动力等作用。   7. √   8. ×   润滑脂的摩擦系数较小,其工作情况与普通的润滑油基本上是一样的,而且在运转或停车时都不会泄漏。   9. √
10. ×   压缩机油的一级过滤一般为60目。

第四章　液化石油气储罐与工艺管道

第一节　储罐与管道的技术要求及检验要求

一、液化石油气储罐的技术要求

(一)球形储罐

(1)球形储罐(简称球罐)的技术要求应符合 GB 150.1~150.4—2011《压力容器》以及 GB 12337—2014《钢制球形储罐》等标准的有关规定。

(2)球形储罐的技术要求规定球形储罐制造罐体和受压元件的材料必须有质量合格证明书,并按炉批号复查钢板的化学成分和常温机械性能。

(3)球形储罐的技术要求规定当使用温度低于 -20℃时,还应做 -40℃低温冲击韧性试验。

(4)球形储罐加工前应对球壳板材按有关规定,逐张进行超声波探伤检查,合格后才能使用。

GBA001 球形储罐的技术要求

(二)卧式储罐

(1)卧式储罐(简称卧罐)的锻件应符合 JB 4728—2000《压力容器用不锈钢锻件》规定的Ⅲ级要求。

(2)卧式储罐的全部对接焊缝应进行 100% 射线探伤,达到《钢融化焊对接接头射线照相和质量分级》规定的Ⅱ级及以上为合格。

(3)卧式储罐经各项检查合格后,要以设计压力为最高压力进行气密性试验。卧式储罐基础附近应预埋静电接地板(镀锌板),其接地电阻不得大于10Ω。

(4)卧式储罐罐体在安装之后,应对罐基础做沉降试验,以保证基础稳定,罐体不发生位移。

(5)当卧式储罐基础为钢筋混凝土时,活动支座底板下面必须安装基础垫板,基础垫板必须保持光滑平整,其厚度为 10~20mm。

(6)卧式储罐罐体安装位置要向有液相管的一端下斜,坡度为 0.01~0.02。

(7)卧式储罐放空管最好统一集中设置,排放高度应不低于 5m。

GBA002 卧式储罐的技术要求
GBA003 卧式储罐的安装要求

(三)液化石油气储罐的使用基本要求

(1)储罐区应布置在该液化石油气站常年主导风向的下风侧或平行下风侧,并选择有通风良好的地点设置。

(2)铁路罐车装卸线应布置在罐区的一侧,装卸栈桥的铁路应设计成直段,其坡度不应大于 0.003。

(3)罐区的布置应留有扩建的可能,也可以规划部门在罐区旁留有后征地。

(4)储罐区的地面应设计成不发生火花的混凝土地面,罐区四周要砌筑高度

GBA004 液化石油气储罐使用基本要求

不低于 1m 的非燃烧实体防护堤。

(5)储罐的配置数量应根据液化石油气储配站的设计总储存量和储罐容积确定,总设计储存量在 400m³ 以上时,应设计大容量储罐。为保证接收、储存、充装、倒罐等作业的正常运行,储罐最少应配备两台,另单独设置残液罐至少一台。储罐数量多的应分组布置,每组不得超过四台储罐,组与组之间距离不应少于 20m。

(6)罐区附近应有消防通道,并且有直接通向站外的安全出入口,一般生产区设有两个门,储罐距站区围墙的距离不小于 15m。

(7)汽车罐车装卸台中心线与液化石油气储罐的防火间距不应小于 30m,汽车罐车装卸台宽度不应小于 3.5m,高度应比站内地平面高 0.6m 以上,装卸台的路面应留有不小于 0.005 的向外坡度。

二、液化石油气管道的技术要求和检验要求

液化石油气用管道运输时,运行安全、运行费用低。管道运输只适宜用于气量大的情况,也适用于运输量虽大、而运输距离较短的情况,本章只涉及液化石油气库站内的管道。

GBA005 管道的设计及附件的布置要求

(一)管道的设计及附件布置要求

(1)液化石油气管道的埋深应在冰冻线以下,与建(构)筑物、相邻管道的水平距离和垂直距离不应小于相关规定。

(2)管道沿线每隔 10~20m 宜设置阀门,两阀门之间要加设管道安全阀及放散阀,以便于检修及安全。

(3)液化石油气管道一般采用截止阀,阀门压力等级不应低于管道设计压力,但最低压力不得低于 2.5MPa。

(4)液化石油气管道应采用煨制弯头,弯头曲率半径应取管道直径的 4~5 倍,弯头任何部位的管径收缩率不应小于管径的 2.5%。管道三通和其他开口应考虑补强。

(5)埋地管线一般采用沥青玻璃布防腐或黄夹克防腐。

(6)埋地管线的起点、终点、平面转弯处和直管段每 1km 设置一个里程桩,里程桩上应标明公里数及符号。管道上不得种树、建房和堆垛物品。

(7)由于液化石油气是易燃、易爆的低黏度液体,若其流速过大,有产生静电火花的危险。因此,一般允许流速不超过 2~3m/s,管径越大,控制的流速应越低。

GBA006 流过管道某一截面的液化石油气流量

管道输送时计算流速如下:

【例 4-1】 已知 $D108\times 4$ 管道内径 $d=100$mm,流速 $v=1$m/s,求其体积流量。

解:管道截面积 $S=\pi R^2=3.14\times(100\div 2\times 10^{-3})^2=0.00785(m^2)$

流量 $Q=Sv=0.00785(m^3/s)$

答:体积流量为 $0.00785m^3/s$。

【例 4-2】 已知输送 LPG 的管道直径(内径)为 80mm,管道内 LPG 的流速为 2.2m/s,液体的密度为 0.54t/m³,求单位时间内流过管道某一截面的质量

流量。

解：管道截面 $S = \pi R^2 = 3.14 \times (0.08/2)^2 = 5.024 \times 10^{-3} (m^2)$

流量 $Q = v\rho S = 2.2 \times 0.54 \times 5.024 \times 10^{-3} = 0.006 (t/s) = 6 (kg/s)$

答：单位时间(1s)内流过管道某一截面的 LPG 质量为6kg。

(二)管道敷设方式及安全要求

输送液化石油气的管道宜采用无缝钢管。管道敷设方式有架空和埋地两种敷设方式。

1. 架空敷设

液化石油气管道架空敷设时，可以与其他管道共架，当多根管道并列时，应在管道适当设置栈桥，但严禁液化石油气管道随铁路桥梁和公路桥梁架设。架空敷设的液化石油气管道跨越铁路、公路和人行道时，应留有一定的安全高度，其具体要求为：跨越电力牵引铁路时，距铁道钢轨面不小于6.5m；跨越非电力牵引铁路时，距铁道轨面不小于5.5m；跨越公路时，管道距路面的净距离不小于4.5m，跨越人行道时，净距离不小于2.5m。同时，架空敷设管道的交叉处，不得安置管道附件及排水放气等设施，架空管道不得穿越设有液化石油气设施的建筑物、构筑物、堆放易燃易爆材料和具有腐蚀性液体的场地。架空液化石油气管道每隔80m 接地一次，以消除由于管内气体流动与管壁摩擦而产生的静电。接地应可靠，其接地电阻不大于10Ω，且所有法兰及螺纹连接处均应焊有导电的跨线。

GBA007 架空敷设管道的安全要求

2. 埋地敷设

液化石油气管道一般采用地下直埋敷设。其埋设深度应低于冷冻线，管道走向避开地形复杂地段，避免穿越城镇、村落等人口密集地区。

管道穿越河流和渠道时，宜采用河(渠)底敷设。

管道与铁路、公路并行或交叉穿越时，要注意防震。

对埋地管道不允许在管道上设置检查井，可考虑安置排水阀门操作的地面盖罩。埋地液化石油气管道每隔80m 接地一次，以消除由于管内气体流动与管壁摩擦而产生的静电，接地电阻不大于10Ω。

GBA008 埋地敷设管道的安全要求

3. 库站区管道安装要求

(1)库站区室外所有管道不允许以管沟方式敷设。当局部地段必须采用管沟敷设时，管道安装后应在沟内充填砂子，以防液化石油气泄漏进入管沟。

(2)库站区室外液化石油气管道宜采用单排低支架敷设，其管底与地面的净距可取0.3m，跨越道路采用高支架时，其管底与地面的净距不应小于4.5m，管架一定要牢固可靠，要用非燃烧材料制成。

(3)埋地钢管应在冰冻线以下，且不得小于0.8m，同时要做好防腐处理。

(4)钢管宜采用焊接连接，管道焊缝应全部进行无损探伤。管道与储罐、容器、设备及阀门可采用法兰连接。管径小于20mm 的管道及阀门，可采用螺纹连接。

(5)管道、弯头应采用煨制弯头，其弯曲半径为管径的4倍。

GBA009 库站区管道安装的要求

(6)聚乙烯管道只作埋地管道使用。其埋设的最小管顶覆土厚度应符合下列规定：

① 埋设在车行道下时,不宜小于0.8m；

② 埋设在非车行道下时,不宜小于0.6m。

(7)管道的间距应便于施工、安装和检修。对于无法兰、无保温的管道,一般间距为100～200mm；对于带法兰、无保温的管道,一般间距为150～350mm；对于保温管道和不保温管道间距为150～300mm。

(8)经常操作的阀门可集中布置,两阀门之间的封闭液相管道上要装设管道安全阀。

(9)管道应设导静电装置,接地电阻不大于100Ω。平行敷设的管道每隔20～30m应用断面不小于6mm^{2}的铜导线跨接一次。法兰连接处一定要有良好的跨接。

(10)储罐区管道最低点应设排水阀；最高点应设放气阀；进液总管道应设取样阀；储罐液、气相出口应设紧急切断阀；储罐液相进口管应设止回阀；烃泵的出口管应设止回阀及安全回流阀。

GBA010 管道检验的要求

4. 管道检验要求

(1)液化石油气管道安装完毕后,应进行水压试验和气密性试验,水压试验压力为设计压力的1.25倍,稳压20min,用肥皂水检查有无泄漏现象。

(2)气密性试验的压力为管道的最高工作压力。

GBA011 液化石油气管道维护与检查

5. 液化石油气管道的维护与检查

(1)经常检查气相和液相管道有无脱漆、腐蚀、变形、泄漏等情况,防腐层脱落严重的部位需要磨新除锈、刷漆。

(2)观察就地安装的压力表是否符合运行压力工况要求,若发现管道堵塞等异常情况应及时排除。

(3)经常检查管道支架是否牢固,接地有无锈蚀、损坏,若支架松动,要采取加固措施处理。

(4)定期检查有汽车罐车、消防车行驶的地段的地下管道是否有压损和变形的情况,若发现异常应及时抢修。

(5)定期检查伴热管的保温层是否完好,如有损坏、脱落,应及时修复。

三、液化石油气储罐的检验要求

液化石油气储罐属于压力容器,压力容器检验周期应根据容器的技术情况、使用条件和有关规定来确定。

GBA012 储罐的检验周期

(一)储罐的检验周期

液化石油气储罐属于压力容器,《压力容器安全技术监察规程》、《压力容器定期检验规则》将压力容器的检验分为年度检查和定期检验两种形式。定期检验又包括全面检验和耐压试验。其检验周期的具体规定如下。

1. 年度检查

年度检查是指为了确保压力容器在检验周期内的安全而实施的运行过程中

的在线检查,每年至少检查一次。

固定式压力容器的年度检查可以由使用单位的压力容器专业人员进行,也可以由国家质检总局核准的检验机构持证的压力容器检验人员进行。

移动式压力容器的年度检查由国家质检总局核准的检验机构持证的压力容器检验人员进行。

2. 定期检验

压力容器的定期检验工作包括全面检验和耐压试验。

全面检验是指压力容器停机时的检验,全面检验应由检验机构进行,其检验周期为:

(1)安全状况等级为1、2级的,一般每6年一次;

(2)安全状况等级为3级的,一般3～6年一次;

(3)安全状况等级为4级的,其检验周期由检验机构确定。

压力容器首次全面检验一般应当于投用满3年时进行。

(二)储罐与管道的定期检验项目

GBA013 储罐与管道的定期检验项目

根据《压力容器安全技术监察规程》的规定,压力容器的定期检验项目如下:

(1)外部检验,指在压力容器运行中的检验。

(2)内部检验,指在压力容器停用时的检验。

(3)强度试验,指在压力容器停用检验时,所进行的超过最高工作压力的液压试验。

液化石油气管道的定期检验项目为:

(1)全面检验,指管线停用后的检验,检验内容包括对管道焊缝进行射线或超声波探伤检查;

(2)在线检验,指管线不停产时的检验。

(三)液化石油气储罐内部检验的内容和要求

GBA014 液化石油气储罐内部检验的内容和要求

(1)内部检验包括外部检验的全部内容。

(2)储罐的内外表面、开孔接管处有无介质腐蚀或冲刷磨损现象。

(3)储罐的所有焊缝、封头过渡区和其他有应力集中的部位是否有裂痕,对有怀疑的部位,应采用10倍放大镜检查或无损检查。

(4)发现筒体、封头内外部表面有腐蚀时,应进行壁厚测量,测量的壁厚小于最小壁厚时,应重新进行强度核算,并提出可否继续使用的建议和许用最高工作压力。

(5)储罐内壁如由于温度、压力、介质腐蚀作用有可能引起金属材料晶相组织连续性破坏时,还应进行晶相检验和表面硬度测量,并给出检验报告。

(6)储罐的主要紧固螺栓,应逐个进行外观检查,并用磁粉和着色探伤检查有无裂纹。

(四)液化石油气储罐外部检验的内容和要求

GBA015 液化石油气储罐外部检验的内容和要求

外部检验是指在用储罐运行中的检验,每年至少进行一次。

(1)储罐壳体表面有无裂纹、变形、腐蚀、局部过热、泄漏等异常现象。

(2)储罐的防腐层、保温层及设备铭牌是否完好。

(3)储罐的接管、焊缝是否完好。

(4)安全附件是否齐全、灵敏、可靠,是否在检验周期,检测仪器仪表是否完好。

(5)阀门法兰垫子是否完好,紧固螺栓是否紧固,阀门开、闭状态是否正确。

(6)支承、支柱、基础有无下沉、开裂、倾斜等异常现象,地脚螺栓是否完好,是否按要求进行紧固。

GBA016 储罐与管道检验前的准备工作

(五)储罐与管道检验前的准备工作

(1)审查储罐的原始资料和制订储罐的检验方案。

(2)将待检储罐内的液态液化石油气倒到其他储罐内,也称为退料。

(3)用水或惰性气体对储罐进行置换处理,用盲板隔断与其连接的设备和管道,并加明显隔断标记。

(4)必须切断与储罐有关的电源。

(5)将储罐的人孔全部打开,拆除储罐内所有的内件,清除内壁污物。

(6)进行储罐内部检验时,应使用12V或24V的低压防爆灯。在储罐外应设专人监护,检测仪器和修理工具的电源电压超过36V时,必须有绝缘良好的软线和可靠的接地线。

(7)外部有保温层的储罐,在外部检验和内外部检验时,一般可不拆除保温层。若怀疑壳体有缺陷时应拆除检查。全面检验时,则应部分或全部拆除保温层。

GBA017 储罐与管道检验报告的主要内容

四、储罐与管道检验报告的主要内容

(一)定期检验报告

经过定期检验的储罐,由检验单位和检验员按《压力容器使用登记管理规则》的规定提出检查结论,出具检验报告,检验报告应明确储罐的安全状况等级、下次检验日期或需要采取的特殊监测措施。

(二)储罐年度检查结论

(1)允许运行,是指年度检查未发现或者只有轻度且不影响安全的缺陷。

(2)监督运行,是指年度检查发现经使用单位采取措施后能保证安全使用的一般缺陷,结论中应当注明监督运行需要解决的问题及完成期限。

(3)暂停运行,仅指安全附件存在逾期未解决的问题,问题解决并且经过确认后,允许恢复运行。

(4)停止运行,指年度检查发现严重缺陷,不能保证压力容器安全运行的情况,应当停止运行或者由检验机构持证的压力容器检验人员做进一步检验。

第二节 阀门的维护

一、安全阀

安全阀是液化石油气储存设备中最重要的安全附件之一,安全阀的作用是当压力容器(如液化石油气储罐、残液罐、罐车、集液分离器、汽化升压器等)和管道内的压力超过设计工作压力时,安全阀自动开启,将容器和管道内部分气态或液态液化石油气排放掉,使容器或管道内压力恢复到正常工作压力,以避免超压事故的发生。

(一)安全阀的结构及分类

常用的安全阀有杠杆式安全阀和弹簧式安全阀两种类型,液化石油气设备和系统一般采用弹簧式安全阀。弹簧式安全阀按安装位置与介质的接触情况不同分为内弹簧式安全阀、外弹簧式安全阀、管道安全阀等形式。

外弹簧式安全阀安装在固定式容器或管道上,弹簧元件与介质不直接接触;内弹簧式安全阀是阀芯直接深入设备内部,并与介质相接触,主要用于移动式压力容器,如汽车罐车、火车罐车、罐船;管道安全阀是专为液化石油气液相管上设置的安全装置,以防止管路憋压过高而造成事故。

弹簧式安全阀根据阀芯开启的高度分为全启式安全阀和微启式安全阀两种,全启式安全阀用于较大容积的储罐,微启式安全阀用于较小容积的储罐。

弹簧式安全阀主要由阀体、阀芯、阀座、阀杆、弹簧、弹簧压盖、调节螺栓、销子、外罩、提升手柄等部件构成。

GBA018 安全阀的结构与分类

(二)安全阀的工作原理

安全阀是利用弹簧被压缩后的弹力来平衡气体作用在阀芯上的力,当气体作用在阀芯上的力低于弹簧的弹力时,阀芯紧压在阀座上,安全阀处于关闭状态;当气体作用在阀芯上的力超过弹簧的弹力时,弹簧被进一步压缩,阀芯被抬起而离开阀座,液化石油气从阀芯被抬起而离开阀座的缝隙排出,使储罐或管道内的介质压力降低。其开启压力的大小可通过调节弹簧的松紧度来实现,将调节螺栓右旋,弹簧被压缩量增大,作用在阀芯上的弹力增高,安全阀开启,压力升高;如将调节螺栓左旋,弹簧被放松,作用在阀芯上的弹力减小,安全阀开启,压力降低。

(三)安全阀的安装要求

液化石油气储罐及管道所使用的安全阀必须是有效的,即无论新阀还是修复后的阀,必须具有相应的质量证明,并有完整无损的铅封和封印。安全阀开启压力最大不超过该储罐设计压力的 1.05 倍。

(1)液化石油气储罐必须设置全启式弹簧安全阀,容积为 $100m^3$ 及其以上储罐应装设 2 个或 2 个以上安全阀。

(2)截止阀与罐体、截止阀与安全阀连接的法兰之间必须采用金属缠绕垫。

(3)安全阀应装设放散管,其管径不应小于安全阀出口管径。放散管口应高出储罐操作平台 2m 以上,且高于地面 5m 以上。

(4)安全阀每年至少应检验一次,拆卸进行检验有困难时应采用现场检验(在线检验)。

(5)安全阀应垂直安装,并应装设在压力容器液面以上的气相空间,或与连接在压力容器气相空间上的管道相连接。

(6)压力容器与安全阀之间的连接管和管件的通孔,其截面积不得小于安全

GBA019 安全阀的安装要求

阀的进口面积。

(7)压力容器与安全阀之间不宜装设中间截止阀。但液化石油气储罐与安全阀之间要装设截止阀,以便于安全阀的更换、清洗、检验。截止阀的结构和通径尺寸应不妨碍安全阀的正常泄放。当储罐正常运行时,截止阀必须保持全开,并加铅封。

(8)安全阀装设位置应便于检查和维修。

(四)安全阀年度检验

GBA020 安全阀年度检验的内容

1. 安全阀年度检验的内容

安全阀年度检验的内容包括:
(1)安全阀的选型是否正确。
(2)检验有效期是否过期。
(3)检查调整螺钉的铅封装置是否完好。
(4)检查筒体与安全阀之间的截止阀是否处于全开位置及铅封是否完好。
(5)安全阀是否泄漏。

年度检验时,凡发现以下情况之一的,必须整改:
(1)选型错误。
(2)超过检验有效期。
(3)铅封损坏。
(4)安全阀泄漏。

GBA021 安全阀年度检验的要求

2. 安全阀年度检验的要求

安全阀年度检验有以下要求:
(1)安全阀需要进行现场检验(在线检验)和压力调整时,使用单位主管压力容器安全的技术人员和经过安全阀检验培训合格的人员应当到现场确认,调校合格的安全阀应加铅封,调整及检验所用压力表的精度应当不低于1级。在检验和调整时,应当有可靠的安全防护措施。

(2)年度检验工作完成后,检查人员根据实际检查情况出具检验报告,给出结论。

结论为允许运行是指未发现或只有轻度不影响安全的缺陷。

结论为监督运行是指发现一般缺陷,经过使用单位采取措施后能保证安全运行。

如果结论是监督运行,应当注明监督运行需要解决的问题及完成期限。

结论为暂停运行仅指监督运行需要解决的问题逾期仍未解决的情况,问题解决并经确认后,允许恢复运行。

结论为停止运行是指发现严重缺陷,不能保证储罐安全运行的情况,应当停止运行或者由检验机构持证的压力容器检验人员进一步检验。

(3)当进行全面检验时,安全阀必须从储罐上拆下,进行解体检查、维修与调校。安全阀检验合格后,打上铅封,出具检验报告后方能使用。

(五)安全阀故障处理方法

GBA022 安全阀阀体泄漏的故障处理方法

1. 阀体泄漏

在设备工作正常的压力下,阀瓣与阀座密封面之间发生超过允许程度的渗漏称为阀体泄漏。

(1)污垢掉落到密封面上。解决办法：使用提升扳手将阀门启闭几次，把污垢冲去。

(2)密封面的损伤。根据损伤的程度，采用车削后研磨的方法加以修复，修复后应保证密封面平滑，其粗糙度符合要求。

(3)由于装配不当或管道载荷等原因，使零件的同心度遭到破坏，应重新装配或排除管道附加的载荷。

(4)阀门开启压力与设备正常工作压力太接近，以致密封面比压力过低。当阀门受震动或介质压力波动时更容易发生泄漏。根据设备强度条件对开启压力进行适当的调整。

(5)弹簧松弛，从而使整定压力降低，并引起阀门泄漏。可能是由于高温或腐蚀等原因造成，应根据原因采取更换弹簧、甚至调换阀门(如果属于选用不当的话)等措施。如果仅仅是由于调整不当所引起，则只需把调整螺杆适当拧紧。

2. 阀门频繁启闭

(1)阀门排放能力过大(相对于必需排量而言)，应当使所选用阀门的额定排量尽可能接近设备的必需排量。

(2)进口管道口径太小或阻力太大，应使进口管内径不小于阀门进口通径，或者减小进口管道阻力。

(3)排放管道阻力过大，造成排放时过大的背压，应降低排放管道阻力。

(4)弹簧刚度太大，应改用刚度较小的弹簧。

(5)调节圈调整不当，使回坐压力过高，应重新调整调节圈位置。

3. 安全阀启闭不灵活

(1)长时间未得到清理，导致部件被脏物污染或腐蚀，应该清洗。

(2)调节圈工作异常，导致阀门开启过程被延长或回坐迟缓，只需要重新加以调整即可。

(3)排放管道阻力过大，导致排放时背压较大，致使阀门开启不足，应降低排放管道阻力。

(4)密封面损伤，应根据损伤程度，采用研磨或车削后研磨的方法加以修复。

(5)阀杆弯曲、倾斜或杠杆与支点偏斜，使阀芯与阀瓣错位，应重新装配或更换。

(6)弹簧弹性降低或失去弹性，应采取更换弹簧、重新调整开启压力等措施。

4. 安全阀不在规定的初始整定压力下开启

故障原因：定压不准；弹簧老化，弹力下降。

处理方法：调整旋紧螺杆或更换弹簧。

(六)液相安全回流阀

液相安全回流阀是保护管道和设备的装置，它与储罐的安全阀的结构相同，设置在烃泵出口处，是平衡泵出液量与充装量相互关系的安全装置。当充装需

GBA023 安全阀阀门频繁启闭的故障处理方法

GBA024 安全阀启闭不灵活的故障处理方法

GBA025 液相安全回流阀的构造及故障处理

要的液化石油气量突然减少或停止充装时,管道压力会突然升高,引起管道和设备振动,甚至会引起设备或管道泄漏事故。设置液相安全回流阀后,当管道内液化石油气压力超过阀芯下方的弹簧力时,阀芯被抬起,使多余的液相液化石油气通过阀口回流到烃泵吸入口或储罐,残液泵出口管与残液罐回流管连接处也应安装液相安全回流阀。

液相安全回流阀的开启压力可根据需要进行调节。液化石油气储配站一般规定液相安全回流阀的开启压力为 0.5MPa。在用烃泵进行充装作业的过程中,如不注意液化石油气需要量的变化,会造成液相管道和烃泵的振动,或烃泵进口和出口压力差大于 0.5MPa,出现液相安全回流阀开启不了的失常现象,对此失常现象应及时调整。

调整方法:可将烃泵旁通管阀门关小,使烃泵出口压力适当升高,满足安全回流阀开启压力要求,将液相管中的液化石油气回流到储罐中。

由于液相安全回流阀阀座、阀芯磨损或弹簧老化,造成安全回流阀不严、泄漏等运行失常现象,应进行拆卸解体、清洗、检修或更换损坏的零部件。

二、截止阀的检修方法

GBA026 截止阀的检修方法

(1)解体:将阀门各螺母松开,拆下密封填料、丝杆,取出阀头。

(2)清洗检查:将各部位清洗干净,检查阀头、阀口有无磨损、损伤、裂纹等。

(3)修理:阀口有磨损或轻微损伤的,用凡尔砂进行研磨,直至两面密合为止。若不能修复则更换零部件,当更换零部件时,不宜采用铜质材料,以防液化石油气含硫造成慢性腐蚀。

(4)组装:先将阀头装好,再装丝杆,放好填料(聚四氟乙烯),紧压盖,换垫片,然后拧紧各部位螺栓。

(5)水压试验:水压试验压力为设计压力的 1.5 倍,稳压 20min,用肥皂水检查无泄漏现象。

三、阀门故障的原因和处理方法

GBA027 阀门内漏的故障原因及处理

(一)关闭件不严泄漏(内漏)

1. 原因

(1)密封面加工不良、装配不良或损坏;
(2)阀杆阀芯连接不牢、阀杆弯曲使密封面上下不对中;
(3)密封圈与阀座、阀芯配合不严密;
(4)关得过猛使密封面接触不良,或密封面早已损坏;
(5)材料选择不当,耐腐蚀性差;
(6)截止阀当节流阀用,使密封面被高速介质冲蚀,造成密封圈与阀芯、阀座松脱;
(7)杂物、颗粒、焊渣等卡住,关闭不严。

2. 处理方法

(1)正确选择,调试合格后再用;

(2)更换适用的材料,修理;
(3)操作要平稳,用节流阀控制流量,检修或更换;
(4)将阀门开小一点,用高速流体冲洗几次,若不行可拆下修理或更换。

(二)阀门填料函处的泄漏(外漏)

1. 原因

(1)填料被腐蚀;
(2)温度、压力的性能与工作介质不适应;
(3)填料装填方法不当,填料使用过久老化,填料压紧程度不均;
(4)阀杆加工精度不够,不圆,粗糙度不符合要求;
(5)阀杆腐蚀、生锈,阀杆变形、弯曲;
(6)操作过猛。

2. 处理方法

(1)更换性能适合的填料;
(2)按正确方法重新装填填料,对称逐层压紧填料;
(3)修理、调直或更换阀杆;
(4)平稳操作。

(三)阀门垫圈泄漏

GBA028 阀门垫圈泄漏的原因及处理

1. 原因

(1)材料选择不当;
(2)材料老化损坏;
(3)压得不紧、不均或有污物。

2. 处理方法

(1)正确选择材料;
(2)更换垫圈,均匀上紧,清除污物;
(3)更换填料时应分层装填,接口应开斜口,各层填料的接口应错开,并逐层压紧。

(四)阀杆升降失灵

1. 原因

(1)操作过猛损伤螺纹;
(2)缺润滑剂或润滑剂失效;
(3)阀杆弯曲;
(4)粗糙度不当或锈蚀;
(5)公差配合不当;
(6)阀杆螺母倾斜;
(7)阀杆磨损。

2. 处理方法

(1)平稳操作;

(2)定期补充或更换润滑剂;
(3)调直阀杆;
(4)修理或更换阀杆。

GBA029 常见阀门的故障处理

(五)常见阀门的故障处理

(1)填料函处泄漏,更换填料函时应分层装填,接口应开斜口,各层填料函的接口应错开,并逐层压紧。

(2)阀杆变形、弯曲应调直,锈蚀应除锈,仍达不到技术性能要求应更换。

(3)密封圈与阀芯、阀座松脱时,应拆下清洗、检修或更换密封圈。

(4)当阀门关闭不严时,可用高速流体反复冲洗,将铁锈、杂物、焊渣等清除掉,若仍关闭不严则必须将阀门拆下来,解体清洗。

(5)因操作不当损伤螺纹、阀杆腐蚀或硬颗粒磨损阀杆使阀杆升降失灵时,均应进行修理或更换新的阀杆。

(6)阀体因冻裂、撞击、材质等因素,发生裂纹时,应更换新的阀门。

(7)安全阀失灵或灵敏度不高,应拆卸解体、清洗、检修,对弹簧疲劳、硬度不够的应更换合格弹簧,并进行校验,合格后铅封。

(8)止回阀出现倒流时,应拆卸解体、清洗、检修。

第三节 堵漏技术及方法

GBA030 带压堵漏技术的原理及特点

一、带压堵漏的基本原理

在正常生产运行设备装置上的法兰、管道、阀门等部位,因各种原因造成泄漏,泄漏介质处于带温、带压向外喷射流动状态时,可以在泄漏部位合理地选择或制造夹具,用其原有的密闭空腔,或在泄漏部位加上一个新的密封空腔,将具有可塑性、固化性、能耐泄漏介质和温度的密封胶注入密封腔,使腔内的压力大于系统内的压力,密封胶在一定的条件下,迅速固化,从而建立起一个固定的新的密封结构,达到消除泄漏的目的。

二、带压堵漏的技术特点

(1)带压堵漏的经济效益显著:消除泄漏时,带温、带压不用停车进行操作,始终不影响生产的正常运行,避免停车处理所造成的经济损失。

(2)安全可靠:在易燃、易爆区域消除泄漏时,全过程可以做到不产生任何火花、不需要动火、保证安全。

(3)应用范围广:所有各种流体介质的泄漏都可以用本技术去消除。

(4)适用性强:泄漏部位不需要任何处理,即可进行带压堵漏,操作简便、灵活,能安全快捷地消除泄漏。

(5)良好的可拆性:在不破坏设备或管道的原有结构,新的密封结构易拆除,为以后的设备检修提供方便。

(6)价格便宜。

三、带压堵漏操作方法

根据不同的泄漏部位,采用不同的密封方法。

(一)法兰泄漏的密封方法

GBA031 法兰泄漏的密封方法

1. 定型法兰夹具

按泄漏系统的压力、温度及泄漏部位有关尺寸大小来设计夹具。夹具上要预先装上注射阀,并处于打开状态,安装夹具后要保证在泄漏点有注射阀。调整夹具上的间隙,使其符合要求,便可开始注入密封剂。

2. 扎钢带法

用厚度1~2mm的不锈钢带在泄漏法兰付的外圆上扎上一圈,代替法兰夹具。它仅适用于压力2MPa以下的泄漏点,其实施步骤是:

(1)在泄漏点附近拆下一个螺母,装上螺孔注入接头后再拧紧螺母,为保证安全,在拆卸螺母前,用卡兰在附近卡紧,在与相当的螺母上重复同样的步骤。

(2)选用比法兰间隙稍大的石棉填料沿法兰间隙用手锤轻打嵌入搭接约5mm。

(3)用紧带器把钢带拉紧。

(4)从接头处装上注射枪注入密封剂。

3. 软黄铜丝围堵法

(1)按扎钢带法施工步骤装好螺孔注入接头。

(2)用装在小风镐上的扁凿子把铜丝嵌入法兰间隙中去。

(3)用装在小风镐上的圆刃凿子填缝密封,防止铜丝脱出。

(4)装上注射枪注入密封剂。

4. 注入密封剂的程序

密封剂一般是从离泄漏最远的点开始注入,从两侧交替围向泄漏点,最后从泄漏点注入密封剂直至完全消除泄漏为止。

(二)管道弯头、三通、直管泄漏的密封方法

GBA032 弯头、三通、直管段及填料函泄漏封堵

管道弯头、三通、直管泄漏密封时,通常是采用相应的盒式卡具,把泄漏部位完全包封起来,然后往密闭腔注入密封剂消除泄漏。注入密封剂的方法与法兰密封法相同,还可按适用温度、压力、介质设计密封环槽卡具,在槽中装上石棉填料,把此夹具装在泄漏部位上,再向环槽上的石棉填料注密封剂,使填料压紧夹具的各连接点,从而消除泄漏。

(三)阀门填料函的密封方法

1. 卡兰法

将卡兰卡在填料函的中下侧外表面上,通过卡兰顶丝内孔,直径为3~4mm的长钻头将填料函壁穿透,然后在顶丝上拧上注射枪,注入密封剂,很快就消除泄漏。

2. 攻丝装注射阀

当大阀门填料函尺寸较大时,在填料函中下部外表面钻一盲孔,用丝锥攻螺

纹,装上注射阀,打开旋塞用约直径 3～4mm 的钻头钻透填料函壁,再在注射阀上拧入注射枪,注入密封剂很快即能消除泄漏。

(四)螺纹连接部位泄漏的密封方法

将卡兰卡在螺纹泄漏部位的外表面,用顶丝顶紧,通过顶丝内孔,用直径为 3～4mm 的长钻头钻透螺纹壁,然后装上注射枪注入少量密封剂,即能迅速消除泄漏。

四、堵漏作业安全注意事项

(1)根据泄漏部位的条件(温度、压力、介质)正确选用密封剂。

(2)对泄漏的原因正确分析,如:因设备或管道受介质腐蚀或冲蚀,造成器壁薄而产生的泄漏,要慎重采用。本技术主要解决密封,而不能补强设备。

(3)对于焊接或母材上产生裂纹而造成的泄漏,在无法控制裂纹的继续延伸的情况下,也不宜采用本技术。

(4)在泄漏现场施工的操作人员,必须严格执行有关安全操作规程,必须在确保安全下施工,不可盲目操作。

有下列情况之一者,不能进行带压堵漏作业:

(1)毒性程度为极度的介质;

(2)设备器壁等主要受压元件及管道,因裂纹而产生的泄漏部位;

(3)原设计法兰密封垫采用透镜式垫片的泄漏点;

(4)管道腐蚀、冲刷减薄状态不清楚的泄漏点;

(5)由于介质泄漏,使螺栓承受高于原来设计使用温度的泄漏点;

(6)一个泄漏点当量直径大于 10mm,且不符合堵漏施工要求;

(7)堵漏现场安全措施不符合企业安全规定;

(8)封堵含颗粒的泄漏介质其成功率较低。

高级工练习题及答案

一、理论知识试题

(一)单项选择题(每题四个选项,只有一个是正确的,将正确的选项号填入括号内)

1. BA001 球形储罐的技术要求应符合( )以及 GB 12337—2014《钢制球形储罐》等标准的有关规定。
   (A)GB 100—2014《钢制压力容器》 (B)GB 120—2011《钢制压力容器》
   (C)GB 150—2011《压力容器》 (D)GB 160—1998《钢制压力容器》

2. BA001 球形储罐的技术要求规定球罐制造罐体和( )的材料必须有质量合格证明书。
   (A)液位计 (B)安全阀 (C)受压元件 (D)紧急切断阀

3. BA002 卧式储罐的锻件应符合《压力容器锻件技术条件》规定的( )级要求。
   (A)Ⅰ (B)Ⅱ (C)Ⅲ (D)Ⅳ

4. BA002 卧式储罐的全部对接焊缝应进行100%射线探伤,达到《钢融化焊对接接头射线照相和质量分级》规定的( )级及以上为合格。
   (A)Ⅰ (B)Ⅱ (C)Ⅲ (D)Ⅳ

5. BA003 卧式储罐罐体在安装之后,应对罐基础做( ),以保证基础稳定,罐体不发生位移。
   (A)受压试验 (B)气密性试验 (C)沉降试验 (D)以上都做

6. BA003 当卧式储罐基础为钢筋混凝土时,活动支座底板下面必须安装基础垫板,基础垫板必须保持光滑平整,其厚度为( )。
   (A)5~10mm (B)10~15mm (C)10~20mm (D)15~20mm

7. BA004 储罐区的地面应设计成不发生火花的混凝土地面,罐区四周要砌筑高度不低于( )的非燃烧实体防护堤。
   (A)2m (B)1.5m (C)1.8m (D)1m

8. BA004 液化石油气库站的生产区一般设有两个门,储罐距站区围墙的距离不小于( )。
   (A)70m (B)60m (C)30m (D)15m

9. BA005 输送液化石油气的管道沿线每隔10~20km宜设置阀门,两阀门之间要加设( ),以便于检修及安全。
   (A)截止阀 (B)紧急切断阀
   (C)管道安全阀及放散阀 (D)旁通管

10. BA005 液化石油气管道一般采用截止阀,阀门压力等级不应低于管道设计压力,但最低压力不得低于( )。
    (A)1.77MPa (B)6.4MPa (C)2.5MPa (D)1.6MPa

11. BA006 运送液化石油气的管道内径为100mm,流速为1m/s,则体积流量为( )。
    (A)0.001m^3/s (B)0.0078m^3/s
    (C)100m^3/s (D)10m^3/s

12. BA006 输送液化石油气的管道内径为80mm,流速为2.2m/s,液体的密度为0.54t/m^3,单位时间内流过管道某一截面的质量流量为( )。

(A)5.024kg/s　　(B)16.2kg/s　　(C)6kg/s　　(D)40kg/s

13. BA007　架空敷设的液化石油气管道跨越电力牵引铁路时,距离铁道钢轨面不小于( )。
    (A)4.5m　　(B)6.5m　　(C)5.5m　　(D)2.5m

14. BA007　架空敷设的液化石油气管道跨越公路时,距离路面净距离不小于( )。
    (A)4.5m　　(B)6.5m　　(C)5.5m　　(D)2.5m

15. BA008　对于埋地敷设的液化石油气管道,下列说法不正确的是( )。
    (A)管道穿越河流和渠道时,宜采用河(渠)底敷设
    (B)南方地区对埋深一般没有特别的要求
    (C)埋设深度应低于冷冻线
    (D)埋地管线要做防腐和接地

16. BA008　埋地敷设的液化石油气管道每隔( )接地一次,以消除由于管内气体流动与管壁摩擦而产生的静电。
    (A)20m　　(B)30m　　(C)80m　　(D)60m

17. BA009　液化石油气储罐区管道最低点应设( ),最高点应设( )。
    (A)排水阀、放气阀　　　　(B)阀门井、放气阀
    (C)最低液位阀、放气阀　　(D)放气阀、排水阀

18. BA009　液化石油气管道弯头应采用煨制弯头,其弯曲半径为管径的( )。
    (A)2倍　　(B)4倍　　(C)6倍　　(D)8倍

19. BA010　液化石油气管道安装完毕后,应进行水压试验和气密性试验,水压试验压力为设计压力的( ),稳压20min,用肥皂水检查有无泄漏现象。
    (A)1.05倍　　(B)1.25倍　　(C)1.15倍　　(D)2.5倍

20. BA010　液化石油气管道安装完毕后,做气密性试验的压力为管道的( )。
    (A)最高工作压力　　　(B)设计压力
    (C)运行压力　　　　　(D)控制压力

21. BA011　对液化石油气工艺管道维护检查的说法,不正确的是( )。
    (A)定时检查就地安装的压力表是否符合运行压力的工况要求
    (B)如果支架、管托松动要加固处理
    (C)要定时进行水压试验和气密性试验
    (D)埋地管线处有压损和变形情况要及时处理

22. BA011　当管道支架松动时,应进行( )处理。
    (A)加固　　(B)调换　　(C)重配　　(D)切断气源

23. BA012　压力容器安全状况等级为3级的,每隔( )至少进行一次全面检验。
    (A)3~6年　　(B)10~20年　　(C)1年　　(D)6~10年

24. BA012　压力容器安全状况等级为1~2级的,每隔( )至少进行一次内部检验。
    (A)3年　　(B)10年　　(C)1年　　(D)6年

25. BA013　液化石油气储罐的外部检查是指( )。
    (A)压力容器运行时的检查
    (B)压力容器停用时检查
    (C)管线不停产时检查
    (D)压力容器停用检查时,进行的超过最高工作压得液压试验

26. BA013 液化石油气管道的定期检验分为( )。
    (A)外部检查　　　　　　　(B)内部检查
    (C)全面检验、在线检验　　(D)以上都是

27. BA014 液化石油气储罐检验时发现筒体、封头内外部表面发现有腐蚀现象时,应对有怀疑部位进行多处( )。
    (A)超声波检测　(B)磁粉检测　(C)射线检测　(D)壁厚测量

28. BA014 储罐内部检查需检查储罐的所有焊缝、封头过渡区和其他应力集中的部位有无断裂和裂纹。对有怀疑的部位,应采用( )放大镜或采用磁粉、着色进行表面探伤。
    (A)5倍　　(B)10倍　　(C)15倍　　(D)20倍

29. BA015 不属于液化石油气储罐外部检验内容的是( )。
    (A)防腐层　(B)耐压试验　(C)压力表　(D)安全装置

30. BA015 液化石油气储罐外部检验时应至少( )检查一次。
    (A)每三年　(B)每半年　(C)每一年　(D)每季度

31. BA016 关于储罐与管道检验前的准备工作,下列说法不正确的是( )。
    (A)检验前要用水或惰性气体对储罐进行置换处理
    (B)与储罐或管道相连的设备要全部用盲板隔断,并标有明显的标记
    (C)无须切断与储罐有关的全部电源
    (D)储罐人孔全部打开,拆除罐内所有内件,清除内壁污物

32. BA016 进入储罐作业时,照明用电电压不超过( )。
    (A)6V　　(B)12V　　(C)24V　　(D)36V

33. BA017 经过定期检查的储罐,由检验单位和检验员按( )的规定提出检查结论。
    (A)《压力容器定期检验规则》
    (B)《特种设备检验检测机构核准规则》
    (C)《压力容器使用登记管理规则》
    (D)《压力容器安全交工技术文件汇编》

34. BA017 储罐的检验结论暂停运行是指( )。
    (A)年度检查发现或者只有轻度且不影响安全的缺陷
    (B)年度检查发现严重缺陷
    (C)年度检查发现采取措施后不能保证安全使用的一般缺陷
    (D)安全附件存在逾期未解决的问题,问题解决并且经过确认后,允许恢复运行

35. BA018 液化石油气设备和系统一般采用( )。
    (A)弹簧式安全阀　　　(B)杠杆式安全阀
    (C)内置式安全阀　　　(D)机械式安全阀

36. BA018 弹簧式安全阀工作原理是:当气体作用在阀芯上的力低于弹簧的弹力时,安全阀处于( )状态,当气体作用在阀芯上的力超过弹簧的弹力时,安全阀( )。
    (A)打开、关闭　　　(B)关闭、打开
    (C)关闭、继续关闭　(D)打开、打开

37. BA019 液化石油气的截止阀与罐体、截止阀与安全阀连接的法兰之间必须采用( )。
    (A)金属缠绕垫　　　(B)石墨垫
    (C)聚四氟乙烯垫　　(D)以上均可

38. BA019 关于安全阀的安装要求,下列说法不正确的是( )。
(A)拆卸进行检验有困难时应采用现场检验
(B)压力容器与安全阀之间宜装设中间截止阀
(C)液化石油气储罐与安全阀之间要装设截止阀
(D)安全阀应装设放散管,其管径不应小于安全阀出口管径

39. BA020 安全阀年度检验的内容错误的是( )。
(A)安全阀的选型是否正确
(B)检验有效期是否过期
(C)检查调整螺钉的铅封装置是否完好
(D)检查安全阀是否掉漆

40. BA020 安全阀年度检验时,发现选型不对应该( )。
(A)更换正确型号　　　　　(B)检查是否过有效期
(C)不用管　　　　　　　　(D)检查铅封是否完好

41. BA021 安全阀检验时,未发现或只有轻度不影响安全的缺陷的,检验结论为( )。
(A)允许运行　(B)监督运行　(C)暂停运行　(D)停止运行

42. BA021 安全阀检验时,发现一般缺陷,经过使用单位采取措施后能保证安全运行的,检验结论为( )。
(A)允许运行　(B)监督运行　(C)暂停运行　(D)停止运行

43. BA022 安全阀阀门因型号选择不当而导致泄漏的应( )。
(A)调试合格后再用　　　　(B)修理
(C)平稳操作　　　　　　　(D)调换阀门

44. BA022 安全阀的弹簧松弛引起阀门泄漏时的调整方法是( )。
(A)更换润滑脂　　　　　　(B)更换弹簧
(C)把调整螺杆适当放松　　(D)以上均可

45. BA023 安全阀阀门因进口管道口径太小而导致阀瓣频繁启闭的应( )。
(A)减小设备排放量　　　　(B)调整阀门
(C)更换大排量阀门　　　　(D)换用合适材料

46. BA023 安全阀阀门因弹簧刚度太大而导致阀瓣无法启闭的应( )。
(A)更换弹簧　(B)调整阀门　(C)更换阀门　(D)换用合适材料

47. BA024 安全阀阀门因弹簧疲劳而导致灵敏度不高或失灵的应( )。
(A)更换合格品　　　　　　(B)清洗
(C)检修　　　　　　　　　(D)重新调节灵敏度

48. BA024 安全阀阀门因污物堵塞而导致灵敏度不高或失灵的应( )。
(A)更换合格品　　　　　　(B)清洗
(C)检修　　　　　　　　　(D)重新调节灵敏度

49. BA025 液化石油气烃泵的液相安全阀的结构与液化石油气储罐的安全阀结构( )。
(A)相同　　(B)不同　　(C)有差别　　(D)以上都有

50. BA025 液化石油气泵的液相安全回流阀是( ),作用原理是利用弹簧力来平衡介质作用于阀瓣上的压力,并使之密封。
(A)全启式安全阀　　　　　(B)弹簧式安全阀

(C)机械式安全阀　　　　　　(D)常开式安全阀

51. BA026　修理好的截止阀的组装顺序说法正确的是(　)。
(A)先装好阀头,再装丝杆,后放好填料,紧压盖,换垫片,最后紧各部位螺栓
(B)先装再装丝杆,再将丝杆连上阀头,后放好填料,紧压盖,换垫片,最后紧各部位螺栓
(C)先装好阀头,再装丝杆,后换垫片,放好填料,紧压盖,最后紧各部位螺栓
(D)先装好阀头,再将填料装入丝杆上,后放好垫片,紧压盖,最后紧各部位螺栓

52. BA026　维修后的截止阀进行水压测试时,水压应为(　)的设计压力。
(A)0.5倍　　(B)1.0倍　　(C)1.5倍　　(D)2.5倍

53. BA027　阀门关闭件不严造成泄漏的原因可能是(　)。
(A)密封面加工不良、装配不良或损坏
(B)填料被腐蚀
(C)阀杆腐蚀、生锈、阀杆变形、弯曲
(D)操作过猛

54. BA027　阀门因杂物、颗粒、焊渣等卡住关闭不严时的处理方法是(　)。
(A)清洗阀密封垫
(B)将阀门开小一点,用高速流体冲洗几次
(C)平稳操作
(D)以上均可

55. BA028　垫圈因材料选择不当而泄漏的处理方法(　)。
(A)重新选择材料　　　　　　(B)修理
(C)更换垫圈　　　　　　　　(D)清除污物

56. BA028　垫圈因材料老化坏损而泄漏的处理方法(　)。
(A)重新选择材料　　　　　　(B)修理
(C)更换垫圈　　　　　　　　(D)清除污物

57. BA029　关于常用阀门的故障处理方法错误的是(　)。
(A)填料函处泄漏,更换填料函时应分层装填,接口应开斜口,各层填料函的接口应错开,并逐层压紧
(B)阀杆变形、弯曲应调直,锈蚀应除锈,仍达不到技术性能要求应更换
(C)阀体因冻裂、撞击、材质等因素,发生裂纹时,应修理补焊阀门
(D)因操作不当损伤螺纹、阀杆腐蚀或硬颗粒磨损阀杆使阀杆升降失灵时,均应进行修理或更换新的阀杆

58. BA029　关于阀门的修理方法,下列说法正确的是(　)。
(A)止回阀出现倒流时,应拆卸解体、清洗、检修
(B)安全阀失灵或灵敏度不高时,应拆卸解体、清洗、检修,对弹簧疲劳、硬度不够的应更换合格弹簧,并进行校验,合格后铅封
(C)对阀杆螺母倾斜、阀杆磨损造成的阀门升降失灵,应更换阀门
(D)以上全对

59. BA030　带压堵漏技术是在容器或管道(　)下消除泄漏,不用停产。
(A)带温、带压　　　　　　　(B)介质流速快

(C)介质流速慢　　　　　　　　(D)低温作业

60. BA030　带压堵漏技术在进行液化石油气堵漏作业的时候,对泄漏部位进行(　)处理。
(A)不进行其他处理　　　　　(B)更换
(C)水雾喷淋　　　　　　　　(D)密封

61. BA031　用扎钢带法进行带压堵漏时,为保证安全,在拆卸螺母前,用(　)在泄漏附近卡紧法兰。
(A)夹具　　(B)螺栓　　(C)卡兰　　(D)以上均可

62. BA031　用扎钢带法进行带压堵漏的方法仅适用于压力为(　)以下的泄漏点。
(A)20MPa　(B)2MPa　(C)1.77MPa　(D)2.5MPa

63. BA032　关于管道弯头、三通、直管泄漏的密封方法,下列说不正确的是(　)。
(A)通常是采用相应的盒式卡具,把泄漏部位完全包封起来,然后往密闭腔注入密封剂消除泄漏
(B)注入密封剂方法与法兰密封法相同
(C)可按适用温度、压力、介质设计密封环槽卡具,在槽中装上石棉填料,把此夹具装在泄漏部位上,再向环槽上的石棉填料注密封剂及使填料压紧夹具的各连接点,从而消除泄漏
(D)以上方法可以永久堵漏

64. BA032　密封剂的注入一般是从(　)开始注。
(A)离泄漏最远的点　　　　　(B)离泄漏最近的点
(C)在泄漏点处　　　　　　　(D)以上全错

65. BA033　进行带压堵漏时,应根据(　)正确选用密封剂。
(A)泄漏部位的条件　　　　　(B)介质的条件
(C)作业温度　　　　　　　　(D)作业压力

66. BA033　设备或管道受介质腐蚀或冲蚀,造成器壁薄而产生的泄漏应(　)。
(A)积极使用带压堵漏　　　　(B)更换管道
(C)停止作业　　　　　　　　(D)谨慎使用带压堵漏

(二)多项选择题(每题四个选项,至少两个是正确的,将正确的选项填入括号内)

1. BA022　安全阀泄漏的故障原因为(　)。
(A)脏物落在密封面上
(B)密封面损伤
(C)由于装配不当或管道载荷等原因使零件的同心度遭到破坏
(D)整定压力设定与设备正常工作压力太接近,使得密封面比压力过低,当安全阀受到振动和介质压力波动时容易发生泄漏

2. BA024　安全阀启闭不灵活的故障原因为(　)。
(A)弹簧松弛
(B)可能是由于装配不当、脏物混入或零件腐蚀等原因造成内部运动零件卡阻
(C)密封面损伤
(D)排放管道阻力过大产生较大的背压,使安全阀的开启高度不够

(三)判断题(对的画"√",错的画"×")

(　)1. BA001　球形储罐制造罐体和受压元件的材料必须有质量合格证明书,并按炉批号复

查钢板的化学成分和高温机械性能。

( )2. BA002　卧式储罐全部对接焊缝没必要进行100%射线探伤。

( )3. BA003　卧式储罐罐体在安装之后,应对罐基础做沉降试验,以保证基础稳定,罐体不发生位移。

( )4. BA004　罐区附近应有消防通道,并有直接通向站外的安全出入口。

( )5. BA005　液化石油气管道一般采用截止阀,阀门压力等级不应低于管道设计压力。

( )6. BA006　用管道输送液态液化石油气时,对其流量没有要求。

( )7. BA007　架空敷设的液化石油气管道的交叉处,不得安置管道附件及排水放气等设施。

( )8. BA008　液化石油气管道穿越河流和渠道时,宜采用架空敷设。

( )9. BA009　液化石油气库站区室外电缆管道可以以管沟方式敷设。

( )10. BA010　管道的气密性试验压力为管道的运行压力。

( )11. BA011　液化石油气管道要经常检查管道支架是否牢固,接地有无锈蚀、损坏。

( )12. BA012　储罐的检查周期一般根据储罐的技术状况及使用条件,由使用单位自行确定,但每半年至少应进行一次外部检查。

( )13. BA013　根据《压力容器安全技术监察规程》的规定,外部检验是指在压力容器运行中的检验。

( )14. BA014　储罐内部检验时,检验照明用电电源电压不得超过36V。

( )15. BA015　储罐外表面局部过热不属于储罐外部检验的内容。

( )16. BA016　储罐检验前应将储罐内的液化石油气排除干净,进行置换处理,用盲板隔断与其连接的设备和管道,并应有明显的隔断标记。

( )17. BA017　储罐的检验报告应明确储罐的安全状况等级、下次检验日期或需要采取的特殊监测措施。

( )18. BA018　管道安全阀是专为液化石油气液相管上设置的安全装置,以防止管路憋压过高而造成事故。

( )19. BA019　压力容器与安全阀之间的连接管和管件的通孔,其截面积不得大于安全阀的进口面积。

( )20. BA020　检验有效期是否过期是安全年度检验的内容之一。

( )21. BA021　当安全阀进行全面检验时,必须从储罐上拆下,进行解体检查、维修与调校。

( )22. BA022　安全阀因垫圈有污物不当而导致泄漏的应更换垫圈。

( )23. BA023　安全阀因阀门排放能力过大而导致阀瓣频繁启闭的应更换大排量阀门。

( )24. BA024　安全阀因调节不当而导致灵敏度不高或失灵的应更换合格品。

( )25. BA025　液相安全回流阀的开启压力,可根据需要进行调节。

( )26. BA026　在截止阀修理的时候,首先将阀门各个螺母松开,拆下密封、填料、丝杆,取出手轮。

( )27. BA027　截止阀阀杆腐蚀、生锈会损伤阀门填料,引起阀门填料函处泄漏。

( )28. BA028　垫圈因材料老化坏损而引起阀门泄漏的处理方法是更换垫圈。

( )29. BA029　阀门密封填料加入数量不够,密封填料压盖不能够压紧,液体渗漏时,应调整压盖。

( )30. BA030　带压堵漏技术所用密封剂应具有固化性。

( )31. BA031　带压堵漏技术,不适用于法兰的泄漏修补。

(　)32. BA032　管道弯头、三通、直管泄漏密封时,注入密封剂的方法与法兰密封法相同。

(　)33. BA033　对焊接上产生裂纹而造成的泄漏,在无法控制裂纹延伸的情况下不宜采用带压堵漏技术。

二、技能操作试题

(一)AA001 储罐检修前的准备工作

1. 考核要求

(1)必须穿戴劳动保护用品。

(2)工具、量具、用具准备齐全,正确使用。

(3)操作程序符合安全文明操作。

(4)按规定完成操作项目,质量达到技术要求。

(5)操作完毕,做到工完、料净、场地清。

2. 准备要求

工具、材料、设备准备。

序号	名称	规格	数量	备注
1	储罐工艺流程设备		1套	考试专用
2	润滑脂		若干	
3	水		若干	
4	活禽		1只	
5	扳手		2把	
6	钳子		1把	
7	可燃气体浓度测试仪		1台	
8	轴流风机		1台	
9	聚四氟乙烯垫		若干	
10	盲板		若干	

3. 操作程序说明

(1)正确选用工具、用具和使用材料;

(2)储罐退料、抽压;

(3)注水;

(4)排水;

(5)用蒸汽蒸煮;

(6)储罐通风;

(7)用可燃气体浓度测试仪测试罐内气体浓度;

(8)用活禽测试罐内有毒气体;

(9)清洁收回工具;

(10)穿戴劳保,按规程操作。

4. 考核规定说明

(1)如操作违章或未按操作程序执行操作,将停止考核。
(2)考核采用百分制,考核项目得分按鉴定比重进行折算。
(3)考核方式说明:该项目为实际操作,考核过程按评分标准及操作过程进行评分。
(4)测量技能说明:本项目主要测量考生对储罐检修前的准备工作掌握的熟练程度。

5. 考核时限

(1)考核时间:15min。
(2)计时从领取工具、材料开始,至交回工具、材料为止。
(3)规定时间完成,超时停止考核。
(4)违章操作或发生事故停止工作。

6. 评分记录表

序号	考核内容	评分要素	配分	评分标准	检查结果	扣分	得分	备注
1	工具材料准备	正确选用工具、用具和使用材料	10	工具、用具少选一件、选错一件扣2分				
				材料少选一件扣2分				
2	退料	将待检修储罐液体倒空,气体抽至最小压力	10	倒液无人监测扣5分				
				倒液不按操作规程作业扣10分				
				不抽压扣5分				
3	注水置换	储罐置换排空时,将储罐底部排污管与进水管连接,打开罐顶气相管线阀门,向储罐注水将余气倒入其他罐,罐顶出水时停止进水	20	储罐与进水管连接泄漏扣5分				
				未切断与储罐相连的电源扣10分				
				未用盲板隔断设备扣5分				
				余气憋压造成事故扣10分				
				罐顶未出水就停止注水扣10分				
4	排水	打开储罐顶部与底部进出口阀门,排水	10	污水排入下水道扣10分				
5	蒸汽置换储罐	打开储罐进出口阀门,加蒸汽装置蒸煮置换	10	蒸汽进口与储罐口连接松脱扣5分				
				蒸汽蒸煮时间不达标扣5分				
6	放置轴流风机	将轴流风机放在罐顶人孔盖处,使空气流动	10	风机不固定扣5分				
				风机方向错扣5分				
7	测试气体浓度	用可燃气体浓度测试仪测试罐内气体浓度	10	不会使用可燃气体浓度测试仪扣10分				
				未测试气体浓度扣10分				
8	活禽测试	将活禽放入罐内,关闭下方人孔盖	10	未用活禽确认罐内有无异常扣10分				
				放入活禽时未关闭下方人孔扣5分				
				活禽放入时间不够扣5分				

续表

序号	考核内容	评分要素	配分	评分标准	检查结果	扣分	得分	备注
9	工具用具收回	清洁收回工具	10	不清洁、不收回工具扣10分				
				回收工具用具，少一件扣2分				
10	安全生产	穿戴劳保，按规程操作		不穿戴劳保扣10分，少一件扣3分				从总分中扣除
				操作中违反安全规定，取消考试资格				
合计			100					

(二) AA002 管道检修前的准备工作

1. 考核要求

(1) 必须穿戴劳动保护用品；

(2) 工具、量具、用具准备齐全，正确使用；

(3) 操作程序符合安全文明操作；

(4) 按规定完成操作项目，质量达到技术要求；

(5) 操作完毕，做到工完、料净、场地清。

2. 准备要求

工具、材料、设备准备。

序号	名称	规格	数量	备注
1	管线		1套	考试专用
2	润滑脂		若干	
3	水		若干	
4	扳手		2把	
5	钳子		1把	
6	可燃气体浓度测试仪		1台	
7	聚四氟乙烯垫		若干	
8	盲板		若干	

3. 操作程序说明

(1) 正确选用工具、用具和使用材料。

(2) 管线排空。

(3) 隔断加盲板。

(4) 注水。

(5) 排水。

(6) 用蒸汽蒸煮。

(7) 用可燃气体浓度测试仪测试管线内气体浓度。

(8) 清洁收回工具。

(9) 穿戴劳保，按规程操作。

4. 考核规定说明

(1)如操作违章或未按操作程序执行操作,将停止考核。

(2)考核采用百分制,考核项目得分按鉴定比重进行折算。

(3)考核方式说明:该项目为实际操作,考核过程按评分标准及操作过程进行评分。

(4)测量技能说明:本项目主要测量考生对管道检修前的准备工作掌握的熟练程度。

5. 考核时限

(1)考核时间:15min。

(2)计时从领取工具、材料开始,至交回工具、材料为止。

(3)规定时间完成,超时停止工作。

(4)违章操作或发生事故停止工作。

6. 评分记录表

序号	考核内容	评分要素	配分	评分标准	检查结果	扣分	得分	备注
1	工具材料准备	正确选用工具、用具和使用材料	10	工具、用具少选一件、选错一件扣2分				
				材料少选一件扣2分				
2	排空	将待检修管线液体倒空,气体抽至最小压力	10	管线内液体不扫空、不抽压扣10分				
				开关错一处阀门扣5分				
3	隔断加盲板	打开法兰接口处,加聚四氟乙烯垫,加盲板	30	拆法兰接口不到位扣5分				
				加聚四氟乙烯垫未用润滑脂防脱扣5分				
				加盲板不到位扣10分				
				螺栓紧固不到扣5分				
				未隔断设备扣10分				
4	注水、排水	向管线内注水,在高点排水	10	水未注满管线扣5分				
				水排入下水道扣5分				
5	蒸汽置换管线	接蒸汽管线置换,开出口阀排水	20	蒸汽管线与液化石油气管线连接不牢固扣10分				
				未确认出口阀开启扣10分				
6	仪器检测气体浓度	用可燃气体浓度测试仪检测气体浓度	10	未探测气体浓度扣10分				
7	工具用具收回	清洁收回工具	10	不清洁、不收回工具扣10分				
				回收工具用具,少一件扣2分				
8	安全生产	穿戴劳保,按规程操作		不穿戴劳保扣10分,少一件扣3分				从总分中扣除
				操作中违反安全规定,取消考试资格				
	合计		100					

(三) AA003 分析处理阀杆升降失灵故障

1. 考核要求

(1) 必须穿戴劳动保护用品;
(2) 工具、量具、用具准备齐全,正确使用;
(3) 操作程序符合安全文明操作;
(4) 按规定完成操作项目,质量达到技术要求;
(5) 操作完毕,做到工完、料净、场地清。

2. 准备要求

工具、材料、设备准备。

序号	名称	规格	数量	备注
1	阀门		1套	考试专用
2	扳手		2把	
3	钳子		1把	
4	管钳		1把	
5	肥皂水		1壶	

3. 操作程序说明

(1) 正确选用工具、用具和使用材料。
(2) 分析阀门关不上的原因。
(3) 阀门开不动的故障处理。
(4) 阀门关不严的故障处理。
(5) 清洁收回工具。
(6) 穿戴劳保,按规程操作。

4. 考核规定说明

(1) 如操作违章或未按操作程序执行操作,将停止考核。
(2) 考核采用百分制,考核项目得分按鉴定比重进行折算。
(3) 考核方式说明:该项目为实际操作,考核过程按评分标准及操作过程进行评分。
(4) 测量技能说明:本项目主要测量考生对分析处理阀杆升降失灵故障掌握的熟练程度。

5. 考核时限

(1) 考核时间:15min。
(2) 计时从领取工具、材料开始,至交回工具、材料为止。
(3) 规定时间完成,超时停止工作。
(4) 违章操作或发生事故停止工作。

6. 评分记录表

序号	考核内容	考核要求	配分	评分标准	检测结果	得分	扣分	备注
1	准备工作	准备工具齐全	5	未准备扣5分				
				少准备一件扣1分				

续表

序号	考核内容	考核要求	配分	评分标准	检测结果	得分	扣分	备注
2	分析阀门关不上的原因	阀门长时间不动,阀杆与阀体锈死,填料过紧	5	不知道原因扣5分				
		阀板脱落	5	不知道原因扣5分				
		阀板下有异物	5	不知道原因扣5分				
3	处理阀门开不动的故障	阀杆、螺母处加油润滑	10	未做润滑扣10分				
				少润滑一处扣5分				
		用手锤轻敲阀杆顶部	10	未操作扣10分				
				敲击时用力过大扣5分				
				使用工具不当扣5分				
		用扳手对称、轻带手轮	10	未操作扣10分				
				工具用错扣5分				
				没有对称操作扣5分				
4	处理阀门关不严的故障	阀板脱落:卸下手轮,拆卸压盖,对角方式拆卸上盖螺栓,卸下上盖,拧下阀杆螺母,拆卸阀杆	10	未操作扣10分				
				卸下阀杆前未检查阀杆是否脱落扣5分				
				拆卸阀杆硬撬生拉扣2分				
				因拆卸使阀杆受损扣5分				
		检查阀门内部,排除故障	10	未检查阀杆螺纹有无损伤、阀杆有无变形扣5分				
				未检查阀杆螺母是否倾斜扣5分				
		清洁阀门内零部件,更换阀杆或阀板	10	阀板未装在阀杆上扣10分				
				未用机油清洁零部件扣5分				
		盖上阀门上盖	5	未对角紧螺栓扣5分				
				用力不均匀扣2分				
		清除闸板异物(反复开关阀门,增大流速,冲走异物)	5	未清除闸板异物扣5分				
				排除不彻底扣2分				
5	工具用具收回	清洁收回工具	10	不清洁工具扣5分,不收回扣5分				
				回收工具用具,少一件扣2分				
6	安全生产	穿戴劳保按规程操作		不穿戴劳保扣10分,少一件扣3分				从总分中扣除
				操作中违反安全规定,取消考试资格				
		合计	100					

(四) AA004 分析处理单流阀流体倒流故障

1. 考核要求

(1) 必须穿戴劳动保护用品;

(2) 工具、量具、用具准备齐全,正确使用;

(3) 操作程序符合安全文明操作;

(4) 按规定完成操作项目,质量达到技术要求;

(5) 操作完毕,做到工完、料净、场地清。

2. 准备要求

工具、材料、设备准备。

序号	名称	规格	数量	备注
1	单流阀门工艺设备		1套	考试专用
2	扳手		2把	
3	管钳		1把	
4	抹布		1块	
5	肥皂水		1壶	
6	密封圈		若干	

3. 操作程序说明

(1) 正确选用工具、用具和使用材料。

(2) 分析单流阀泄漏严重的原因。

(3) 处理单流阀泄漏严重的故障。

(4) 分析单流阀声音异常的原因。

(5) 处理单流阀声音异常的故障。

(6) 恢复流程。

(7) 清洁收回工具。

(8) 穿戴劳保,按规程操作。

4. 考核规定说明

(1) 如操作违章或未按操作程序执行操作,将停止考核。

(2) 考核采用百分制,考核项目得分按鉴定比重进行折算。

(3) 考核方式说明:该项目为实际操作,考核过程按评分标准及操作过程进行评分。

(4) 测量技能说明:本项目主要测量考生对分析处理单流阀流体倒流故障掌握的熟练程度。

5. 考核时限

(1) 考核时间:15min。

(2) 计时从领取工具、材料开始,至交回工具、材料为止。

(3)规定时间完成,超时停止工作。
(4)违章操作或发生事故停止工作。

6. 评分记录表

序号	考核内容	考核要求	配分	评分标准	检测结果	得分	扣分	备注
1	工具材料准备	正确选用工具、用具和使用材料	5	工具、用具少选一件扣1分,选错一件扣1分				
				材料少选一件扣1分				
2	分析单流阀泄漏严重的原因	单流阀芯的接合面损坏	5	不知道原因扣5分				
		弹簧老化,导致开启后不能复位	5	不知道原因扣5分				
		启闭不灵活,有卡阻现象	5	不知道原因扣5分				
		阀芯或弹簧变形	5	不知道原因扣5分				
3	处理单流阀泄漏严重的故障	关闭进口阀门排空泄压	5	未排空泄压扣5分				
		拆卸阀盖	10	拆卸阀盖时未缓慢松下螺母扣5分				
				拆卸时螺母、阀盖乱扔乱放扣5分				
		检查内部阀片或弹簧是否受损	10	不会检查阀片或弹簧是否受损扣10分				
		调整更换阀片,排除故障	10	未检查阀片或弹簧是否装反扣5分				
				更换阀片或弹簧安装不平扣5分				
				未检查阀片密封性扣5分				
		清洁后更换密封圈	5	未更换密封圈扣5分				
				更换前未清洁内部扣2分				
4	分析单流阀声音异常的原因	流量过大	5	不知道原因扣5分				
		液体压力不稳	5	不知道原因扣5分				
5	处理单流阀声音异常的故障	调整流量	5	不会调整流量扣5分				
		调整压力	5	不会调整压力扣5分				
6	开阀调试	打开阀门调试	5	未用肥皂水试漏扣2分				
				未调试扣5分				
7	恢复流程	恢复流程到位	5	未恢复流程扣5分				
8	工具用具收回	清洁收回工具	5	不清洁工具扣5分,不收回扣2分				
				回收工具用具少一件扣1分				

续表

序号	考核内容	考核要求	配分	评分标准	检测结果	得分	扣分	备注
9	安全生产	穿戴劳保按规程操作		不穿戴劳保扣10分,少一件扣3分				从总分中扣除
				操作中违反安全规定,取消考试资格				
	合计		100					

(五) AA005 分析处理安全阀泄漏、灵敏度不高、失灵的故障

1. 考核要求

(1) 必须穿戴劳动保护用品;

(2) 工具、量具、用具准备齐全,正确使用;

(3) 操作程序符合安全文明操作;

(4) 按规定完成操作项目,质量达到技术要求;

(5) 操作完毕,做到工完、料净、场地清。

2. 准备要求

工具、材料、设备准备。

序号	名称	规格	数量	备注
1	安全阀		1个	考试专用
2	扳手		1把	
3	管钳		1把	
4	抹布		1块	

3. 操作程序说明

(1) 正确选用工具、用具和使用材料。

(2) 分析安全阀泄漏的原因。

(3) 处理安全阀泄漏的故障。

(4) 分析安全阀灵敏度不高或失灵的原因。

(5) 处理安全阀灵敏度不高或失灵的故障。

(6) 调试安全阀。

(7) 清洁收回工具。

(8) 穿戴劳保,按规程操作。

4. 考核规定说明

(1) 如操作违章或未按操作程序执行操作,将停止考核。

(2) 考核采用百分制,考核项目得分按鉴定比重进行折算。

(3) 考核方式说明:该项目为实际操作,考核过程按评分标准及操作过程进行评分。

(4) 测量技能说明:本项目主要测量考生对分析处理安全阀泄漏、灵敏度不高、失灵的故障掌握的熟练程度。

5. 考核时限

(1)考核时间:15min。

(2)计时从领取工具、材料开始,至交回工具、材料为止。

(3)规定时间完成,超时停止工作。

(4)违章操作或发生事故停止工作。

6. 评分记录表

序号	考核内容	考核要求	配分	评分标准	检测结果	得分	扣分	备注
1	工具材料准备	正确选用工具、用具和使用材料	5	工具、用具少选一件扣1分,选错一件扣1分				
				材料少选一件扣1分				
2	分析安全阀泄漏的原因	密封面之间有杂物	5	不知道原因扣5分				
		密封面损坏	5	不知道原因扣5分				
		压力达到临界点	5	不知道原因扣5分				
3	处理安全阀泄漏的故障	清理杂物	15	拆卸时损坏阀帽扣2分				
				不会取出弹簧扣5分				
				不会检查清理阀座、阀瓣密封面之间的杂物扣5分				
				阀座、阀瓣密封面未清理干净扣2分				
				导向套定位不正确扣5分				
		打开更换密封面	15	拆卸时损坏阀帽扣2分				
				不会取出弹簧扣5分				
				不会更换阀瓣密封面的扣5分				
				阀座、阀瓣密封面未清理干净扣2分				
				导向套定位不正确扣5分				
		调节压力	5	不会调节储罐或管道压力扣5分				
4	分析安全阀灵敏度不高或失灵的原因	弹簧疲劳	5	不知道原因扣5分				
		弹簧使用不当	5	不知道原因扣5分				
5	处理安全阀灵敏度不高或失灵的故障	更换弹簧	20	拆卸时损坏阀帽扣2分				
				不会拧紧锁定螺栓(逆时针方向拧松调整螺杆,使弹簧松弛,取出弹簧)扣5分				
				安装弹簧时,弹簧上下两端不平行扣5分				
				阀座、阀瓣密封面未清理干净扣5分				
				导向套定位不正确扣5分				
6	调试安全阀	对安全阀进行密封性试验	10	未试验扣10分				

续表

序号	考核内容	考核要求	配分	评分标准	检测结果	得分	扣分	备注
7	工具用具收回	清洁收回工具	5	不清洁工具扣5分,不收回扣2分				
				回收工具用具少一件扣2分				
8	安全生产	穿戴劳保,按规程操作		不穿戴劳保扣10分,少一件扣3分				从总分中扣除
				操作中违反安全规定,取消考试资格				
	合计		100					

(六) AA006 拆装储罐与管道安全阀

1. 考核要求

(1) 必须穿戴劳动保护用品;

(2) 工具、量具、用具准备齐全,正确使用;

(3) 操作程序符合安全文明操作;

(4) 按规定完成操作项目,质量达到技术要求;

(5) 操作完毕,做到工完、料净、场地清。

2. 准备要求

工具、材料、设备准备。

序号	名称	规格	数量	备注
1	活动扳手	250mm	2把	
2	固定扳手		2把	
3	肥皂水		1壶	
4	抹布		1块	
5	活动接头		若干	
6	梅花扳手		4把	
7	记录笔		1支	
8	记录本		1本	
9	法兰垫片		若干	
10	用于考试管线		1段	

3. 操作程序说明

(1) 正确选用工具、用具和使用材料。

(2) 关闭安全阀上游阀门。

(3) 检查安全阀。

(4) 拆卸安全阀。

(5) 安装安全阀。

(6) 试压。

(7)清洁收回工具。

(8)穿戴劳保,按规程操作。

4. 考核规定说明

(1)如操作违章或未按操作程序执行操作,将停止考核。

(2)考核采用百分制,考核项目得分按鉴定比重进行折算。

(3)考核方式说明:该项目为实际操作,考核过程按评分标准及操作过程进行评分。

(4)测量技能说明:本项目主要测量考生对拆装储罐与管道安全阀掌握的熟练程度。

5. 考核时限

(1)考核时间:15min。

(2)计时从领取工具、材料开始,至交回工具、材料为止。

(3)规定时间完成,超时停止工作。

(4)违章操作或发生事故停止工作。

6. 评分记录表

序号	考核内容	考核要求	配分	评分标准	检测结果	得分	扣分	备注
1	工具材料准备	正确选用工具、用具和使用材料	5	工具、用具少选一件扣1分,选错一件扣1分				
				材料少选一件扣1分				
2	拆卸前工作	关闭安全阀上游阀门	10	安全阀上游阀门未关扣10分				
				安全阀上游阀门未关严扣5分				
3	检查安全阀	认真检查各项,保证安全阀在完好状态	20	不检查铅封扣5分				
				不检查检定日期扣5分				
				不检查各紧固螺栓是否松动扣5分				
				不检查通气孔是否堵塞扣5分				
				不检查外壳是否有裂纹及砂眼等扣5分				
				不检查安装用螺母是否完好扣5分				
4	拆卸安全阀	拆卸时缓开缓关,防止掉落砸伤,不得强力拆卸	25	未泄压扣15分				
				拆卸时安全阀掉落扣15分				
				强力拆卸扣15分				
5	安装安全阀	关闭排空阀及其他排空点,加密封垫,确保排空管在正确位置	25	不放密封垫片扣10分,密封垫片选错、放置错扣5分				
				安装安全阀方法错扣10分				
				安装时排空阀方向错扣5分				
				操作中安全阀落地扣10分				
				安装时使用工具错扣5分				

续表

序号	考核内容	考核要求	配分	评分标准	检测结果	得分	扣分	备注
6	试压	试压时要缓开阀门,应无渗漏,工作正常	10	试压时未开阀门扣10分				
				未缓慢打开阀门扣5分				
				安全阀连接处渗漏扣5分,处理后仍漏扣10分				
				未试压扣10分				
7	工具用具收回	清洁收回工具	5	不清洁工具扣5分,不收回扣2分				
				回收工具用具,少一件扣2分				
8	安全生产	穿戴劳保,按规程操作		不穿戴劳保扣10分,少一件扣3分				从总分中扣除
				操作中违反安全规定,取消考试资格				
	合计		100					

三、答案

(一) 单项选择题

1. C 2. C 3. C 4. B 5. C 6. C 7. D 8. D 9. C 10. C 11. B
12. C 13. B 14. A 15. B 16. C 17. A 18. D 19. B 20. A 21. C 22. A
23. A 24. D 25. A 26. C 27. D 28. B 29. D 30. C 31. D 32. C 33. C
34. D 35. A 36. B 37. A 38. B 39. D 40. A 41. A 42. A 43. D 44. B
45. C 46. A 47. A 48. B 49. A 50. B 51. A 52. C 53. A 54. B 55. A
56. C 57. C 58. C 59. A 60. C 61. C 62. B 63. D 64. C 65. A 66. D

(二) 多项选择题

1. ABCD   2. BD

(三) 判断题

1. × 球形储罐制造罐体和受压元件的材料必须有质量合格证明书,并按炉批号复查钢板的化学成分和常温机械性能。 2. × 卧式储罐全部对接焊缝应进行100%射线探伤。 3. √ 4. √ 5. √ 6. × 用管道输送液态液化石油气时,要计算液化石油气的流量。 7. √ 8. × 液化气管道穿越河流和渠道时,宜采用河(渠)底敷设。 9. × 液化石油气库站区室外所有管道不允许以管沟方式敷设。 10. × 气密性试验的压力为管道的最高工作压力。 11. √ 12. × 储罐的检查周期一般根据储罐的技术状况及使用条件,由使用单位自行确定,但每年至少应进行一次外部检查。 13. √ 14. × 储罐内部检验时,检验照明用电电源电压不得超过24V。 15. × 储罐外表面局部过热是不正常现象,属于储罐外部检验的内容。 16. √ 17. √ 18. √ 19. × 压力容器与安全阀之间的连接管和管件的通孔,其截面积不得小于安全阀的进口面积。 20. √ 21. √ 22. × 安全阀因垫圈有污物而导致泄漏的应清洗。 23. √ 24. × 安全阀因调节不当而导致灵敏度不高或失灵的应重新校验。

25.√ 26.× 在截止阀修理的时候,首先将阀门各个螺母松开,拆下密封填料、丝杆,取出阀头。 27.√ 28.√ 29.× 密封填料加入数量不够,密封填料压盖不能够压紧,液体渗漏时,应加填料。 30.√ 31.× 带压堵漏技术,适用于法兰的泄漏修补。 32.√
33.√

第五章　液化石油气充装设备

第一节　活塞式压缩机

GBB001 活塞式压缩机的结构及工作原理

一、活塞式压缩机结构

活塞式压缩机由主机和辅机两大部分组成。主机部分由机身、曲轴、连杆、十字头、气缸、活塞、活塞杆、填料和气阀等零部件组成。辅机主要包括进气过滤器、集液分离器、传动装置、显示仪表、仪表电气系统、连接管道、公共底座、防爆启动控制柜、防爆电动机等。

二、活塞式压缩机的工作原理

活塞式压缩机都是由电动机带动曲轴旋转,并通过连杆等机构将曲轴的转动转变为活塞在气缸内的往复运动,使气缸储存气体的容积作周期性变化,从而依次完成膨胀、吸气、压缩、排气四个工作循环,达到输送气体的目的。

当活塞式压缩机的曲轴旋转时,通过连杆的传动,活塞便做往复运动,由气缸内壁、气缸盖和活塞顶面所构成的工作容积则会发生周期性变化。活塞式压缩机的活塞从气缸盖处开始运动时,气缸内的工作容积逐渐增大,这时气体即沿着进气管,推开进气阀而进入气缸,直到工作容积变到最大时为止,进气阀关闭;活塞式压缩机的活塞反向运动时,气缸内工作容积缩小,气体压力升高,当气缸内压力达到并略高于排气压力时,排气阀打开,气体排出气缸,直到活塞运动到极限位置为止,排气阀关闭。当活塞式压缩机的活塞再次反向运动时,上述过程重复出现。总之,活塞式压缩机的曲轴旋转一周,活塞往复一次,气缸内相继实现进气、压缩、排气的过程,即完成一个工作循环。

GBB002 活塞式压缩机开机与试车

三、活塞式压缩机开机与试车

（一）开机前的检查内容

（1）应首先检查电动机和启动柜的电气接线是否正确（为防止静电和漏电,所有电气设备均应同时接地）。

（2）点动电动机,检查压缩机的转向是否正确。压缩机电动机的转向为:站在操作面看为顺时针方向。

（3）检查压缩机的润滑油位是否处在规定的范围内,油位应处在油标尺两刻度之间。

（4）检查压缩机管路系统的阀门是否处在正确的开关位置上。

（5）检查机器各部位的连接是否松动。

（6）检查各显示仪表的读数是否正确。

（二）开机后及运行中的注意事项

（1）观察机油压力是否正常,机油压力在正常运行时应在规定值之间。新机器或维修后的机器,初次启动时,由于油路内无油,须多次点动机器或向油路内灌注润滑油。

(2)观察机器的振动和声音。如有异常应立即停机检查,决不允许压缩机带问题运转。

(3)检查压缩机进、排气压力和进、排气温度是否正常。无论在什么状态下,压缩机的排气温度均不得超过规定值。

(4)检查压缩机的轴承和电动机的温升是否正常。

(5)检查机组和管道是否有漏气现象,可以用肥皂液进行检漏。

(6)压缩机运行正常后,应定时检查压缩机的运行参数是否正常。

四、常见故障分析与处理

活塞式压缩机常见故障原因分析及处理方法见表5-1。

表5-1 活塞式压缩机常见故障原因分析与处理方法

故障现象	故障原因	处理方法	
工作面温度过高	供油不足,润滑油太脏,油质不好,油中含水过多	更换机油	GBB003 活塞式压缩机工作面温度过高的原因及处理方法
	摩擦面有拉毛现象	修复或更换	
	连杆大头瓦抱得太紧	调整螺栓	
	轴承过热:(1)轴承工作正常仍发生过热现象时,可能润滑油供应不良,确定后排除;(2)在安装时若一个轴承基准位置安装不对,会导致该轴承或其他轴承发热;(3)若轴承处发出尖鸣声,则因油太多,应调低油压	根据情况调整或检查机油	
压缩机有不正常声音	活塞与气缸盖或缸座间落入硬质金属块,如断裂的阀片等(尖锐响声,如同金属直接撞击的声音)	检查取出	GBB004 活塞式压缩机声音异常的原因及处理方法
	活塞螺母或活塞接触到气缸盖或缸座,可能原因是螺母松动使活塞止点间隙不够(尖锐响声,如同金属直接撞击的声音)	检查调整或更换螺栓	
	气缸内存有液相物质(尖锐响声,如同金属直接撞击的声音)	清除进入气缸的液体	
	气阀松动(尖锐响声,如同金属直接撞击的声音)	检查紧固	
	连杆小头摩擦十字头内侧顶部(尖锐响声,如同金属直接撞击的声音)	检查调整	
	活塞杆与十字头连接松动(尖锐响声,如同金属直接撞击的声音)	检查调整必须旋紧螺母	
	连杆轴承磨损,间隙过大或连杆螺栓松动(闷声,如同冲击的回声)	调整间隙或更换螺栓	
	轴径椭圆度过大(闷声,如同冲击的回声)	检查更换	
	十字头与机身滑道间间隙过大(闷声,如同冲击的回声)	检查调整	

续表

故障现象	故障原因	处理方法
吸气阀盖温度高	压力表损坏	更换压力表
	气阀垫片损坏	更换阀片
	活塞环损坏	更换活塞环
	气阀损坏	更换气阀
吸、排气阀泄漏	因磨损、疲劳而断裂	检修更换阀片或弹簧
	阀弹簧折断引起阀片断裂	
	弹簧不垂直或者同一圈阀片上弹簧的弹力相差过大使阀片断裂	
	弹簧自由长度缩短，失去弹力，使阀片承受较大的冲击	
	阀片材料或制造质量不良	
	进气不洁净	清洗过滤器或更换滤网
	阀片与阀座密封不严	检查修复或更换
	阀座支撑面的密封垫损坏	检查更换密封垫
排气温度过高、气阀有响声	吸、排气阀密封性降低	检查修复进、排气阀
	进排气阀弹簧或阀片损坏	更换弹簧或阀片
	活塞环漏气	检查活塞开口间隙
	进气压力降低，压缩比增大	调整压缩比
填料漏气	由于密封圈磨损后收缩不均，造成与活塞杆配合间隙过大	检查修复或调整间隙
	活塞杆磨损不均致使截面不圆	更换填料
活塞环过快磨损	吸入介质不干净	加强介质过滤
	活塞环与气缸光洁度损坏	检修
排出气体内有油	刮油环因磨损后收缩不均，与活塞杆配合间隙过大	检查调整
	活塞杆磨损不均致使截面不圆	检查更换
	填料环磨损严重	检查更换填料

左栏说明：
- GBB005 活塞式压缩机吸气阀盖温度高的原因及处理方法
- GBB006 活塞式压缩机吸排气阀泄漏原因及处理方法
- GBB007 活塞式压缩机排气温度过高、气阀有响声的原因及处理方法
- GBB008 活塞式压缩机填料处漏气或发热的原因及处理方法

第二节　烃　　泵

一、滑片泵

GBB009 滑片泵的结构及工作原理

（一）滑片泵的结构

滑片泵是转子泵的一种，由静止的泵壳和旋转的转子构成，主要由泵体、定子、转子、滑片、泵盖、衬板、泵轴、机械密封、轴承、安全阀等零件组成。转子为圆柱形，具有径向槽道，槽道中安放滑片，滑片数可以是两片或多片，滑片能在槽道中自由滑动。

(二)滑片泵的工作原理

滑片泵是利用旋转的物体具有离心力这一原理工作的。泵转子在泵壳内偏心安装,转子表面与泵壳内表面构成了一个月牙形空间。转子旋转时,滑片依靠离心力的作用紧贴在泵内腔。在转子的前半转时,相邻两滑片所包围的空间逐渐增大,形成真空,吸入液体,而在转子的后半转时,此空间逐渐减小,就将液体挤压到排出管道,依次进行吸液、压缩、排液过程,不断循环工作,完成液体的加压输送。

(三)滑片泵的故障分析与处理

滑片泵常见故障原因分析及处理方法见表5-2。

GBB010 滑片泵的故障分析与处理

表5-2　滑片泵常见故障原因分析及处理方法

故障现象	故障原因	处理方法
无压差	电动机转向不对	核对电动机转向
	叶片滑不出来	缓慢关闭旁通阀仍不升压,则拆卸泵检查叶片是否卡死
	过滤器堵塞	清洗过滤器
压差不到0.5MPa	传动带过松	调整传动带松紧度或更换新传动带
	机械密封泄漏	修理或更换机械密封
	安全回流阀定压过低	按规定调整安全回流阀的开启压力
	泵内部泄漏过大	检修或更换磨损的叶片、转子、内套或侧板
密封装置泄漏	泵内有气	排气
	轴承磨损	更换
	装配不当	检查密封表面有无碰伤,防转销是否过长,各配合间隙是否合适

二、离心泵

(一)离心泵的工作原理

当离心泵泵室和吸入管充满液体时,叶轮高速旋转产生很大的离心力,使液体获得能量沿着叶轮通道甩向四周,并从叶片之间的开口处以很高的速度流出,挤入截面逐步扩大的泵壳内,液体的流速逐步降低,速度降低的这部分动能转化为压力能,使液体既能获得一定的流速,又获得一定的压力。

GBB011 离心泵的工作原理

液体被叶轮甩向四周的同时,叶轮中心区压力降低形成低压区,低于泵吸入口的压力,液体从泵吸入口自动流入叶轮中心区,随着叶轮旋转,液体连续不断地被吸入和压出,达到被加压输送的目的。

(二)汽蚀现象

当泵内某处的压力低于该处液体温度下的汽化压力,部分液体开始汽化,形成气泡,与此同时,原来溶解于液体中的某些活泼气体(如氧气),也会逸出而形成气泡。这些气泡随液流进入泵内高压区,气泡即破灭,体积突然缩小,周围液体迅速补充,产生了高频率、高冲击力的水锤,不断打击泵的内件,特别是工作叶轮,使其表面形成蜂窝状或海绵状。此外,还会发生氧腐蚀及其他化学腐蚀,以

GBB012 离心泵的汽蚀现象、原因及预防措施

致金属表面逐渐剥落而破坏,这种现象称为汽蚀。

(三)离心泵发生汽蚀现象的原因

(1)吸入罐液面低于泵的吸入管线;
(2)吸入罐内压力降低;
(3)液化石油气温度升高,饱和蒸气压变大,液化石油气在管线中汽化;
(4)液化石油气的流速增大。

(四)防止烃泵发生汽蚀的方法

(1)吸入液面要高于烃泵的入口管线,储罐液位低于烃泵入口管线的高度时要及时改罐;
(2)使用时要先灌泵;
(3)夏季使用时要先排空泵入口管线处的气体;
(4)泵的吸入高度应按规定的数值选择,生产中必须保证这一数值。

(五)离心泵故障分析与处理

离心泵故障分析与处理见表5-3。

表5-3 离心泵故障原因分析与处理方法

	故障现象	原因分析	处理方法
GBB013 离心泵轴承温度高的原因及处理方法	轴承温度高	轴承缺油或磨损严重	补充油或更换新轴承
		轴的中心线偏移	调整轴承位置
		转动部分不平衡	检查、调整
		轴承处油过多或太脏	按规定加油、换油
GBB014 离心泵机身振动或噪声大的原因及处理方法	机身振动或噪声大	轴弯曲变形或联轴器错口	调直或更换轴
		叶轮磨损,失去平衡	更换新叶轮
		轴承间隙过大	调整或更换
		转动部分与固定部分有摩擦	检查、修理
		泵壳内有气体	检查并排除
		转子偏心	检查、调整
		泵内有异物	清除
GBB015 离心泵抽空的原因及处理方法	泵抽空	入口过滤网、进口管线堵塞	清通过滤网、进口管线
		流程未导通,入口阀没有打开	导通流程
		叶轮堵塞	清除叶轮入口堵塞物
		进口密封填料漏气严重	调整密封填料压盖
		泵内有气	排净泵内气体
		供液不足	检查并调整液位
GBB016 离心泵密封填料冒烟及漏失原因及处理方法	密封填料冒烟、漏失	密封填料压盖压偏或密封填料磨损严重	调整密封填料压盖或更换密封填料
		新加密封填料压得过紧	调整密封填料松紧程度
		轴套与轴配合密封不好	调整轴套与轴的配合密封
		轴套表面不光滑或磨损严重	打磨轴套或更换新轴套

第三节 汽 化 器

汽化器又称蒸发升压器,是一种不使用动力的气体输送设备。液化石油气在使用(燃烧)前必须把它由液态转变成气态,并在输送的过程中需要从外界吸取大量热量。汽化器是将液态液化石油气转换成气态液化石油气,并过热至一定温度的热交换设备。

一、汽化器的种类及工作原理

GBB017 汽化器的种类与工作原理

(一)种类

汽化器的种类很多,按其结构形式不同可分为列管式、组合套管式、盘管式等。依据外界供热热源及介质的不同,汽化器又分为以下几种:

(1)电加热式,热源为电加热器,介质为水。

(2)壁挂电加热式,热源为电加热器,介质为水。

(3)蒸汽加热式,热源为饱和蒸汽,介质为冷凝水。

(4)热水加热式,热源及介质为循环热水。

(5)空温式,热源及介质为环境空气。

(二)工作原理

汽化器属于换热器的一种,需要有一定的热源来进行热量交换,其工作原理主要是利用外加热源对液化石油气进行加热,增加液化石油气的汽化量,使气体压力升高,经过集液分离器脱去重组分后输入管网。

二、汽化器的结构

GBB018 汽化器的结构

(一)热水汽化器

热水汽化器属于盘管式结构,主要由圆筒形壳体和一组盘管构成,热水在壳体内,液化石油气在盘管内。液态液化石油气进入汽化器后,经盘管与水进行热量交换,被加热后汽化,压力提高,汽化后的液化石油气由管程上部输送到管网。热水由壳体下部进入汽化器,被冷却后经上部排出。

(二)蒸汽汽化器

蒸汽汽化器是一种列管式设备,由液相段、列管段和气相段三部分组成。壳程的介质为蒸汽,管程介质为液化石油气。液化石油气自液相段进入汽化器,与列管段的管程的蒸汽进行热量交流,被加热汽化后进入气相段排出。蒸汽自列管段的上部进入,冷凝水自下部排出。进入蒸汽汽化器的液化石油气的气体温度应控制在45℃以下。

(三)电热管汽化器

电热管汽化器是近几年出现的一种新式汽化设备,是在热水汽化器的基础上,将外加热水供应改为在设备内由电热管对水进行加热,再由热水对液化石油气进行换热,从而省掉了热水的供给系统。

电热管汽化器结构是在热水汽化器的基础上改造而来,该汽化器是在热水汽化器热水箱的下部增设了几组电热管,中上部增设中心管气液分离室,起集聚气体和分离液体的作用,从而保证了外输气体的稳定。

电热管汽化器外形尺寸一般稍大于同规格的热水汽化器,按其蒸发能力不同分有 200～500kg/h 系列,所配电热管功率 15～74kW,热水温度在 70～80℃,由温度表自控装置进行调控。内装热水需软化处理,要定期更换新水,电热管和温度自控装置要采用防爆结构。

电热管汽化器结构紧凑,操作使用方便,汽化效果稳定,目前已被广泛使用。

三、汽化器的选型原则

(1)根据不同的介质,选择不同种类的汽化器。

(2)工业气体汽化器还应根据使用工作压力的高低分别选用低、中、高压汽化器。

(3)汽化器型号的选择主要是根据所需汽化量,乘以系数 $K(K=1.2～1.5)$。例如,使用汽化量为 100Nm^3/h,建议选择汽化量为 120～150Nm^3/h 的汽化器。

四、汽化器的操作使用与维护保养

汽化器在首次使用前,应对汽化器和液化石油气的管路进行吹扫、试压和置换,按照使用说明书和图纸资料对设备状况、安装质量与所配管道的流向和安全附件的灵敏完好情况进行检查,合格后方可使用。

GBB019 汽化器的操作步骤

(一)汽化器的操作步骤

(1)检查确认加热流体的操作阀是否关闭,安全阀、压力表和温度计是否完好(对电热管汽化器要确认加热电源程序是否切断)。

(2)开启汽化器的气相出口阀门,保持气体出口管路的畅通。

(3)开启液化石油气的进口阀门,在确认液化石油气进入汽化器后,先开热流体出口阀门,再开启热流体进口阀门(对电热管汽化器可接通电热源,将温度控制器调整到规定数值)。

(4)当发现汽化后的出口压力超过规定值时,应调节汽化器进液阀门,控制进液量(对电加热汽化器可下调加热温度)。

GBB020 汽化器的操作注意事项

(二)操作注意事项

(1)在汽化器的运行中,操作人员应随时检查其液位、压力和温度的变化情况,随时注意调节进口阀门和温度,保持稳定升压,将工作参数控制在设备技术规定之内。

(2)汽化器停止使用时,要先关闭加热流体的进口阀门(电热管汽化器要先切断电源),再关闭液化石油气进口阀门,确认汽化器停止蒸发,进、出口压力表数据相同后,再关闭液化石油气出口阀,关闭加热介质的出口阀。

GBB021 汽化器的维护保养内容

(三)汽化器的维护保养内容

(1)采用热水加热的汽化器,每半年要更换一次新水。蒸汽加热的汽化器,每班应排放一次列管段中的污水。

（2）汽化器上的液位计要定期冲洗，压力表、温度计和安全阀要按规定日期进行校验，保证其灵敏和完好。

（3）各操作阀门、仪表及接管接头无泄漏，各连接螺栓无锈蚀，汽化器保温层无损坏。

（4）定期擦洗设备，保持汽化器及周围的卫生清洁。

五、汽化器常见故障分析及处理

汽化器常见故障原因分析及处理方法见表5-4。

表5-4 汽化器常见故障原因分析及处理方法

故障现象	故障原因	处理方法	
汽化效率低，进出口压差小	管路堵塞	疏通被堵塞的管路	GBB022 汽化器进出口压差小的原因及处理方法
	换热管表面结垢	清洗除去结垢层	
液化石油气入口阀开启后，出口管温度低于入口管温度	出液储罐压力过低，或汽化器出口管路阻力大，形不成所需的压差	提高出液储罐的压力，检查汽化器出口管路是否畅通	
	汽化器与升压罐距离过长，工艺管线设置不合理	可先向近距离升压罐输气，待汽化器运行正常后，再导向远距离储罐；或改变工艺管路装置，减少管道阻力	
	阀门有故障	检修更换阀门	
升压速度比正常情况下降	热介质温度低	提高加热温度	
	汽化器出口管路有冷凝现象	在出口管上加保温措施	
热水汽化器突然停气	突然停电，电磁阀关闭不过气	恢复供电	GBB023 汽化器突然停气或温升不够的故障原因及处理方法
	电磁阀故障或烧坏	检修电磁阀，是否有异物卡住电磁阀或电磁阀膜片变形，如果变形应及时更换电磁阀	
	液化石油气气体温度过低，电磁阀关闭	先关闭汽化器出口阀门，等汽化器温度达到设定值50℃后再打开	
	有阀门未打开或液化石油气储罐内无气	重新打开阀门或重新供气	
	液位高限报警	关闭进气阀门，开启出气口阀门	
	调压阀故障导致不过气	检修或更换调压阀	
汽化器不升温或汽化能力不够	热水温度低，所提供热水的能量不够汽化器使用	检查热源，保证在60~80℃左右	
热水箱或热介质出口管路上有液化石油气味	换热管有漏气	停止使用，对汽化器进行检修	GBB024 汽化器的电磁阀自动关闭及出口管中有液化石油气味的故障原因及处理方法
液化石油气进口电磁阀自动关闭	液化石油气液位超限	调节液位和相应温度	
	出气温度超限（下限）		
	回水水温超限（下限）		
	回水水流中断		

第四节 钢 瓶

GBC001 钢瓶瓶阀的结构及要求

一、瓶阀的结构

瓶阀主要由手轮、O形圈、压盖、胶垫、阀杆、连接板、阀铊(也称活门)、阀铊垫及阀体组成,如图5-1、图5-2所示。

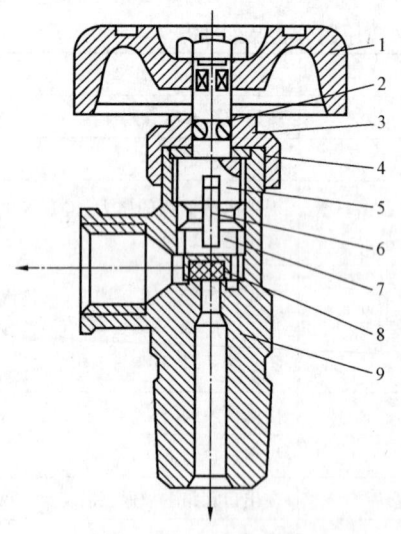

图5-1 YSF-1型瓶阀结构示意图
1—手轮;2—O形圈;3—压紧螺母;
4—胶垫;5—阀杆;6—连接片;
7—阀铊;8—阀铊垫;9—阀体

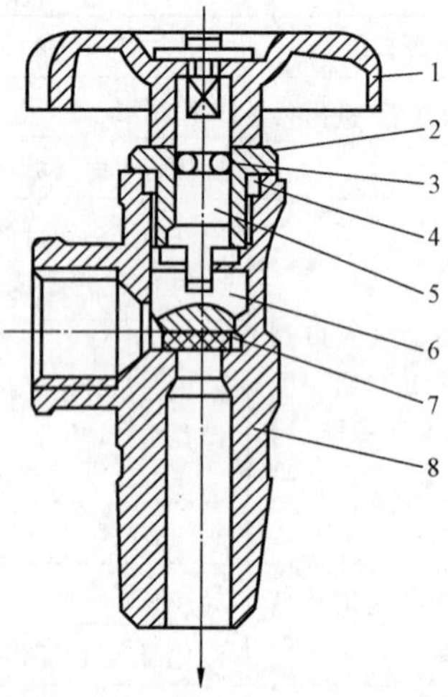

图5-2 YSF-2型瓶阀结构示意图
1—手轮;2—O形密封圈;
3—压紧螺母;4—胶垫;5—阀杆;
6—阀铊;7—阀铊垫;8—阀体

二、对瓶阀的要求

(1)瓶阀材料应不与瓶内介质发生化学反应,也不允许影响介质的质量。
(2)瓶阀上的螺纹应与瓶口的螺纹相匹配,防止错装、错用。
(3)密封材料应采用无油脂的材料,手轮材料应具有阻燃性。
(4)同一规格、型号的瓶阀,其重量允差不应超过5%。
(5)瓶阀出厂时,应逐只出具合格证。
(6)瓶阀的材质应选用不产生静电的铜质瓶阀。

三、瓶阀的工作原理

以YSF-1型角阀为例,当逆时针旋转手轮时,阀杆随之转动,通过连接片带动阀铊同步旋转,阀铊外侧与阀体为螺纹连接,阀铊逆时针旋转的同时沿螺纹面上升,带动阀铊离开阀座,阀门打开,液化石油气则进入或流出钢瓶;反之,当顺时针旋转手轮,则阀铊压紧阀座,阀门关闭。当角阀打开时,O形圈和密封垫的作用是保持阀杆与压紧螺母之间无泄漏,并保持阀体与压紧螺母之间也无泄漏,当角阀关闭时,阀铊垫与阀座密封面压紧而起密封作用。

四、液化石油气钢瓶瓶阀常见故障原因及处理方法

液化石油气钢瓶瓶阀常见故障原因及处理方法见表 5-5。

表 5-5　液化石油气钢瓶瓶阀常见故障原因及处理方法

故障现象	故障原因	处理方法
减压阀拧不进角阀中	角阀接口变形,或内螺纹损坏	送修或更换角阀
不出气	角阀损坏,无法开启	送修或更换角阀
漏气	钢瓶或角阀有损坏	送修或更换钢瓶或角阀
	减压阀与角阀连接螺纹不匹配	送修或更换减压阀或角阀
瓶阀压盖漏气	压盖内的胶垫损坏	更换胶圈或 O 形圈
	阀杆上的 O 形圈损坏	
瓶阀开关不灵活	阀杆与阀铊的连接片脱离或损坏	更换或维修连接片
	阀铊的螺纹损坏或被硬物卡死	更换或维修阀铊
	瓶阀的压盖太紧	更换或维修压盖
瓶阀关不严或打不开	阀铊密封面损坏	更换阀铊或清理
	阀铊螺纹损坏	
	阀铊螺纹被异物卡死	

GBC002 钢瓶瓶阀不出气、漏气的原因及处理方法

GBC003 钢瓶瓶阀压盖漏气、开关不灵活的原因及处理方法

第五节　电子充装秤

本节以 KTL120 电子充装秤为例进行介绍。

一、功能和特点

（1）具有零位内码自调整功能（自动去除钢瓶皮重），输入信号范围：-6～+12mV。无须单独称量空瓶皮重,零位自动跟踪,可设置零位跟踪范围,开机自动捉零。

（2）当充装到设定重量时自动关阀,并有声光提示,误差＜0.05kg。

（3）读数清晰,采用发光数码管显示质量值。

（4）可任意设置充装质量,操作简便。

（5）充装检斤一次完成,无须另设检斤秤。

（6）可随时查看已经充装了的钢瓶总数和液化石油气总质量,便于经营和管理。

（7）自动（人工调整）跟踪液化石油气的充装速度,确保充装精度。

（8）全量程自动校准。只需用标准砝码和按钮即可校准电子充装秤,无须打开机箱。

（9）标准 RS485 接口,可与计算机联网。

（10）设定模式更多,分为组模式和单个模式,便于用户批量作业,操作自由度更大。

（11）自动预置皮重及除皮,随时进行现场称重设定,使用更加便捷。

GBC004 电子充装秤的功能和特点

(12)采用了数字键盘输入,用户接口更加人性化,操作更加快捷。

(13)增加了锁屏,防误操作、非法充装等。

GBC005 电子充装秤的安装方法

二、安装方法

(1)在安装电子充装秤之前首先按照设计图打好基坑。

(2)将电子充装秤小心地抬到充装间内,先将秤台面放入坑基中,坑基与秤台之间应有 2~5cm 的间隙,秤台面应与地面平行,便于操作。

(3)用水平仪调整调节螺钉(位于秤台面底部,共4个),使秤台面水平,四脚不能晃动,然后加放导静电橡胶垫于台面。依据底架孔位图打好4个直径 $M10$ 膨胀螺栓,然后将控制柜固定在地面。

(4)220V 电源线(3×1.5 铠装电缆)接到秤上的防爆开关中(红接火线,绿接零线,黄绿线接地线)。

(5)将箱体放到秤台的底座上,用螺丝上紧。

(6)将秤台内的信号线与控制柜内接线盒相插(7芯航插)。

(7)将秤台和立柱内的接地端用不小于 $6mm^2$ 的接地线与防静电接地网可靠连接。

(8)出气胶管一端接充气枪(此端口为平面密封,须加平垫),另一端接电磁阀出气端(阀上有流向标志,切勿接反,若接反,将无法控制)。然后将胶管用管卡固定在吊枪杆上,充气枪挂在平衡器上,进气胶管一端接电磁阀进气端,另一端接现场的进气钢管,钢管上必须安装阀门,以防意外泄漏。

GBC006 电子充装秤安装后的检查项目

(9)安装完成后应检查各处是否有泄漏,接地是否可靠。检查内容:

① 检查接口是否密封,有无松动现象。

② 检查接地是否良好,可用万用表进行测试。

③ 检查 220V 电源引入是否正常,零线与接地电阻须小于 2Ω,绝缘电阻大于 $2M\Omega$。

④ 开机检查,打开电源开关,电子充装秤开始自检,如果自检通过,秤将显示"000.00"表示安装是成功的。注:保证电源无故障,方可开机,以免造成不必要的损失。

⑤ 请当地技术监督局来进行检定,检定时须对称重新标定,检定通过后,就可以正常使用了。

⑥ 在使用之前,请务必将有关资料报送当地计量部门备案备查。

⑦ 保存好保修卡以便维修。

GBC007 电子充装秤故障原因分析及处理方法

三、故障原因分析与处理

(1)开机无显示:可能是保险管坏了,或者是防爆开关坏了,保险管为0.5A。

(2)开机显示 ERR 2 或 ER 1:检查秤台与坑基有没有碰上,或秤台边掉进了脏东西。检查完后故障仍未排除,拆下立柱后盖板,检查一下传感器线是否松动。

(3)开机显示 ERR3:主板故障(请与厂家联系)。

显示 ERR8:表示非法充装,压力不足。

显示 ERR2:传感器线路故障。

显示 0917-3193818-PHONE:表示使用次数已到。

显示 ERR6FD10.0:表示确认错误。

(4)在秤台上放上重物,显示的质量总是小于实际的质量:卸下秤台盖,检查秤台内的限位螺栓是否顶到秤台上支架,如是将螺栓调一些即可。

(5)充装时红灯亮,但无法向钢瓶中充液化石油气,也听不到电磁阀动作声:可能是电磁阀线断了,可单独给电磁阀通电,如果电磁阀还是没有声音,那就是电磁阀线圈坏了。如果电磁阀动作正常,那就是电路板坏了。

(6)充装时,实际充装的液化石油气比设定的多,即误差加大:可能是电磁阀内有杂物不能准确关断,清洗电磁阀。

(7)速度总是比其他秤慢:检查橡胶管各接头的密封垫的孔是否被压小。

(8)如遇充气站供电电压不稳定情况时,建议增设交流220V稳压电源装置。

(9)充装站在使用交流220V发电动机组供电时,务必先关闭电子充装秤,待发电动机组供电稳定后方可开启电子充装秤进行使用。

(10)在秤台坑基内最好放置一些灭鼠药物,防止老鼠破坏传感器上敏感元件。

(11)秤台应避免受重物(或钢瓶)摔砸,否则会造成传感器件的损坏。一旦损坏,显示屏显示为 ERR9。

高级工练习题及答案

一、理论知识试题

(一)单项选择题(每题四个选项,只有一个是正确的,将正确的选项号填入括号内)

1. BB001 活塞式压缩机的主机部件为机身、曲轴、连杆、( )、气缸、活塞等。
   (A)滑片　　　　(B)十字头　　　　(C)定子　　　　(D)转子

2. BB001 活塞式压缩机活塞在曲轴—( )—十字头—活塞杆机构的带动下向上移动,此时吸气阀关闭。
   (A)填料　　　　(B)气缸　　　　(C)连杆　　　　(D)转子

3. BB002 新安装的压缩机或大修后的压缩机开机前先点动电动机,检查压缩机的转向是否正确,压缩机转向为( )。
   (A)站在操作面看为反时针方向
   (B)站在压缩机电动机后面看为顺时针方向
   (C)站在压缩正面看为反时针方向
   (D)站在操作面看为顺时针方向

4. BB002 压缩机开机后及运行中的注意事项中,下列说法不正确的是( )。
   (A)新机器或维修后的机器,初次启动时,由于油路内无油,须多次点动机器或向油路内灌注润滑油
   (B)观察机器的震动和声音。如有异常应立即停机检查,决不允许压缩机带问题运转
   (C)压缩机的排气温度均不得超过规定值
   (D)检查管线是否漏气,可用清水进行检漏

5. BB003 运行中的压缩机,表面温度过高的原因中说法错误的是( )。
   (A)供油不足,润滑油太脏,油质不好,油中含水过多
   (B)连杆大头瓦抱得太紧
   (C)气缸内有液体
   (D)轴承过热

6. BB003 因压缩机机油油质太脏,造成压缩机机油温度升高时的处理方法是( )。
   (A)换油　　　　(B)过滤　　　　(C)清洗　　　　(D)加温蒸煮

7. BB004 活塞式压缩机曲轴瓦、连杆瓦、十字头的螺母松动或螺栓折断会造成曲轴箱内发生严重撞击声,正确的处理方法是( )。
   (A)检查、调整或更换螺栓、螺母　　　　(B)调整间隙
   (C)加强冷却　　　　(D)研磨

8. BB004 活塞式压缩机连杆瓦、十字头滑板与( )间隙过大会造成曲轴箱发生严重撞击声。
   (A)滑板　　　　(B)滑道　　　　(C)十字头销　　　　(D)以上都是

9. BB005 压缩机吸气阀盖发热可能是( )。
   (A)吸气阀漏气　　　　　　　　　　(B)活塞环损坏

(C)气阀间隙过大　　　　　　　　　(D)工作面摩擦过热

10. BB005　活塞式压缩机的活塞环坏可能引起( )。
(A)吸气阀盖热　　　　　　　　　(B)十字头与机身滑道间隙过大
(C)进气不洁净　　　　　　　　　(D)以上全是

11. BB006　为避免因阀内有污物而造成压缩机进、排气阀漏气,应定期( )。
(A)更换进排气阀　　　　　　　　(B)检查、清洗过滤器
(C)更换阀片　　　　　　　　　　(D)修理活塞

12. BB006　活塞式压缩机的吸、排气阀处泄漏的原因,说法不正确的是( )。
(A)气缸内进液　　　　　　　　　(B)进气不洁净
(C)阀片与阀座密封不严　　　　　(D)弹簧失去弹力

13. BB007　属于因活塞式压缩机进气压力降低,压缩比增大造成进、排气温度过高的处理方法( )。
(A)修理气阀　　(B)调整压缩比　　(C)调整间隙　　(D)更换活塞杆

14. BB007　活塞式压缩机进、排气阀密封性( ),进、排气温度( ),气阀有异常响声。
(A)降低、过高　(B)升高、过高　　(C)降低、降低　(D)过高、降低

15. BB008　属于活塞式压缩机填料漏气的原因( )。
(A)死点间隙过大　　　　　　　　(B)填料与活塞杆间隙过大
(C)气缸余隙过大　　　　　　　　(D)活塞杆不直或椭圆度过大

16. BB008　属于活塞式压缩机因填料与活塞杆间隙过大而造成填料漏气的处理方法是( )。
(A)调整间隙　　(B)重新刮研　　　(C)调整余隙　　(D)调整供水量

17. BB009　滑片泵主要由泵体、泵轴、( )、泵盖、衬板、机械密封、轴承、安全阀等零件组成。
(A)泵体、定子、气阀　　　　　　(B)转子、滑片、气缸
(C)滑片、定子、转子　　　　　　(D)轴承、升程限制器、阀线

18. BB009　滑片泵扇形空间容积的循环变化是( )。
(A)逐渐增大→逐渐减小→适中→最小→逐渐减小
(B)逐渐减小→适中→逐渐减小→最小→逐渐增大
(C)逐渐增大→最大→逐渐减小→最小→逐渐增大
(D)逐渐增大→最大→逐渐增大→最小→逐渐减小

19. BB010　不属于滑片泵无压差的原因是( )。
(A)电动机转向不对　　　　　　　(B)叶片滑不出来
(C)泵内有气　　　　　　　　　　(D)过滤器堵塞

20. BB010　不属于滑片泵无压差的处理方法是( )。
(A)核对电动机转向
(B)清洗过滤器
(C)缓慢关闭旁通阀仍不升压,则拆泵检查叶片是否卡死
(D)调整间隙

21. BB011　离心泵启动后正常工作时,叶轮中的叶片驱使液体一起旋转,因而产生了( )。
(A)离心力　　　(B)向心力　　　　(C)加速　　　　(D)减速

22. BB011　离心泵的主要部件有泵壳、轴、( )、轴封等。
(A)平衡盘　　　(B)吸入室　　　　(C)压盖　　　　(D)叶轮

23. BB012　不是离心泵汽蚀的现象是( )。
　　　　　　(A)泵体振动　　　(B)压力表归零　　　(C)噪声强烈　　　(D)电流波动
24. BB012　不是离心泵汽蚀的原因是( )。
　　　　　　(A)吸入罐压力降低　　　　　　　　(B)吸入罐液面低于泵的吸入管线
　　　　　　(C)密封填料漏失量大　　　　　　　(D)输送液体在管线中汽化
25. BB013　离心泵轴承缺油或磨损严重,会导致泵( )。
　　　　　　(A)轴承温度过高　(B)压力下降　　　(C)排量减小　　　(D)润滑油漏失
26. BB013　不是离心泵轴承温度过高的原因是( )。
　　　　　　(A)润滑油过多　　　　　　　　　　(B)润滑油过少
　　　　　　(C)泵轴中心线偏移　　　　　　　　(D)排量小
27. BB014　不属于离心泵机身振动或噪声大的处理方法( )。
　　　　　　(A)调整轴承间隙　　　　　　　　　(B)校直或更换泵轴
　　　　　　(C)更换润滑油　　　　　　　　　　(D)更换新叶轮
28. BB014　因离心泵轴弯曲变形或联轴器错口,造成机身振动或噪声大,需( )。
　　　　　　(A)校直或更换泵轴　　　　　　　　(B)检查、修理
　　　　　　(C)调直轴承位置　　　　　　　　　(D)更换新叶轮
29. BB015　不是离心泵抽空原因的是( )。
　　　　　　(A)入口阀未开　　(B)转子偏心　　　(C)过滤缸堵　　　(D)供液不足
30. BB015　泵进口密封填料漏气严重,会导致泵( )。
　　　　　　(A)抽空　　　　　(B)汽化　　　　　(C)停运　　　　　(D)反转
31. BB016　不能导致离心泵密封填料冒烟的是( )。
　　　　　　(A)压盖磨轴套　　(B)泵轴弯曲　　　(C)轴套不光滑　　(D)压盖过紧
32. BB016　不能引起离心泵密封填料漏失的是( )。
　　　　　　(A)压盖过松　　　(B)轴套磨损　　　(C)压盖压偏　　　(D)轴套完好
33. BB017　汽化器按结构形式不同可分为列管式汽化器、组合套管式汽化器和( )汽化器等。
　　　　　　(A)束管式　　　　(B)火焰式　　　　(C)盘管式　　　　(D)以上全是
34. BB017　汽化器有空温热源、蒸汽加热、热水加热和( )四种形式。
　　　　　　(A)降温式　　　　(B)电加热　　　　(C)明火式　　　　(D)自动式
35. BB018　蒸汽汽化器结构由液相段、列管段和气相段三部分组成,是一种( )。
　　　　　　(A)列管式设备　　(B)盘管式设备　　(C)蛇管式设备　　(D)火焰式设备
36. BB018　进入蒸汽汽化器的液化石油气的气体温度应控制在( )以下。
　　　　　　(A)60℃　　　　　(B)45℃　　　　　(C)90℃　　　　　(D)50℃
37. BB019　汽化器操作程序第二步为开启汽化器的( )操作阀,保持气体出口管路的畅通。
　　　　　　(A)液相进口　　　(B)气相出口　　　(C)排污　　　　　(D)以上全是
38. BB019　关于汽化器的操作规程,下列说法不正确的是( )。
　　　　　　(A)启动前检查确认加热流体的操作阀是否打开,安全阀、压力表和温度计是否
　　　　　　　 完好
　　　　　　(B)先开启汽化器的气相出口阀门
　　　　　　(C)再开启液化石油气的进口阀门

(D)在确认液化石油气进入汽化器后,再开热流体出口阀门,最后开启热流体进口阀门

39. BB020　汽化器停止使用时,要先关闭(　)的进口阀门,再关闭液化石油气进口阀门。
　　(A)液相段　　　(B)气相段　　　(C)加热流体　　　(D)以上全是

40. BB020　汽化器停止蒸发,进、出口压力表数据相同后,关闭液化石油气(　)。
　　(A)进口阀　　　(B)出口阀　　　(C)排污阀　　　(D)以上全是

41. BB021　采用热水加热的汽化器,每(　)要更换一次新水。
　　(A)半年　　　(B)季度　　　(C)一年　　　(D)两年

42. BB021　蒸汽加热的汽化器,(　)应排放一次列管段中的污水。
　　(A)每半年　　　(B)每班　　　(C)每季度　　　(D)每月

43. BB022　液化石油气汽化器在升高储罐气相压力的过程中,升压速度比正常情况下降。其产生原因:一是热介质温度低;二是汽化器出口管路有(　)现象。应提高加热温度或在出口管路上加保温措施。
　　(A)汽化　　　(B)升温　　　(C)降温　　　(D)冷凝

44. BB022　蒸汽加热汽化器的冷凝水排放口有液化石油气味,原因是(　)现象,应停止使用,对汽化器进行检修。
　　(A)气相压力太高窜入蒸汽管路中
　　(B)蒸汽压力过低,液化气窜入蒸汽管路中
　　(C)换热列管有腐蚀破损处或者列管管板胀管处有泄漏
　　(D)蒸汽管路窜入液化石油气

45. BB023　汽化器不升温或汽化能力不够的原因可能为(　)。
　　(A)汽化器故障　　　　　　(B)汽化器堵塞
　　(C)热水的能量不够汽化器使用　　(D)以上全是

46. BB023　热水汽化器的液化石油气气体温度过低有可能会引起(　)。
　　(A)电磁阀关闭,汽化器停气　　(B)汽化器停电
　　(C)汽化器热水停止　　　　　　(D)以上全是

47. BB024　汽化器中液化石油气液面高报警故障可能会引起(　)。
　　(A)升压速度比正常情况下降　　(B)热水管漏气
　　(C)热水汽化器突然停气　　　　(D)进口电磁阀自动关闭

48. BB024　汽化器液化石油气进口电磁阀自动关闭故障原因为(　)。
　　(A)液化石油气进气量过大　　(B)热水循环停止
　　(C)水温低限设定参数过低　　(D)液化石油气液位超限

49. BC001　液化石油气钢瓶瓶阀由手轮、压母、阀体、阀垫、(　)、阀杆、密封垫和O形密封圈组成。
　　(A)闸门　　　(B)阀铊　　　(C)气孔　　　(D)阀缸

50. BC001　YSF-1型液化石油气钢瓶瓶阀通过(　)拨转阀铊来开关瓶阀。
　　(A)阀杆　　　(B)连接板　　　(C)密封圈　　　(D)阀芯

51. BC002　液化石油气钢瓶的减压阀拧不进角阀中的原因是(　)。
　　(A)角阀接口变形或内螺纹损坏　　(B)耳片损坏
　　(C)底座损坏　　　　　　　　　　(D)封头开裂

52. BC002 液化石油气钢瓶不出气原因是( )。
  (A)角阀损坏,无法开启　　　　　　(B)减压阀与角阀连接螺纹不匹配
  (C)阀杆上O形圈损坏　　　　　　　(D)角阀接口变形

53. BC003 钢瓶瓶阀压盖漏气可能的原因是( )。
  (A)压盖内的垫片损坏或阀杆上的O形圈损坏
  (B)压紧螺母松脱
  (C)角阀损坏
  (D)以上均是

54. BC003 钢瓶阀杆的( )损坏会造成钢瓶角阀泄漏。
  (A)角阀阀座　　(B)密封圈　　(C)角阀　　(D)以上均是

55. BC004 电子充装秤能自动(人工调整)跟踪液化石油气的( ),确保充气精度与充装安全。
  (A)充装速度　　(B)充装质量　　(C)充装液位　　(D)以上均是

56. BC004 电子充装秤能够( ),只需用标准砝码和按钮即可校准电子充装秤,无须打开机箱。
  (A)自动称重　　　　　　　　　　　(B)全量程自动校准
  (C)自动去皮　　　　　　　　　　　(D)以上全是

57. BC005 电子充装秤安装时,与防静电接地网连接的接地线不小于( )。
  (A)4mm²　　(B)6mm²　　(C)8mm²　　(D)没要求

58. BC005 电子充装秤安装时,坑基与秤台之间应有( )的间隙,秤台面应与地面平行,便于操作。
  (A)有一点就行,无特殊要求　　　　(B)一点
  (C)10cm　　　　　　　　　　　　　(D)2～5cm

59. BC006 新投入使用的电子充装秤使用前,必须将有关资料报送当地的( )备查。
  (A)安全局　　(B)地方政府　　(C)计量管理部门　　(D)以上全是

60. BC006 电子充装秤安装后,电源线的零线与接地间电阻必须( ),绝缘电阻( )。
  (A)<2Ω、>2MΩ　(B)>2MΩ、<2Ω　(C)<4Ω、>2MΩ　(D)<10Ω、>2MΩ

61. BC007 电子充装秤的传感器传感元件被砸坏显示屏显示( )。
  (A)ERR9　　(B)ERR8　　(C)ERR2　　(D)ERR

62. BC007 电子充装秤在秤台上放上重物,显示的重量总是小于实际的重量和处理方法是( )。
  (A)检查外部电源是否未供电,如是,供电即可
  (B)卸下秤台盖,检查秤台内的限位螺栓是否顶到秤台上支架,如是将螺栓调一些即可
  (C)电磁阀内有杂物不能准确关断,清洗电磁阀
  (D)以上全是

(二) 多项选择题(每题四个选项,至少两个是正确的,将正确的选项填入括号内)

1. BB001 活塞式压缩机的基本构件有( )。
  (A)气缸　　(B)气阀　　(C)活塞　　(D)集液分离器

(三)判断题(对的画"√",错的画"×")

( )1. BB001　活塞式压缩机运转时,曲轴被电动机带动而旋转时,曲轴带动连杆大头进行回转。

( )2. BB002　压缩机开机前应首先检查电动机和启动柜的电气接线是否正确。

( )3. BB003　压缩机连杆大头瓦抱得太紧可能会引起工作面温度升高。

( )4. BB004　活塞式压缩机十字头销与曲轴磨损松动,造成曲轴箱内发出严重撞击声。

( )5. BB005　压缩机进气管线上的压力表坏不会引起压缩机吸气阀盖发热。

( )6. BB006　活塞式压缩机应定期检查、清洗阀门,以免造成吸、排气阀漏气。

( )7. BB007　检查活塞环开口间隙或更换是活塞环漏气的处理方法。

( )8. BB008　因活塞式压缩机填料与活塞杆间隙过小,造成填料漏气。

( )9. BB009　滑片泵当容积逐渐增大时空腔内形成真空,在吸入区将介质吸入。

( )10. BB010　因滑片泵叶片滑不出来,需缓慢关闭旁通仍不升压,则拆卸泵检查叶片是否卡死。

( )11. BB011　离心泵的蜗壳位于叶轮进口前,其作用是把液体从两面引入叶轮。

( )12. BB012　泵在运行时,定期排空泵入口管线处的气体,可以防止泵汽蚀。

( )13. BB013　轴承倾斜、润滑油内有机械杂质会导致轴承温度过高。

( )14. BB014　因离心泵轴弯曲变形或联轴器错口,需调直或更换轴,以避免机身振动或噪声大。

( )15. BB015　离心泵发生汽蚀时,压力表归零。

( )16. BB016　轴套磨损严重会使密封填料发烧。

( )17. BB017　电加热式汽化器的热源为电加热器,介质为水。

( )18. BB018　蒸汽汽化器的蒸汽自列管段的下部进入,冷凝水自上部排出。

( )19. BB019　操作蒸汽汽化器时,当发现汽化后的出口压力超过规定值时,应调节汽化器进液阀门,控制进液量。

( )20. BB020　在汽化器的运行中,操作人员应随时检查其液位、压力和温度的变化情况,随时注意调节进口阀门和温度,保持稳定升压,将工作参数控制在设备技术规定之内。

( )21. BB021　采用热水加热的汽化器,每半年要更换一次新水。

( )22. BB022　汽化器换热管表面结垢,会使汽化器效率低、进出口压差变小。

( )23. BB023　汽化器出口管路有冷凝现象时,可能的原因是进口阀门未打开。

( )24. BB024　汽化器正常工作时,液化石油气进口电磁阀自动关闭,可能的原因是出气温度超限。

( )25. BC001　瓶阀的材质应选用不产生静电的铜质瓶阀。

( )26. BC002　发现液化石油气钢瓶漏气时,可能是角阀有损坏。

( )27. BC003　瓶阀的压盖太紧可能会造成钢瓶瓶阀开关不灵活。

( )28. BC004　电子充装秤操作相当简单,只用几个按钮便可完成所有操作。

( )29. BC005　电子充装秤安装时,220V电源线(3×1.5铠装电缆)接到秤上的普通开关中。

( )30. BC006　电子充装秤安装完成后,要请当地技术监督局来进行检定,检定通过后,才可以正常使用了。

( )31. BC007　电子充装秤的秤台应避免受重物(或钢瓶)摔砸,否则会造成传感器件的损坏。

二、技能操作试题

(一) AB001 处理活塞式压缩机气阀阀片与弹簧故障

1. 考核要求

(1)必须穿戴劳动保护用品。

(2)工具、量具、用具准备齐全,正确使用。

(3)操作程序符合安全文明操作。

(4)按规定完成操作项目,质量达到技术要求。

(5)操作完毕,做到工完、料净、场地清。

2. 准备要求

工具、材料、设备准备。

序号	名称	规格	数量	备注
1	活塞式压缩机		1台	考试专用
2	阀片		2套	
3	弹簧		若干	
4	扳手		1把	
5	手锤		1把	
6	抹布		1块	
7	肥皂水		1壶	

3. 操作程序说明

(1)正确选用工具、用具和使用材料。

(2)切断电源。

(3)关闭活塞式压缩机进、出口阀门。

(4)活塞式压缩机泄压。

(5)拆开阀盖。

(6)检查弹簧、阀片。

(7)更换破损件。

(8)安装阀盖。

(9)送气试漏。

(10)清洁收回工具。

(11)穿戴劳保,按规程操作。

4. 考核规定说明

(1)如操作违章或未按操作程序执行操作,将停止考核。

(2)考核采用百分制,考核项目得分按鉴定比重进行折算。

(3)考核方式说明:该项目为实际操作,考核过程按评分标准及操作过程进行评分。

(4)测量技能说明:本项目主要测量考生对处理活塞式压缩机气阀阀片与弹簧故障掌握的熟练程度。

5. 考核时限

(1)考核时间:15min。

(2)计时从领取工具、材料开始,至交回工具、材料为止。

(3)规定时间完成,超时停止工作。

(4)违章操作或发生事故停止工作。

6. 评分记录表

序号	考核内容	考核要求	配分	评分标准	检测结果	得分	扣分	备注
1	工具材料准备	正确选用工具、用具和使用材料	5	工具、用具少选一件扣2分,选错一件扣2分				
				材料少选一件扣2分				
2	切断电源	切断活塞式压缩机电源	5	切断电源,未挂指示牌扣2分				
				未断电扣5分				
3	关闭进、出口阀门	关闭活塞式压缩机进、出口阀门	10	未关闭进、出口阀门扣10分				
				进、出口阀少漏关扣5分				
4	排空泄压	排空泄压,做到无压操作	10	未检查压力是否归零扣10分				
				管内有明显冲击扣5分				
5	拆开阀盖	用扳手拆开阀盖	10	拆卸前用便携式可燃气体浓度测试仪检查周围环境可燃气体浓度在安全范围内,不检查扣5分				
				拆下螺栓,未对角拆除扣5分				
				摆放螺栓不规范扣2分				
				拆下阀盖,未轻拿轻放扣2分				
6	检查弹簧、阀片	检查弹簧、垫片有无损坏	10	未取出弹簧检查扣5分				
				取出垫片,拧下固定螺栓,损坏垫片扣5分				
7	更换已损件	更换垫片、弹簧	20	换掉旧损件,未清洁内部扣5分				
				更换垫片,紧固螺栓不到位扣5分				
				安装垫片、弹簧不正确扣20分				
8	安装阀盖	定位安装阀盖	15	安装阀盖,未对角紧固螺栓扣5分				
				安装阀盖时损坏阀盖密封圈扣5分				
				螺栓紧固一处松动扣5分				

续表

序号	考核内容	考核要求	配分	评分标准	检测结果	得分	扣分	备注
9	开机调试	打开进、出口阀门,开机调试是否运行正常	10	送电未摘掉停电指示牌扣5分				
				未用肥皂水试漏扣5分				
10	工具用具收回	清洁收回工具	5	不清洁工具扣5分,不收回扣2分				
				回收工具用具,少一件扣2分				
11	安全生产	穿戴劳保,按规程操作		不穿戴劳保扣10分,少一件扣3分				从总分中扣除
				操作中违反安全规定,取消考试资格				
	合计		100					

(二) AB002 更换活塞式压缩机填料与密封圈

1. 考核要求

(1) 必须穿戴劳动保护用品。

(2) 工具、量具、用具准备齐全,正确使用。

(3) 操作程序符合安全文明操作。

(4) 按规定完成操作项目,质量达到技术要求。

(5) 操作完毕,做到工完、料净、场地清。

2. 准备要求

工具、材料、设备准备。

序号	名称	规格	数量	备注
1	活塞式压缩机		1台	考试专用
2	手锤		1把	
3	钳子		1把	
4	螺丝刀		1把	
5	抹布		1块	
6	机油		若干	
7	套筒		1个	
8	拉轴器		1个	
9	扳手		1把	
10	肥皂水		1壶	

3. 操作程序说明

(1) 正确选用工具、用具和使用材料。

(2) 切断活塞式压缩机电源。

(3) 关闭活塞式压缩机进、出口阀门,排空泄压。

(4) 卸下机体气缸盖。

(5)取出活塞。

(6)打开填料密封盖,取出旧填料,安装新填料,更换密封圈。

(7)安装活塞。

(8)盖上上盖,对角上螺栓,牢固安装机体盖。

(9)送电,开机调试。

(10)清洁收回工具。

(11)穿戴劳保,按规程操作。

4. 考核规定说明

(1)如操作违章或未按操作程序执行操作,将停止考核。

(2)考核采用百分制,考核项目得分按鉴定比重进行折算。

(3)考核方式说明:该项目为实际操作,考核过程按评分标准及操作过程进行评分。

(4)测量技能说明:本项目主要测量考生对更换活塞式压缩机填料与密封圈掌握的熟练程度。

5. 考核时限

(1)考核时间:15min。

(2)计时从领取工具、材料开始,至交回工具、材料为止。

(3)规定时间完成,超时停止工作。

(4)违章操作或发生事故停止工作。

6. 评分记录表

序号	考核内容	考核要求	配分	评分标准	检测结果	得分	扣分	备注
1	工具材料准备	正确选用工具、用具和使用材料	5	工具、用具少选一件扣2分,选错一件扣2分				
				材料少选一件扣2分				
2	切断电源	切断活塞式压缩机电源	5	切断电源未挂指示牌扣2分				
				未断工作电,扣5分				
3	关闭阀门,排空泄压	关闭活塞式压缩机进、出口阀门	5	未关闭进口阀门扣5分				
				阀门漏关一处扣2分				
		打开排气阀门,排空泄压	5	未检查压力是否归零扣5分				
				未排空扣5分				
4	拆卸机体气缸盖	卸掉上盖螺栓,卸下机体气缸盖	10	拆卸时生拉硬拆扣10分				
				损坏机体气缸盖10分				
5	取出活塞	用拉轴器取出活塞	15	未打开活塞扣取活塞的扣15分				
				损坏部件的扣15分				
6	更换填料、密封圈	取出旧填料,安装新填料,更换密封圈	15	更换填料时未清洁内部扣5分				
				未换密封圈扣5分				
				填料安装不平扣5分				

续表

序号	考核内容	考核要求	配分	评分标准	检测结果	得分	扣分	备注
7	安装活塞	正确安装	15	安装部件不到位扣5分				
				不会安装扣15分				
8	安装机体气缸盖	对角上螺栓,牢固安装气缸盖	10	未对角上紧固螺栓扣5分				
				野蛮操作扣10分				
9	恢复流程调试	送电,开机调试	10	送电未拆除指示牌扣2分				
				送电前未盘机检查扣10分				
				未用肥皂水试漏扣2分				
10	工具用具收回	清洁收回工具	5	不清洁工具扣5分,不收回扣2分				
				回收工具用具,少一件扣2分				
11	安全生产	穿戴劳保,按规程操作		不穿戴劳保扣10分,少一件扣3分				从总分中扣除
				操作中违反安全规定,取消考试资格				
	合计		100					

(三) AB003 更换滑片泵的机械密封

1. 考核要求

(1)必须穿戴劳动保护用品。

(2)工具、量具、用具准备齐全,正确使用。

(3)操作程序符合安全文明操作。

(4)按规定完成操作项目,质量达到技术要求。

(5)操作完毕,做到工完、料净、场地清。

2. 准备要求

工具、材料、设备准备。

序号	名称	规格	数量	备注
1	扳手		1把	
2	抹布		1块	
3	滑片泵		1台	考试专用
4	肥皂水		1壶	
5	密封圈		若干	
6	手锤		1把	
7	拉轴器		1个	
8	手套		若干	
9	安全帽		若干	
10	吊桩		1套	

3. 操作程序说明

(1) 正确选用工具、用具和使用材料。

(2) 切断滑片泵电源。

(3) 关闭滑片泵进、出口阀门,排空。

(4) 拆下电动机。

(5) 拆下滑片泵。

(6) 拆开上下泵盖,取出机械密封。

(7) 更换机械密封,盖上上下泵盖。

(8) 按顺序安装。

(9) 试漏。

(10) 送电开泵调试。

(11) 清洁收回工具。

(12) 穿戴劳保,按规程操作。

4. 考核规定说明

(1) 如操作违章或未按操作程序执行操作,将停止考核。

(2) 考核采用百分制,考核项目得分按鉴定比重进行折算。

(3) 考核方式说明:该项目为实际操作,考核过程按评分标准及操作过程进行评分。

(4) 测量技能说明:本项目主要测量考生对更换滑片泵的机械密封掌握的熟练程度。

5. 考核时限

(1) 考核时间:15min。

(2) 计时从领取工具、材料开始,至交回工具、材料为止。

(3) 规定时间完成,超时停止工作。

(4) 违章操作或发生事故停止工作。

6. 评分记录表

序号	考核内容	考核要求	配分	评分标准	检测结果	得分	扣分	备注
1	工具材料准备	正确选用工具、用具和使用材料	5	工具、用具少选一件扣2分,选错一件扣2分				
				材料少选一件扣2分				
2	切断电源	切断滑片泵电源	5	切断电源未挂指示牌扣2分				
				未断电扣5分				
3	关闭阀门排空	关闭泵进出口阀门,排空	10	未关闭进出口阀门扣10分				
				未排空滑片泵扣10分				
4	拆下电动机	取下电源线,用吊具拆下电动机	15	不会拆下电源线扣5分				
				不检查钢丝绳、吊钩等吊具是否完好扣5分				
				不会安装吊具扣10分				

续表

序号	考核内容	考核要求	配分	评分标准	检测结果	得分	扣分	备注
5	拆下滑片泵	打开泵地角螺栓,用吊具将滑片泵吊放到维修地点	10	起吊泵体操作不固定扣5分				
				起吊过程中有故障扣10分				
6	拆开上下泵盖,取下机械密封	用"手抓"拆卸上下盖,取出上下机械密封	15	不会用"手抓"扣5分				
				拆不开上下泵盖,各扣5分				
				拆卸时,螺栓全部拆下扣5分				
				不会取出机械密封的扣5分				
7	更换机械密封,装好上下泵盖	安装新的机械密封,装好上下泵盖,紧固螺栓	10	密封圈未更换即安装扣5分				
				泵盖紧固不到位各扣5分				
				螺栓未对角紧固扣2分				
8	按顺序安装	按顺序将泵吊装到底座,然后安装电动机	10	吊装过程中发生故障扣10分				
				螺栓一处未紧固扣5分				
9	试漏	先打开进口阀门,用肥皂水试漏	5	未试漏扣5分				
10	开泵	送电开泵调试	5	电源接反扣5分				
				未测试电源的正负极扣5分				
11	工具用具收回	清洁收回工具	10	不清洁工具扣5分,不收回扣5分				
				回收工具用具少一件扣2分				
12	安全生产	穿戴劳保,按规程操作		不穿戴劳保扣10分,少一件扣3分				从总分中扣除
				操作中违反安全规定,取消考试资格				
		合计	100					

(四) AB004 活塞式压缩机大修后的试车方法

1. 考核要求

(1)必须穿戴劳动保护用品。

(2)工具、量具、用具准备齐全,正确使用。

(3)操作程序符合安全文明操作。

(4)按规定完成操作项目,质量达到技术要求。

(5)操作完毕,做到工完、料净、场地清。

2. 准备要求

工具、材料、设备准备。

序号	名称	规格	数量	备注
1	活塞式压缩机		1台	考试专用
2	钳子		1把	
3	螺丝刀		1把	

3. 操作程序说明

(1) 正确选用工具、用具和使用材料。

(2) 全面检查活塞式压缩机零部件是否紧固到位。

(3) 检查机油油位是否正常。

(4) 检查各数据表是否正常。

(5) 按规程检查四通阀、集液分离器。

(6) 开启活塞式压缩机观察电流。

(7) 按正确方法停机。

(8) 清洁收回工具。

(9) 穿戴劳保,按规程操作。

4. 考核规定说明

(1) 如操作违章或未按操作程序执行操作,将停止考核。

(2) 考核采用百分制,考核项目得分按鉴定比重进行折算。

(3) 考核方式说明:该项目为实际操作,考核过程按评分标准及操作过程进行评分。

(4) 测量技能说明:本项目主要测量考生对活塞式压缩机大修后的试车方法掌握的熟练程度。

5. 考核时限

(1) 考核时间:15min。

(2) 计时从领取工具、材料开始,至交回工具、材料为止。

(3) 规定时间完成,超时停止工作。

(4) 违章操作或发生事故停止工作。

6. 评分记录表

序号	考核内容	考核要求	配分	评分标准	检测结果	得分	扣分	备注
1	工具材料准备	正确选用工具、用具和使用材料	5	工具、用具少选一件扣2分,选错一件扣2分				
				材料少选一件扣2分				
2	检查零部件	全面检查压缩机零部件是否紧固到位	15	未检查连接部位螺栓是否紧固扣10分				
				未检查电气设施是否正常、接地完好扣5分				

续表

序号	考核内容	考核要求	配分	评分标准	检测结果	得分	扣分	备注
3	检查机油	检查机油油位是否正常	10	未检查压缩机机油扣5分				
				判断不了油位扣5分				
4	检查数据表	检查各数据表是否正常	10	检查压力表、温度表、油压,漏查一处扣2分				
5	检查四通阀、集液分离器	按规程检查四通阀、集液分离器	20	未检查四通阀是否处在正确位置扣10分				
				未排除集液分离器中的存积液体扣10分				
6	送电开机	开启压缩机观察电流	20	试机时人员离机体太近扣5分				
				未观察电流扣5分				
				机体出现异响不能判断扣10分				
7	停机	按正确方法停机	15	未先停电动机关闭阀门扣10分				
				停机后未切断启动柜扣5分				
				未恢复流程扣5分				
8	工具用具收回	清洁收回工具	5	不清洁工具扣5分,不收回扣2分				
				回收工具用具,少一件扣2分				
9	安全生产	穿戴劳保,按规程操作		不穿戴劳保扣10分,少一件扣3分				从总分中扣除
				操作中违反安全规定,取消考试资格				
		合计	100					

(五) AB005 处理钢瓶角阀泄漏故障

1. 考核要求

(1) 必须穿戴劳动保护用品。

(2) 工具、量具、用具准备齐全,正确使用。

(3) 操作程序符合安全文明操作。

(4) 按规定完成操作项目,质量达到技术要求。

(5) 操作完毕,做到工完、料净、场地清。

2. 准备要求

工具、材料、设备准备。

序号	名称	规格	数量	备注
1	钢瓶		1个	考试专用
2	O形密封圈		若干	
3	上密封垫		若干	
4	阀铊密封垫		若干	

续表

序号	名称	规格	数量	备注
5	瓶阀		1个	
6	扳手		1把	
7	手锤		1把	
8	螺丝刀		1把	
9	肥皂水		1壶	

3. 操作程序说明

(1)正确选用工具、用具和使用材料。

(2)卸手轮。

(3)检查压紧帽。

(4)检查上密封垫。

(5)取下阀杆。

(6)检查O形密封圈。

(7)卸下连接板。

(8)检查阀铊垫。

(9)安装连接板。

(10)安装手轮。

(11)试漏检查。

(12)清洁收回工具。

(13)穿戴劳保,按规程操作。

4. 考核规定说明

(1)如操作违章或未按操作程序执行操作,将停止考核。

(2)考核采用百分制,考核项目得分按鉴定比重进行折算。

(3)考核方式说明:该项目为实际操作,考核过程按评分标准及操作过程进行评分。

(4)测量技能说明:本项目主要测量考生对处理钢瓶角阀泄漏故障掌握的熟练程度。

5. 考核时限

(1)考核时间:15min。

(2)计时从领取工具、材料开始,至交回工具、材料为止。

(3)规定时间完成,超时停止工作。

(4)违章操作或发生事故停止工作。

6. 评分记录表

序号	考核内容	考核要求	配分	评分标准	检测结果	得分	扣分	备注
1	工具材料准备	正确选用工具、用具和使用材料	5	工具、用具少选一件扣2分,选错一件扣2分				
				材料少选一件扣2分				
2	拆卸手轮	卸下固定手轮的螺母,取下手轮	5	未卸螺母扣5分				
				未取下手轮扣2分				

续表

序号	考核内容	考核要求	配分	评分标准	检测结果	得分	扣分	备注
3	检查压紧帽	检查压紧帽是否有裂纹	5	卸下压紧帽受损扣5分				
				卸下未检查是否损坏扣2分				
4	检查上密封垫	检查上密封垫的密封性是否完好	5	判断不了密封垫损坏扣5分				
				拆卸下未检查是否损坏扣2分				
5	取下阀杆	取下阀杆,检查阀杆有无腐蚀、变形	15	未取下阀杆扣10分				
				取下未检查是否损坏扣5分				
6	检查O形圈	检查O形圈密封性	10	未检查O形圈密封性扣10分				
				未检查O形圈是否损坏扣5分				
7	卸下连接板	取出连接板,检查连接板是否合格	10	未取出连接板检查扣10分				
				未检查是否合格扣5分				
8	检查阀铊垫	旋开阀铊,检查阀铊垫是否完好	5	未检查阀铊垫是否完好扣2分				
				未旋开阀铊检查扣5分				
9	安装连接板	检查后安装连接板	20	安装顺序错误扣10分				
				漏装一处扣5分				
10	安装手轮	上压盖到位,装好手轮固定螺母	15	阀杆安装不到位扣10分				
				手轮转动灵活性未调试扣5分				
				螺母不牢固扣2分				
11	工具用具收回	清洁收回工具	5	不清洁工具扣5分,不收回扣2分				
				回收工具用具,少一件扣2分				
12	安全生产	穿戴劳保,按规程操作		不穿戴劳保扣10分,少一件扣3分				从总分中扣除
				操作中违反安全规定,取消考试资格				
	合计		100					

三、答案

(一)单项选择题

1. B　2. C　3. D　4. D　5. C　6. A　7. A　8. B　9. B　10. A　11. B
12. A　13. B　14. A　15. B　16. A　17. C　18. C　19. C　20. D　21. A　22. D
23. B　24. C　25. A　26. D　27. C　28. A　29. B　30. A　31. B　32. D　33. C
34. B　35. A　36. B　37. B　38. A　39. C　40. B　41. A　42. B　43. D　44. C
45. C　46. A　47. C　48. D　49. B　50. B　51. A　52. A　53. C　54. B　55. A
56. B　57. B　58. D　59. C　60. A　61. A　62. A

(二)多项选择题
1. ABC

(三)判断题
1. ×　活塞式压缩机当曲轴被电动机带动而旋转时,曲轴上的曲拐带动连杆大头进行回转。
2. √　3. √　4. ×　活塞式压缩机十字头磨损松动,造成曲轴箱内发出严重撞击声。　5. ×　压缩机进气管线上的压力表坏会引起压缩机吸气阀盖发热。　6. √　7. √　8. ×　因活塞式压缩机填料与活塞杆间隙过大,造成填料漏气。　9. √　10. √　11. ×　离心泵的吸入管位于叶轮进口前,其作用是把液体从吸入管引入叶轮。　12. √　13. √　14. √　15. ×　离心泵发生汽蚀时,压力表波动。　16. ×　轴套磨损严重会使密封填料漏失。　17. √　18. ×　蒸汽汽化器的蒸汽自列管段的上部进入,冷凝水自下部排出。　19. √　20. √　21. √　22. √　23. ×　汽化器液位高限报警时,应关闭进口阀门,开启出气口阀门。　24. √　25. √　26. √　27. √　28. √　29. ×　电子充装秤安装时,220V电源线(3×1.5铠装电缆)接到秤上的防爆开关中。　30. √　31. √

第六章 自动控制系统

第一节 温度传感器

温度传感器是工业生产中最常见的一种传感器。它将物体的温度转化为电信号输出,以供给指示报警仪、记录仪、调节器等二次仪表进行测量、指示和过程调节,输出为标准信号(4~20mA DC 1~5V 输出等)时称为温度变送器,常见的有热电阻温度传感器、热电偶温度传感器和一体化温度变送器。

一、热电阻温度传感器

GBD001 热电阻温度传感器的工作原理及应用

热电阻温度传感器是中低温区最常用的一种温度检测器,热电阻用得最多的当属铂热电阻和铜热电阻,铂热电阻测量温度范围更大,精度更高。热电阻的主要特点是测量精度高,性能稳定。其中铂热电阻的测量精确度是最高的,而且可以工作在 -200~650℃的范围,它不仅广泛应用于工业测温,而且被制成标准的基准仪,是一种稳定性和线性都比较好的传感器。

(一)热电阻温度传感器测温原理

热电阻是基于电阻的热效应进行温度测量的,即电阻体的阻值随温度的变化而变化的特性。因此,只要测量出感温热电阻的阻值变化,就可以测量出温度。目前主要有金属热电阻和半导体热敏电阻两类。

金属热电阻的电阻值和温度一般可以用以下的近似公式表示:

$$R_t = R_{t_0}[1 + A(t - t_0)]$$

式中 R_t——温度 t 时的电阻值;

R_{t_0}——温度 t_0(通常 $t_0 = 0$℃)时对应电阻值;

A——温度系数。

半导体热敏电阻的基本特性是它的温度特性,而这种特性又是与半导体材料的导电动机制密切相关的。由于半导体中的载流子数目随温度升高而按指数规律迅速增加,温度越高,载流子的数目越多,导电能力越强,电阻率也就越小。因此热敏电阻随着温度的升高,它的电阻将按指数规律迅速减小。

GBD002 热电阻温度传感器的结构

(二)热电阻温度传感器的结构

热电阻温度传感器测温系统一般由温度传感器热电阻、连接导线和显示仪表等组成。

(1)铠装温度传感器热电阻,是由感温元件(电阻体)、引线、绝缘材料、不锈钢套管组合而成的坚实体,结构如图 6-1 所示。温度传感器热电阻的引出线等各种导线电阻的变化会给温度测量带来影响。为消除引线电阻的影响,一般采用三线制或四线制。与普通型热电阻相比,它有下列优点:① 体积小,内部无空气隙,热惯性好,测量滞后量小;② 机械性能好,耐振,抗冲击;③ 能弯曲,便于安装;④ 使用寿命长。

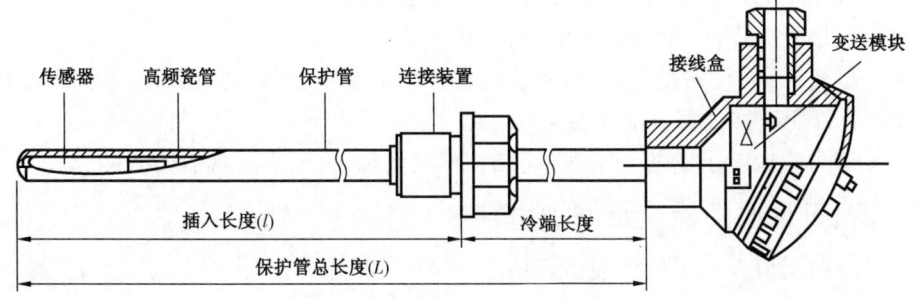

图 6-1 铠装温度传感器热电阻

(2)端面温度传感器热电阻,感温元件由特殊处理的电阻丝材料绕制,紧贴在温度计端面。它与一般轴向温度传感器热电阻相比,能更正确和快速地反映被测端面的实际温度,适用于测量轴瓦和其他机件的端面温度。

(3)隔爆型温度传感器热电阻,通过特殊结构的接线盒,把其外壳内部爆炸性混合气体因受到火花或电弧等影响而发生的爆炸局限在接线盒内,生产现场不会引起爆炸。

二、一体化温度变送器

一体化温度变送器是温度传感器与变送器的完美结合,以十分简捷的方式把 -200~1600℃ 范围内的温度信号转换为二线制 4~20mA DC 的电信号传输给显示仪、调节器、记录仪、DCS 等,实现对温度的精确测量和控制。

目前我们使用的基本是这种一体化温度传感器,一体化设计,结构简单合理,可直接替换普通装配式热电偶、热电阻,其外形如图 6-2 所示。

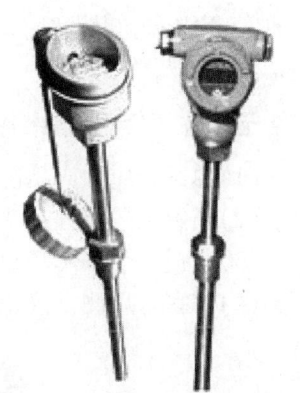

(一)工作原理

图 6-2 一体化温度变送器

热电偶(热电阻)产生的热电势(电阻)经过温度变送器的电桥产生不平衡信号,经放大后转换成为 4~20mA 的直流电信号给工作仪表,工作仪表便显示出所对应的温度值。

(二)结构

一体化温度变送器一般由测温探头(热电偶或热电阻传感器)和两线制固体电子单元组成,采用固体模块形式将测温探头直接安装在接线盒内,从而形成一体化的变送器。一体化温度变送器一般分为热电阻和热电偶型两种类型。

三、日常使用中的注意事项

(1)使用电压在允许范围内;
(2)不能在使用温度范围以外使用;

GBD003 一体化温度变送器的结构及工作原理

GBD004 温度传感器日常使用中的注意事项

(3)穿线管使用隔爆挠性管,接头使用密封接头密封;
(4)高湿环境中使用时应进行防水处理;
(5)过度的振动、冲击及压力过高时,会造成仪器损坏;
(6)接线工作前,要关闭主电源,防止电冲击;
(7)变送器安装、接线后,紧固变送器单元盖和端子盖,防止雨水进入变送器内部,导致变送器设备不能正常运行;
(8)为确保端子盒的气密性,导线管螺纹连接时,应加一橡胶密封圈。

四、日常巡回检查及维护内容

GBD005 温度传感器日常巡回检查及维护内容

(1)向当班人员了解仪表运行情况。
(2)查看仪表显示是否正常。
(3)查看仪表的接线插口是否接触良好。
(4)查看仪表防爆挠性管是否有裂纹。
(5)维护安全注意事项:
① 维护人员由两人以上进行作业;
② 对可能导致工艺参数波动的作业,必须事先取得工艺人员的认可;
③ 通电情况下,严禁打开电子单元盖和端子盖;
④ 隔爆型变送器的修理必须断电后在安全场所进行;
⑤ 零点和满度调整:禁止在现场打开端子盖和视窗,只许在控制室内用手持通信器进行调整。

五、温度传感器维修人员应具备的条件

GBD006 温度传感器维修人员应具备的条件

(1)熟悉相应的产品说明书及有关的技术资料;
(2)了解工艺流程及仪表在其中的作用;
(3)掌握电工技术基础、电子技术基础等方面的基本理论知识;
(4)掌握常用测试仪和有关的标准仪的使用方法。

第二节 压力传感器

GBD007 压力传感器的组成及作用

压力传感器是工业中最为常用的一种传感器,它主要由测压元件传感器、测量电路和过程连接件三部分组成。它能将传感器感受到的气体、液体等的压力参数转变成电信号,以供给指示报警仪、记录仪、调节器等二次仪表进行测量、指示和过程调节,输出为标准信号(4~20mA DC 1~5V 输出等)时称为压力变送器。下面就介绍一些常用压力传感器原理及其应用。

一、应变片压力传感器原理与应用

GBD008 应变片压力传感器原理及应用

力学传感器的种类繁多,如电阻应变片压力传感器、半导体应变片压力传感器、压阻式压力传感器、电感式压力传感器、电容式压力传感器、谐振式压力传感器及电容式加速度传感器等。但应用最为广泛的是压阻式压力传感器,它具有极低的价格和较高的精度以及较好的线性特性。

电阻应变片是一种将被测件上的应变变化转换成为一种电信号的敏感器

件,它是压阻式压力传感器的主要组成部分之一,电阻应变片应用最多的是金属电阻应变片和半导体应变片两种,金属电阻应变片又有丝状应变片和金属箔状应变片两种。通常是将应变片通过特殊的黏合剂紧密地黏合在产生力学应变基体上,当基体受力发生应力变化时,电阻应变片也一起产生形变,使应变片的阻值发生改变,从而使加在电阻上的电压发生变化。这种应变片在受力时产生的阻值变化通常较小,一般这种应变片都组成应变电桥,并通过后续的仪表放大器进行放大,再传输给处理电路(通常是 A/D 转换和 CPU)显示或执行机构。

金属电阻应变片的工作原理是吸附在基体材料上应变电阻随机械形变而产生阻值变化的现象,俗称为电阻应变效应。

以金属丝应变电阻为例,当金属丝受外力作用时,其长度和截面积都会发生变化,其电阻值即会发生改变,假如金属丝受外力作用而伸长时,其长度增加,而截面积减少,电阻值便会增大。当金属丝受外力作用而压缩时,长度减小而截面增加,电阻值则会减小。只要测出加在电阻的变化(通常是测量电阻两端的电压),即可获得应变金属丝的应变情况。

二、陶瓷压力传感器原理及应用

抗腐蚀的陶瓷压力传感器没有液体的传递,压力直接作用在陶瓷膜片的前表面,使膜片产生微小的形变,厚膜电阻印刷在陶瓷膜片的背面,连接成一个惠斯通电桥(闭桥),由于压敏电阻的压阻效应,使电桥产生一个与压力成正比的高度线性、与激励电压也成正比的电压信号,标准的信号根据压力量程的不同标定为 2.0mV/V、3.0mV/V、3.3mV/V 等,可以和应变式传感器相兼容。通过激光标定,传感器具有很高的温度稳定性和时间稳定性,传感器自带温度补偿 0~70℃,并可以和绝大多数介质直接接触。

陶瓷的热稳定特性及它的厚膜电阻可以使它的工作温度范围高达 -40~135℃,而且具有测量的高精度、高稳定性;电气绝缘程度 >2kV,输出信号强,长期稳定性好。

三、扩散硅压力传感器原理及应用

扩散硅压力传感器是利用硅半导体材料受到作用力后,电阻率发生变化的压阻效应原理来工作的。利用半导体材料做成的压阻式传感器有两种类型:一种是利用半导体材料的体电阻做成的粘贴式应变片;另一类是在半导体材料的基片上用集成电路工艺制成扩散电阻,称为扩散硅压阻传感器。

这种压力传感器一般用于测量低压。

四、硅—蓝宝石半导体压力传感器原理与应用

利用应变电阻式工作原理,采用硅—蓝宝石作为半导体敏感元件,蓝宝石系由单晶体绝缘体元素组成,不会发生滞后、疲劳和蠕变现象,比硅要坚固,硬度更高,不怕形变,有着非常好的弹性和绝缘特性。利用硅—蓝宝石制造的半导体敏感元件,对温度变化不敏感,即使在高温条件下,也有着很好的工作特性,而且抗辐射特性极强。

用硅—蓝宝石半导体敏感元件制造的压力传感器和变送器,可在最恶劣的

工作条件下正常工作,并且可靠性高、精度好、温度误差极小、性价比高。

五、压力变送器的日常使用及维护保养

(一)日常使用注意事项

GBD009 压力变送器的日常使用注意事项

(1)切勿用高于36V电压加到压阻式变送器上,导致变送器损坏。

(2)切勿用硬物碰触膜片,导致隔离膜片损坏。

(3)冬季发生冰冻时,安装在室外的变送器必须采取防冻措施,避免引压口内的液体因结冰体积膨胀,导致变送器损坏。

(4)在测量蒸汽或其他高温介质时,其温度不应超过变送器使用时的极限温度,高于变送器使用的极限温度必须使用散热装置。

GBD010 压力变送器在压力传输过程中的注意事项

(5)在压力传输过程中,应注意以下几点:

① 变送器与散热管连接处,切勿漏气;

② 开始使用前,如果阀门是关闭的,则使用时应该非常小心、缓慢地打开阀门,以免被测介质直接冲击传感器膜片,从而损坏传感器膜片;

③ 管路中必须保持畅通,管道中的沉积物会损坏传感器膜片。

(6)防止变送器与腐蚀性介质接触。

(7)防止杂质在导管内沉积。

(8)测量液体压力时,取压口应开在流程管道侧面,以避免沉淀积渣。

(9)测量气体压力时,取压口应开在流程管道顶端,并且变送器也应安装在流程管道上部,以便积累的液体容易注入流程管道中。

(10)导压管应安装在压力波动小的地方。

(11)测量蒸汽或其他高温介质时,需接加缓冲管(盘管)等冷凝器,不应使变送器的工作温度超过极限。

(12)测量液体压力时,变送器的安装位置应避免液体的冲击(水锤现象),以免传感器过压损坏。

(13)接线时,将电缆穿过防水接头(附件)或挠性管并拧紧密封螺帽,以防雨水等通过电缆渗漏进变送器壳体内。

GBD011 压力变送器日常巡回检查和定期维护

(二)日常巡回检查内容

(1)向当班人员了解仪表运行情况;

(2)查看仪表显示是否正常;

(3)查看仪表的接线插口是否接触良好;

(4)查看仪表是否处于锁密状态。

(三)定期维护

(1)每周进行一次仪表外部清理工作;

(2)每半年进行一次仪表内部清理工作。

GBD012 压力变送器维护注意事项

(四)维护注意事项

(1)维护人员由两人以上进行作业;

(2)对可能导致工艺参数波动的作业,必须事先取得工艺人员的认可;

(3)在将变送器从测量服务拆除前,应隔离并排空流程线路;

(4)拆除所有电气引线和导管;

(5)严禁将隔离膜擦伤、开孔或施压;

(6)用软抹布和适度的清洗溶液清洗隔离膜并用洁净水漂洗干净;

(7)在拆除过程中,法兰或法兰接头都要对聚四氟乙烯O形环进行目视外观检查。

(五)压力变送器维修人员应具备条件

(1)熟悉相应的产品说明书及有关的技术资料;

(2)了解工艺流程及仪表在其中的作用;

(3)掌握电工技术基础、电子技术基础等方面的基本理论知识;

(4)掌握常用测试仪和有关的标准仪的使用方法。

(六)压力变送器在应用中的故障分析与处理

GBD013 压力变送器故障分析与处理

(1)回顾故障发生前的打火、冒烟、异味、供电变化、雷击、潮湿、误操作、误维修。

(2)观察回路的外部损伤、导压管的泄漏、回路的过热、供电开关状态等。

(3)将怀疑有故障的部分与其他部分分开来,查看故障是否消失,如果消失,则确定故障所在,否则可进行下步查找。

(4)在保证安全的情况下,将相关部分回路直接短接。例如,变送器输出值偏小,可将导压管断开,从一次取压阀外直接将差压信号直接引到差压变送器双侧,观察变送器输出,以判断导压管路的堵、漏的连通性。

(5)将怀疑有故障的部分更换,判断故障部位。例如,怀疑变送器电路板发生故障,可临时更换一块,以确定原因。

(6)将测量回路分割成几个部分,如供电电源、信号输出、信号变送、信号检测,按分部分检查,找出故障位置。

(7)变送器毫安读数为零:检验信号端子是否接通电源;检查电源线的极性是否接反;检验端子电压是否处于10.5~42.4V DC之间;检查开放式二极管是否与测试端子交叉。

(8)变送器对所施加的压力变化没有响应:检查测试设备,检查引压管线或阀组是否阻塞;检验所施压力是否在4mA和20mA设置点之间。

(9)数字压力变量读数低或高:检查测试设备;检查引压管线是否阻塞或湿段较低部位被灌充物堵塞;检验变送器是否正确标定;检验测量压力计算。

(10)数字压力变量读数不稳定:检查测量系统确定压力线路是否有故障设备,检验变送器对设备的开、关不能直接作出反应;检验测量阻尼是否正确设置。

(七)压力变送器投运前工作

GBD014 压力变送器投运前工作与投运步骤

(1)检查仪表接线是否正确、牢固、可靠;

(2)检查供电电源是否正常;

(3)外壳是否接地;

(4)信号线与动力线不得混合敷设;

(5)周围是否有强电磁干扰。

(八)压力变送器投运步骤

(1)接通仪表电源;

(2)进入解码状态,检查组态参数是否确;

(3)检查各点测量显示值应正确;

(4)确认仪表运行正常。

六、压力变送器的选购

(一)仪表感受元件材质

一般的压力变送器接触介质部分的材质采用的是 316 不锈钢,如果介质对 316 不锈钢没有腐蚀性,那么基本上所有的压力变送器都适合介质压力的测量。

如果介质对 316 不锈钢有腐蚀性,那么就要采用化学密封,这样不但起到可以测量介质的压力,也可以有效地阻止介质与压力变送器的接液部分的接触,从而保护压力变送器,延长压力变送器的寿命。

(二)精度等级

中国和美国等国家规定的精度是传感器在线性度最好的部分,也就是人们通常所说的测量范围的 10% 到 90% 之间的精度。

(三)量程范围

一般传感器测量的最大范围为传感器满量程的 70% 是最好的,也就是要测量 70bar 的压力,选压力变送器的量程应该选 100bar。

(四)输出信号

由于各种采集的需要,现在市场上压力变送器的输出信号有很多种,主要有 4~20mA、0~20mA、0~10V、1~5V 等,但是比较常用的是 4~20mA 和 1~5V 两种。上面列举的这些输出信号中,只有 4~20mA 为两线制(输出为几线制不包含接地或屏蔽线),其他的均为三线制。

(五)介质温度

由于压力变送器的信号是通过电子线路部分转换的,所以一般情况下,压力变送器的测量介质温度为 -30~100℃。如果温度过高,一般采用冷凝弯来冷却介质。

(六)测量介质

所测量介质是相对比较清洁的流体,直接采用标准的压力变送器就可以了;如果所测量的介质是易结晶的或黏稠的,一般采用外置膜片和化学密封共同使用,这样会有效地阻止介质堵住压力测量孔。

(七)其他

如果在特殊场合下使用压力变送器,其过程连接接口和供电压的防爆与防护等级要适应特殊场合的要求。

第三节　伺服液位计

伺服液位计(也称伺服式浮子液位计)是一种高精度液位计,精度可达±0.7mm,其测量是基于浮力平衡原理,适用于生产控制、计量交接。

一、伺服液位计的组成

伺服液位计主要由浮子、钢丝、轮鼓、伺服电机、伺服控制器等部件构成。伺服液位计分内、外两个腔室,彼此隔离,介质侧为外腔室,里面有浮子、钢丝、轮鼓,浮子与测量钢丝悬挂于轮鼓下方,钢丝有序地缠绕在轮鼓的凹槽内,外磁铁固定在轮鼓内壁;内腔室为电气腔室,主要有内磁铁、伺服电动机和伺服控制部件。

GBD016 伺服液位计的构成与工作原理

二、伺服液位计的工作原理

伺服液位计可测量储罐的液位、密度、界面,同时可作为控制器使用,随测量参数的不同,其原理也不同。

(一)液位测量原理

伺服液位计测量液位的原理等同于钢带液位计的测量原理,其核心是一个先进的高精度的力传感器,浮子是由一根强度和柔性很高的钢丝悬挂于测量鼓上,浮子的密度大于被测液体的密度,浮子的一部分浸没于被测液体中。它能够连续地测量浮子所受到的拉力($F_{拉}$)。一般情况下,浮子平衡在液面时所受到的拉力($F_{拉}$),相应地被设定于伺服控制器上,定义其为浮力。浮子在平衡状态时,拉力不断地被传感器测得。当储罐排出液体时,此时液位下降,浮子不再受向上的浮力,传感器感受到浮子的拉力,则$F_{拉}$增加,力传感器和伺服控制器之间比较的结果$F_{拉}>F_{浮}$,使伺服电机带动测量鼓,放下测量线(钢丝),使浮子下降浸入液面,直至浮子所受到的拉力$F_{拉}$等于$F_{浮}$。当储罐进液时,这个测量过程则相反。伺服电机每运行一步,无论前后,其步伐都是极其准确的,均为1mm。控制器经过准确计算伺服电机的运动步伐,即可计算出钢丝的长度,也就是液位的高度。

(二)界面测量原理

储罐内液体分层时,因重力关系,上层液体的密度小于下层液体的密度,浮子在上层液体中受到的浮力小于在下层液体中受到的浮力。另外,伺服液位计的传感器在上层液体受到的拉力大于在下层液体中受到的拉力。伺服控制器记录下这种拉力的变化,并将浮子在两种液体中间状态时受到的拉力设定为恒定值。当伺服液位计得到去测量界面的命令后,它就会自动地测量位于两种液体之间的分界面。伺服电机转动放下测量线,使浮子穿上层液体抵达浮子所受拉力等于恒定值的那个界面,此时的浮力是浮子受到的两种液体所产生的力。随着界面的上下波动的变化,伺服液位计的钢丝、伺服电机的运动过程同液位测量时的运动过程相同,在此不再赘述。

(三)密度测量原理

伺服液位计可以定位地测量储罐中液体的密度以及储罐中液体密度的分布,液体密度的分布需要借助于计量系统等才能显示出来,进而得到液体密度。借助于计量系统,就可连续地记录下储罐内不同位置的密度值。由此可计算出储罐内液体的平均密度或显示储罐内液体的密度分布。

(四)控制器 —— GBD017 伺服液位计的控制器

伺服液位计是一种智能型仪表,其控制器可以接收其他仪表所传递的多种信号,而后通过通信单元将其所得到的数据上传至上位机、混合式计量系统、DCS 等。

伺服控制器可以接收的信号有:点温度计、平均温度计及 HART 协议或 HONEYWELL 协议的压力信号以及上述温度和压力信号的不同组合。

一般情况下,液体的密度随着液体中温度、压力的变化而呈微小的变化。因此储罐的计量需要测量的过程参数有液体压力 p、平均温度 T、平均密度 ρ 以及液体体积 V。

液体的质量等于其密度与体积 V 的乘积。

三、伺服液位计的使用

(一)安装注意事项 —— GBD018 伺服液位计的安装注意事项

正确安装是长周期稳定运行的前提。这里有几点须注意:

(1)是否需要安装导波管,测量液位变化迅速的储罐一定要安装,导波管的内壁应光滑无毛刺,并垂直安装。

(2)罐顶设备引出口短管应尽可能垂直,引出口应偏离进料口 45°~90°,以防止进料的波动或湍流引起浮子剧烈摆动。引出法兰面应水平,施工时一定要用水平尺校正。对于带压容器,建议法兰与仪表之间安装球阀,这样便于正常工作情况下拆检、校验仪表。

(3)安装时,钢丝应均匀缠绕在轮鼓的凹槽中,钢丝中间不能有缠绕和打折现象,如不慎损坏,若钢丝长度大于测量高度,可剪去损坏部分。

(二)操作使用注意事项 —— GBD019 伺服液位计的操作使用注意事项

通过三个光敏触摸键进行操作,不需打开表盖,其程序化矩阵界面比较直观,矩阵分为静态矩阵和动态矩阵。静态矩阵主要功能是显示基本操作命令和组态主要测量值;动态矩阵是仪表调试、校验、通信所需的参数。通过改变静态矩阵的 V_0H_0 矩阵变换(MAIRX OF)值来选择进入动态矩阵(可理解为静态矩阵和动态矩阵构成了一个三维矩阵)。如罐顶很高,可选配罐旁指示仪(具有同样的操作键),该指示仪可直接安装在地面上,这样就可以利用指示仪来进行命令操作。

在对容器进行清洗、置换、检修时,可以利用矩阵菜单将浮子提升到观察窗位置,确认浮子进入观察窗后方可关闭球阀,防止球阀将钢丝挤断,使浮子掉入设备中。设备检修结束、仪表投运前,一定要缓慢打开球阀,让仪表外腔室和设备容器均压,防止高压打坏浮子、打乱钢丝,球阀全开后,仪表方可投运。液位稳定时,可反复利用上升、下降、测量命令。浮子每次测量液位位置应当一致,这样可以判断仪表是否正常。

(三)伺服液位计测量密度操作

(1)用手指长按住屏幕上的 E 键,进入操作菜单后松开手指。

(2)点按屏幕上的 + 键,待到屏幕右上方的 HV 变为 2 * 时,再点按 E 键,屏幕右上方 HV 变为 20,这时屏幕出现 ACCESS CODE,为要求输入密码,按 + 、-号输入,密码为 50。

(3)点按屏幕上的 + 键,出现 UPPER DENSITY,点按 E 键存储,这时测密度开始,等待浮子上下移动,到浮子不动时再点按屏幕上的 + 键,找到 STOP,点按 E 键存储数据。

(4)点按屏幕上的 - 键,找到 LEVEL 后,点按 E 键存储。

(5)长按 E 键,退出再长按 E 键,进入菜单后松开,点按 E 键,找到 UPPER DENSITY 即为所测密度,抄完密度后,长按 E 键退回测量状态。

GBD020 伺服液位计测量密度操作

(四)伺服液位计操作方法

(1)用手指长按住屏幕上的 E 键,进入操作菜单后松开手指。

(2)点按屏幕上的 + 键,待到屏幕右上方的 HV 变为 2 * 时,再点按 E 键,屏幕右上方 HV 变为 20。

(3)这时屏幕出现 ACCESS CODE,为要求输入密码,按 + 、- 号输入,密码为 50。

(4)点按屏幕上的 + 键,出现 OPERATION,点按 E 键存储,进入操作界面。

(5)浮子提起的操作:

在 OPERATION 界面中,点按↑或↓键,找到 UP 时停止,按 E 键存储,这时浮子开始上行。

能在伺服式液位计的视窗中看到浮子时,点按↑或↓键,找到 STOP,点按 E 键电机停止运行,浮子的提起操作完毕。

(6)测量罐底时的操作:

在 OPERATION 界面中,点按↑或↓键,找到 DOWN 时停止按 E 键存储,浮子开始下行,至罐底时显示高度不变,此时点按↑或↓键,找到 STOP,点按 E 键则电机停止运行。

(7)测液面时的操作:

在 OPERATION 界面中,点按↑或↓键,找到 LEVEL 时停止,按 E 键存储,浮子自动在液面处停止,此时的液位为罐中液体的液位。

(8)长按 E 键,退回测量状态。

GBD021 伺服液位计浮子提起和测液面的操作

四、伺服液位计故障处理

(一)和翻板液位计显示差别大

(1)与现场翻板液位计比较法:关闭翻板液位计的进液阀门,打开翻板液位计排空阀排空,观察翻板液位计是否归零,如归零,再关闭排空阀,打开翻板液位计液位的进液阀,如果显示数值和伺服液位计示值相同,则故障排除。

GBD022 伺服液位计和翻板液位计差别大的故障原因分析与处理

(2)检查仪表的输出信号:检查伺服液位计的电源是否正常,用万用表测量显示仪表的输出信号,输出值在4~20mA之间仪表正常,然后用测得的值计算出伺服液位计对应的实际值,如果差别和翻板液位计还是一样大,则仪表故障,维修标定伺服液位计。

GBD023 伺服液位计浮子故障的处理

(二)浮子不动

伺服液位计最常出现的故障是钢丝张力超过设定的上限,此时浮子不能移动。引起此故障的原因多为浮子碰壁或毛刺等异物卡住浮子,可以通过释放张力命令释放过强的张力。若出现张力小于设定的下限,则说明浮子脱落或钢丝已断。

(三)浮子只随液位下降变化而上升不变化

原因是重量表数据出错,处理办法是进行重量校正,校正后仪表自动完成重量表制作过程。重量校正时,一定要保证仪表处在水平位置,并且不可摇晃,还要注意环境因素,如风会对浮子产生影响,因为重量表是影响精度的一个重要因素。

(四)特殊故障

仪表使用一段时间后,浮子不随液位变化升降,用提升命令提升浮子也不动作,最后强制伺服电机转动来提升浮子也无效,迫于无奈,只有关闭球阀,剪断钢丝(浮子落入罐底)。打开仪表后,发现钢丝表面有冰结晶,钢丝直径已几倍于原直径,无法进入轮鼓凹槽内,所以提升无反应。

处理办法:根据原浮子的数据自制一个,准确测量自制浮子的重量和体积,并且把这些参数输入矩阵中。更换浮子应做传感器校验,传感器校验结束后,同样也要进行重量校正,之后仪表便可恢复投运。

第四节 定量装车控制系统故障处理

装车控制仪(以下简称装车仪)在库区自动化装车中属于控制设备,它采集流量计的脉冲信号,经过实时计算与预装量进行比较,从而对阀门和泵进行启动、停止(即带电和不带电的处理),达到发液的目的。装车仪对流量计和温度变送器提供24V DC电源,如果阀门带电,装车仪也提供24V DC电源,此时阀门工作。使用过程中装车仪可能出现液晶屏无显示、通信故障、参数设置无效、开单不成功、流速较低、关闭不严或过冲很大、静电接地失效无法发液等常见故障。

一、装车仪常见故障及处理方法

GBD024 装车仪接通电源后无显示的故障

(一)接通电源无显示

接通电源后装车仪液晶屏上无任何显示,键盘操作无效时,处理方法为:
(1)用万用表测量装车仪电源220V AC电压是否正常,火线、零线是否接线正确。
(2)机内直流电源+24V(端子27、28)和+12V(端子43、44)是否正常,或者观察装车仪内部 I/O 接线板左上侧的电源指示灯是否工作正常。

(3)机内所有连线(尤其是交流电源 220V AC,在装车仪内部右下侧)是否可靠连接。

如果上述情况均正常,可能故障为:

(1)液晶显示器的排插线没有可靠连接;

(2)控制主板没有可靠插入排座;

(3)液晶显示器坏,可考虑更换液晶显示器。

(二)开机显示不稳定

开机后出现液晶屏缺笔画或者显示不稳定(晃动),应考虑更换液晶屏。

GBD025 装车仪开机后显示不正常的故障

(三)开机死机或显示白色

开机后出现死机或者液晶屏显示白色,应断电后重新启动,如果故障仍然继续,用螺丝刀调节液晶显示屏的电位器(在液晶屏排插的下部),如故障依旧,请立即关闭电源,考虑更换液晶屏或控制板。

(四)电液阀不动作或不出液

电液阀不动作或不出液时,先检查电液阀接线是否正确,然后用装车仪"系统诊断"功能测试,操作相应数字键(比如:按键 1 代表组分油上游阀,2 代表组分油下游阀)交替使电液阀带电或不带电,检查电液阀线圈是否带电 +24V DC(或者听电液阀是否有"咔咔"响声)。如果均正常,如果能够听到电液阀有"咔咔"响声或者用万用表测量相应端子有正常电压,可能原因是:

GBD026 电液阀不动作或不出液的故障

(1)管道不通畅(截止阀等没有完全打开)。

(2)管道内存在气体,需排放(尤其是夏天,请注意此问题)。

(3)过滤器有杂质,请立即清洗。

如果上述可能均排除,请通知相关厂家到场维修。

如果用"故障诊断"功能测试,没有听到阀门"咔咔"响声,或者将相应数字键置为"1",带电状态时,用万用表测量阀门相应线圈或者装车仪内部线路板上有无电压,若无电压则通知厂家到场维修。

(五)启动时振动过大

启动发液时振动过大(水击),将电液阀下游调节阀适当调大(微调)。

(六)结束时振动过大

发液结束时振动过大(水击),将电液阀上游调节阀适当调小(微调)。

GBD027 电液阀启动和结束时振动过大的故障

说明:对发油过程中有水击的阀门,如果阀门出厂调试正常且在现场工作正常,请勿在使用过程中随意调节上、下游阀门的开度。

(七)结束后仍有读数

发液完毕发液总量读数仍然增加或者流量计表盘指针仍在转动,处理方法为:

(1)电液阀关闭不严所致。如果装车结束后 5s 时间以上仍然这样,考虑电液阀可能有焊渣堵塞,请拆卸检修或与电液阀厂家联系。

(2)压力不足。如果为压力不足导致,可以将阀泵启停间隔加大,让泵停止的时间延长(滞后阀门更多以保证足够的压力),此时需将提前量适当加大。

(3)装车仪参数设置不当。将装车仪减速值提高(比如从原来的250提高到400或者更高),观察发油结束过程中阀门速度是否有减速的过程,如果没有减速过程,请将高流速适当调低(比如原来是1100调整到1000或者以下),继续观察,如果上述两项无法解决问题,请通知相关厂家协助解决。

(八)启动后流速低

GBD028 装车仪启动后流速很低或泵不启动的故障

启动装车仪,管线不出油或者流速很低,观察管线压力,首先检查阀门是否正常开启(可以听到"咔咔"的响声),过滤器是否堵塞或者管线中仪器仪表、设备盲板是否拆卸。如果上述均正常,请手动打开排气阀进行排气处理后再发液,如果仍然有问题,请通知相关厂家协助解决。

(九)启动后泵不启动

装车仪启动发液后泵不启动,处理方法为:

(1)转换开关没有打到"自动"挡,属于"手动"装车状态。

(2)检查线路是否正常,交流接触器(继电器)线圈接线是否正常,泵的控制电源是否正确。

如果以上问题正常,请将转换开关打到"手动"位置,用手动发油,启动泵,观察是否能够启动。如果手动不能启动,请检查泵控制的回路供电是否正常,与自动无关。如果手动启动正常,自动无法启动,请将转换开关打到"手动"位置并拆除泵的控制线后,用故障诊断启动泵,在故障诊断界面,按数字"3"或者"6"分别将显示的数字由"0"设置为"1",代表组发液泵或者乙醇泵控制闭合,用万用表电阻挡测试触点是否闭合(组发液泵的端子为17、18;乙醇泵的端子为19、20),如果没有闭合,则更换 I/O 板。

(十)发液过程突然停止

装车仪发液过程突然停止,处理方法为:

(1)静电接地夹松动。液晶屏上显示"接地故障",应将静电接地夹换位置重新可靠接地后开始发液。如果检查静电接地夹牢固,请将静电接地夹夹住金属后用万用表测试相应端子是否闭合,如果没有闭合则属于静电设备故障,对静电接地夹进行检查维修。

(2)流量计没有脉冲信号。观察屏幕故障提示,是否有零流量报警,如果管线没有液或者气阻太大,观察流量计表盘指针和光电感应部件是否转动,压力表所指示的管线压力是否正常,手动转动流量计光电感应部件,测量是否有脉冲输出,如果没有请检查维修流量计。

(十一)上位机通信故障

GBD029 装车仪发液过程突然停止或上位机通信故障

如果突然上位机全部货位均通信故障,处理方法为:

(1)串口转换器接口松动,关闭装车仪和计算机电源后重新插紧。

(2)通信线路接线松动或者接线错误,请检查线路。

(3)串口转换器的 COM 口与上位机软件中的串口设置没有一一对应(如使用计算机上的 COM2 口而在上位机中设置是 COM1)。

(4)通信卡损坏,考虑更换通信卡。

如果上位机个别货位通信故障,可能原因如下:

(1)有故障的装车仪通信线路松动或者接线错误,请检查线路。

(2)有故障的装车仪本身通信地址设置错误或丢失,请查看装车仪通信地址是否正常,是否有重复的地址存在。

(3)如果上述均正常可能是控制板上通信芯片损坏。

(十二)上位机开单不成功

上位机开单不成功,可能原因如下:

(1)上位机与装车仪通信不成功,检查通信线路。

(2)装车仪的未提单数量过大,建议清除装车仪未提单后再开单。

(十三)数据误差大

发液明显不正常,数据出入非常大,请立即检查系统设置中"控制参数"或"工艺设置"中,脉冲当量是否正确,参数是否丢失,如果丢失,请恢复。

二、电液阀故障及处理方法

电液阀常见故障及处理方法见表 6-1。

GBD030 电液阀常见故障处理方法

表 6-1 电液阀故障及处理方法

故障现象	故障原因	处理方法
无流量或低量流	管道没有压力	启动泵
	上游的阀关闭	打开阀
	开启调节球阀关闭	打开阀
	接线故障	检查接线
	控制器无输出	检查输出电压
	主阀膜片损坏	检查膜片
	管道滤网堵塞	检查管路过滤器
	常闭电磁线圈不闭	测试并更换
不工作或工作不稳定	介质压力波动	稳定系统
	控制器流量设定不正确	重新正确设定
	接线松动	固定接线
	电磁线圈接反	正确接线
主阀关闭早	控制器零调节太早	重新校正
	常开电磁阀泄漏	测试并更换
	膜片泄漏	更换膜片
主阀关闭迟	关闭调节球阀基本关闭	进一步打开球阀
	控制阀最后的零位调节太迟	重新调整

续表

故障现象	故障原因	处理方法
阀不会关闭	手动调节球阀打开	关闭球阀
	关闭调节球阀关闭	打开球阀
	常闭电磁阀不关闭	测试并更换
	常闭电磁阀不开	测试并更换
	常开小球阀前的过滤器堵塞	检查滤网
关闭时管道震动	主阀关闭太快	用微机程序控制多级关闭将关闭调节小球阀(针阀)关闭或调节得不超过2/3开度
下游系统压力太高	主阀泄漏	按照要求修理

GBD031 静电接地控制器系统的故障分析与处理方法

三、静电接地报警器故障分析与处理方法

(1)通电后电源灯和报警灯都不亮,蜂鸣器不响。

处理方法:将接线端子拔下,用万用表测试连接"VCC"与"GND"端子导线之间的电压,如果为正常供电电压 5~24V,说明接线端子接触不良或电路板故障;否则是 AP724S-R 安全隔离器故障或电源线路断路,检查线路并处理。

(2)当静电接地夹未夹于任何导电体,系统仍处于正常工作状态,输出为正常信号。

处理方法:将连接静电接地夹的接线端子拔下,如果系统转入报警状态,输出变为报警信号,则说明静电接地夹的导线存在短路现象,请检查并处理。

当静电接地夹离开工作状态板、未夹于任何导体、回路电阻大于检测电阻或夹于导体但接触不良,系统进入报警状态,电源灯不亮,报警灯闪烁,蜂鸣器响,输出报警信号,注意不得用普通夹子替代静电接地夹。

(3)当静电接地夹夹于车体或其他导体时,系统仍处于报警状态,输出为报警信号。

处理方法:

① 检查静电接地夹是否存在顶尖破坏或端部插接头是否松出或拉脱所导致接触不良现象,如果是,请及时联系生产厂家更换夹子,以免影响正常使用;否则进行第②步。

② 检查是否存在静电接地线断路或顶尖油污过重导致的回路电阻过大的现象,请检查线路或用纱布将顶尖擦拭干净。

(4)当静电接地夹拿离工作状态板,但系统仍处于休眠状态,可能是工作状态板接线端子处(StatePanel)与地线(GND)连接,或工作状态板与大地短接,检查线路并处理。

高级工练习题及答案

一、理论知识试题

(一) 单项选择题(每题四个选项,只有一个是正确的,将正确的选项号填入括号内)

1. BD001　常用的热电阻有铂热电阻和( ),其代号为 Cu50,Cu100,Pt100。
   (A)铁电阻　　　(B)铜热电阻　　　(C)金属材料丝　　　(D)陶瓷

2. BD001　热电阻温度计利用了( )的电阻值随温度变化而变化的性质。
   (A)导体或半导体　(B)可控硅　　(C)电阻丝　　　(D)陶瓷

3. BD002　热电阻隔爆型温度传感器热电阻通过( ),把其外壳内部爆炸性混合气体因受到火花或电弧等影响而发生的爆炸局限在接线盒内,生产现场不会引起爆炸。
   (A)特殊结构的接线盒　　　　　(B)接线盒
   (C)铠装外壳　　　　　　　　　(D)套管

4. BD002　热电阻感温元件由特殊处理的电阻丝材料绕制而成,紧贴在温度计端面的温度表是( )。
   (A)铠装温度表　(B)端面温度表　(C)一体化温度表　(D)防爆温度表

5. BD003　一体化温度变送器是温度传感器与变送器的结合,能把 −200 ~ +1600℃ 范围内的温度信号转换为( )的电信号传输给显示仪、调节器、记录仪、DCS 等,实现对温度的精确测量和控制。
   (A)二线制 1 ~ 5V DC　　　　　(B)四线制 4 ~ 20mA DC
   (C)二线制 4 ~ 20mA DC　　　　(D)三线制 4 ~ 20mA DC

6. BD003　一体化温度变送器一般由( )和两线制固体电子单元组成。
   (A)测温探头　(B)引线　　(C)显示仪　　(D)传感器

7. BD004　关于温度变送器的说法中,错误的是( )。
   (A)使用电压应在允许范围内　　(B)不能在使用温度范围以外使用
   (C)高湿环境中使用时应进行防水处理　(D)任何环境都可使用

8. BD004　防爆场所使用温度变送器时,穿线时应使用( )连接。
   (A)穿线管　(B)防爆挠性管　(C)密封管　　(D)以上均可

9. BD005　仪表维护安全注意事项为( )。
   (A)维护人员可以单人进行作业
   (B)对可能导致工艺参数波动的作业必须事先取得工艺人员的认可
   (C)通电情况下,可以打开电子单元盖和端子盖
   (D)隔爆型变送器可一边拆卸一边断电

10. BD005　不是温度仪表日常巡检内容的是( )。
    (A)维修仪表
    (B)查看仪表显示是否正常
    (C)查看仪表的接线插口是否接触良好
    (D)查看仪表防爆挠性管是否有裂纹

11. BD006 下列温度变送器维修人员应具备的条件错误的是( )。
 (A)了解工艺流程及仪表在其中的作用
 (B)掌握电工技术基础、电子技术基础等方面的基本理论知识
 (C)掌握常用测试仪和有关的标准仪的使用方法
 (D)对可能导致工艺参数波动的作业必须事先取得工艺人员的认可

12. BD006 温度变送器维修人员应掌握电子技术基础、( )等方面的基本理论知识。
 (A)电工技术基础　　　　　　(B)钳工资格证
 (C)计算机知识　　　　　　　(D)危险化学品安全资格证

13. BD007 压力传感器能将传感器感受到的气体、液体的( )转变成电信号,供给指示报警仪、记录仪、调节器等二次仪表进行测量、指示和过程调节。
 (A)参数　　　(B)温度　　　(C)液位　　　(D)压力

14. BD007 压力变送器主要由压力传感器、测量电路和( )三部分组成。
 (A)过程连接件　(B)接线端子　(C)显示部分　(D)外壳

15. BD008 扩散硅压力传感器的测压原理为被测介质的压力直接作用于( )上,使膜片产生与介质压力成正比的微位移,使传感器的电阻值发生变化,由电路变换成相应的电流电压信号。
 (A)传感器的膜片　(B)转接元件　(C)连接处　(D)电路转换部分

16. BD008 压阻式压力变送器的工作原理是吸附在基体材料上应变电阻随( )而产生阻值变化的现象。
 (A)位移形变　(B)机械形变　(C)压力形变　(D)以上均是

17. BD009 压力变送器日常使用中不得用硬物碰触膜片,以防损坏( )。
 (A)变送器接管　(B)变送器　(C)隔离膜片　(D)以上全错

18. BD009 不得用高于( )电压加到压阻式压力变送器上,否则会导致变送器损坏。
 (A)24V　　　(B)36V　　　(C)50V　　　(D)以上全错

19. BD010 压力变送器在压力传输过程中的注意事项为( )。
 (A)变送器与散热管连接处不能漏气
 (B)开始使用时,应小心缓慢打开阀门
 (C)管路中必须保持畅通
 (D)以上全是

20. BD010 关于压力变送器的安装,下列说法错误的是( )。
 (A)导压管应安装在温度波动小的地方
 (B)测量蒸气或其他高温介质和测量气体的安装方式相同
 (C)测量液体压力时,变送器的安装位置应避免液体的冲击
 (D)接线时,将电缆穿过防水接头(附件)或挠性管并拧紧密封螺帽,以防雨水等通过电缆渗漏进变送器壳体内

21. BD011 压力变送器每( )进行一次外部清理工作。
 (A)半年　　　(B)每周　　　(C)每年　　　(D)每月

22. BD011 压力变送器每( )进行一次内部清理工作。
 (A)半年　　　(B)每周　　　(C)每年　　　(D)每月

23. BD012 维修压力变送器安全注意事项说法不正确的是( )。
    (A)对可能导致工艺参数波动的作业,必须事先取得工艺人员的认可
    (B)在将变送器从测量服务拆除前,应隔离并排空流程线路
    (C)拆除所有电气引线和导管
    (D)有经验的维护人员可以单独作业

24. BD012 压力变送器需拆下维修时,应( )线路。
    (A)隔离并排空   (B)办理危险作业票
    (C)清理外部   (D)清光置换

25. BD013 压力变送器/压力传感器加压,变送器输出不变的原因是( )。
    (A)引压管线或阀组发生堵塞   (B)变送器未正常标定
    (C)变送器输出信号不稳定   (D)相关部分回路直接短路

26. BD013 压力变送器/压力传感器常见故障现象是( )。
    (A)加压,变送器输出变大
    (B)加压变送器输出变化,再加压变送器输出突然变化,泄压变送器归零位
    (C)变送器输出信号不稳定
    (D)输出电流在4mA和20mA之间

27. BD014 压力变送器投运前要检查内容不正确的是( )。
    (A)仪表接线是否正确可靠   (B)供电电源是否正常
    (C)外壳是否接地   (D)检查运行时有无异响

28. BD014 压力变送器投运步骤说法不正确的是( )。
    (A)一是检查接线与供电无误后合上送电开关
    (B)二是确认认仪表运行正常
    (C)仪表送电后检查测量点的显示是否和就地指示一致
    (D)最后确认仪表工作正常后汇报,交运行岗位

29. BD015 测量液化石油气储罐压力时,可选用的压力表量程最佳为( )。
    (A)1.77MPa   (B)2.5MPa   (C)1.6MPa   (D)4.0MPa

30. BD015 一般压力表选用时,最大量程为传感器满量程的( )是最好的。
    (A)50%   (B)60%   (C)70%   (D)80%

31. BD016 伺服液位计的原理等同于下列哪种仪表原理( )。
    (A)钢带液位计   (B)磁翻板液位计   (C)玻璃板液位计   (D)雷达液位计

32. BD016 伺服液位计的核心是一个先进的高精度的力传感器,它能够连续地测量( )的变化。
    (A)温度   (B)液位   (C)油水界面   (D)以上均是

33. BD017 伺服液位计的控制器可以接收其他仪表所传递的多种信号,而后通过通信单元将其所得到的数据上传至( )。
    (A)上位机   (B)中控室   (C)DCS   (D)计算机

34. BD017 储罐的计量需要测量的过程参数有液体压力、平均温度、平均密度以及( )。
    (A)液体体积   (B)储罐罐容积   (C)最大充装量   (D)以上全是

35. BD018 对于伺服液位计的安装,下列说法正确的是( )。
    (A)导波管的内壁应光滑无毛刺,并垂直安装

(B)对于带压容器,建议法兰与仪表之间安装球阀
(C)罐顶设备引出口短管应尽可能垂直
(D)引出口应偏离进料口 10°~20°

36. BD018 伺服液位计安装时,应注意钢丝的缠绕,钢丝应( )。
(A)垂直安装 (B)均匀缠绕在轮鼓的凹槽中
(C)长度大于测量高度 (D)以上全是

37. BD019 伺服液位计的操作是一种程序化矩阵界面,比较直观,矩阵分为静态矩阵和动态矩阵,静态矩阵主要功能是( )。
(A)显示基本操作命令和组态主要测量值
(B)供操作人员使用
(C)保存数据
(D)以上全错

38. BD019 在对容器进行清洗、置换、检修时,可以利用矩阵菜单将浮子提升到观察窗位置,确认浮子进入观察窗后方可( ),防止球阀将钢丝挤断,使浮子掉入设备中。
(A)检修 (B)关闭球阀 (C)断电 (D)打开球阀

39. BD020 英文单词( )代表伺服液位计进入了密度测量。
(A)ACCESS CODE (B)UPPER DENSITY
(C)OPERATION (D)LEVEL

40. BD020 伺服液位计密度测量完后,要退回测量状态时,应( )。
(A)按 E 键 (B)按退出键 (C)长按 E 键 (D)复位

41. BD021 伺服液位计进入操作界面时,需长按( )键。
(A)E (B)↑ (C)↓ (D)+

42. BD021 英文单词( )代表伺服液位计进入操作界面。
(A)STOP (B)OPERATION (C)LEVEL (D)DOWN

43. BD022 伺服液位计与现场翻板液位计示数差别大的故障处理方法错误的是( )。
(A)先检查翻板液位计是否是假液位
(B)检查伺服液位计电源是否正常
(C)检查伺服液位计的输出值是否正常
(D)检查伺服液位仪浮子是否卡住

44. BD022 伺服液位计和现场翻板液位计示数差别大的故障出现时,经测得伺服液位计的输出值为 2mA,则可判定故障出现在( )。
(A)翻板液位计上 (B)伺服液位计上 (C)供电电源上 (D)以上均有可能

45. BD023 伺服液位计最常出现的故障是钢丝张力超过设定的上限,此时浮子不能移动,引起此类故障的原因是( )。
(A)伺服液位计故障 (B)钢丝拉力不够
(C)浮子碰壁或毛刺等异物卡住浮子 (D)电源电压不足

46. BD023 浮子只随着液位下降变化而上升不随着变化的故障原因是( )。
(A)重量表数据出错 (B)钢丝拉力不够
(C)浮子碰壁或毛刺等异物卡住浮子 (D)环境因素影响

47. BD024 装车控制仪接通电源后,液晶屏无显示,以下检查错误的是( )。
(A)检查供电电源 220V AC 电压是否正常
(B)检查火线、零线接线是否正确
(C)检查机内直流电源 +24V(端子 27、28)和 +36V(端子 43、44)是否正常
(D)检查机内所有连线是否可靠连接

48. BD024 装车控制仪开机后出现死机或者液晶屏显示白色时,不可能的原因是( )。
(A)电源故障   (B)显示屏的排插线松动
(C)整机故障   (D)液晶显示器故障

49. BD025 开机后液晶屏出现死机或是液晶屏显示白色的故障处理方法是( )。
(A)检查机内连线是否可靠
(B)检查液晶显示器的插排线连接可靠
(C)调节液晶显示屏的电位器
(D)检查装车仪电源电压

50. BD025 装车仪开机的出现液晶屏缺笔画或者显示不稳的故障处理方法是( )。
(A)断电重启   (B)更换液晶屏
(C)调节液晶显示屏的电位器   (D)更换电源

51. BD026 关于电液阀不出液的故障处理,说法正确的是( )。
(A)不需观察管道工艺状态
(B)用万用表测试是否有 220V AC 供电
(C)应首先用万用表测试是否有 24V 直流电供电
(D)应将阀体内部的活塞取出,使液体流出

52. BD026 关于电液阀不动或不出液可能的原因是( )。
(A)压力不足   (B)装车仪参数设置不当
(C)过滤器有杂质   (D)静电接地夹松动

53. BD027 装车结束后,流量计表盘指针仍在转动或显示器的数字仍在走,则首先考虑( )。
(A)电液阀关闭不严   (B)泵故障
(C)泄漏   (D)以上全是

54. BD027 发液结束时振动过大,解决方法( )。
(A)更换电液阀
(B)将电液阀下游调节阀适当调大(微调)
(C)使用在掺有二甲醚的液化石油气管线上
(D)将电液阀上游调节阀适当调小(微调)

55. BD028 装车仪启动发油后,泵不启动,可能原因是以下哪项( )。
(A)泵未送电   (B)管线压力不足
(C)电液阀上游阀门过大 (D)电液阀下游阀门过小

56. BD028 装车仪在自动装车状态下不能启动泵,但在手动装车状态时能启动泵,则可能的故障是( )。
(A)DCS 系统的继电器故障   (B)装车仪的 I/O 板故障
(C)泵故障   (D)以上全是

57. BD029 装车过程中装车仪突然停泵的可能原因有( )。
  (A)静电接地夹松动   (B)流量计接收脉冲信号
  (C)静电接地夹导通   (D)电液阀关闭不严

58. BD029 装车控制系统的流量计故障时,很可能是流量计的光电感应器没有( )。
  (A)电流输出 (B)脉冲输出 (C)流量输出 (D)以上全是

59. BD030 电磁阀无流量的故障原因是( )。
  (A)上游阀关闭 (B)介质压力波动 (C)电磁线圈接反 (D)以上全是

60. BD030 电磁阀主阀关闭早的故障原因( )。
  (A)主阀泄漏   (B)接线松动
  (C)膜片泄漏   (D)常闭电磁圈不关闭

61. BD031 静电接地控制器系统的静电接地夹未夹于任何导体,系统仍处于工作状态时,输出为正常信号时,有可能的原因为( )。
  (A)静电接地夹的导线短路 (B)静电接地夹的导线开路
  (C)静电接地夹有油污   (D)以上都是

62. BD031 静电接地控制器系统的静电接地夹夹于车体或其他导体时,系统仍然处于报警状态,有可能的原因为( )。
  (A)静电接地夹的尖顶坏 (B)接线端短路
  (C)回路电阻过小   (D)电源线断路

(二)多项选择题(每题四个选项,至少有两个是正确的,将正确的选项号填入括号内)

1. BD017 伺服液位计的控制器可以接收的信号有( )。
  (A)点温度计   (B)平均温度计
  (C)HART 协议   (D)HONEYWELL 协议的压力信号

2. BD031 静电接地报警器通电后电源灯和报警灯都不亮,蜂鸣器不响,可能的原因是( )。
  (A)供电电压不足   (B)接线端子接触不良
  (C)电路板故障   (D)存在短路现象

(三)判断题(对的画"√",错的画"×")

( )1. BD001 只要测量出感温热电阻的阻值变化,就可以测量出温度。
( )2. BD002 端面温度表能更正确和快速地反映被测端面的实际温度,适用于测量轴瓦和其他机件的端面温度。
( )3. BD003 一体化温度变送器的输出不是 4~20mA 直流电流信号。
( )4. BD004 温度变送器在接线工作前,可以不断电。
( )5. BD005 隔爆型温度变送器的修理必须断电后在安全场所进行。
( )6. BD006 仪表的日常维护的维修时,应由两人进行。
( )7. BD007 压力传感器输出为标准信号时,称为压力变送器。
( )8. BD008 压力传感器输出信号为 0~6V 时称为压力变送器。
( )9. BD009 在测量蒸汽或其他高温介质时,其温度不应超过变送器使用时的极限温度。
( )10. BD010 压力变送器在打开阀门时,对打开没有要求。
( )11. BD011 压力变送器每周要进行一次仪表外部清理工作。

（　）12. BD012　维护压力变送器之前,要和运行人员了解故障现象。

（　）13. BD013　压力变送器对所施加的压力变化没有响应,检查引压管线或阀组是否阻塞。可能是静电接地夹的导线存在短路现象。

（　）14. BD014　压力变送器在投运前要检查周围是否有强电磁干扰。

（　）15. BD015　压力变送器的输出信号均采用两线制。

（　）16. BD016　伺服液位计的浮子用测量钢丝悬挂在仪表外壳内,而测量钢丝缠绕在精密加工过的外轮鼓上,位于仪表内。

（　）17. BD017　伺服液位计可测量储罐的液位、密度、界面及作为控制器使用。

（　）18. BD018　伺服液位计检修结束、仪表投运前,一定要缓慢打开球阀,让仪表外腔室和设备容器均压,防止高压打坏浮子、打乱钢丝,球阀全开后,仪表方可投运。

（　）19. BD019　伺服液位计的静态矩阵主要功能是显示仪表调试、校验、通信所需的参数。

（　）20. BD020　用伺服液位计测量液体密度后的数据保存在 UPPER DENSITY 菜单下。

（　）21. BD021　测液面时的操作长按 E 键,退回测量状态。

（　）22. BD022　伺服液位计用万用表测量显示仪表的输出信号,输出值在 4~20mA 之间,说明仪表故障。

（　）23. BD023　伺服液位计的浮子只随着液位下降变化而上升不随着变化的故障处理方法是进行浮子重量校正。

（　）24. BD024　装车仪开机后液晶显示器无显示一定是装车仪故障了。

（　）25. BD025　装车控制仪开机后出现液晶屏显示白色或是死机时,可以断电后重启,检查问题是否还存在。

（　）26. BD026　发现电液阀不出液或不动作时,要先检查电液阀的接线是否正确。

（　）27. BD027　电液阀启动发液时,管线振动过大的处理方法是将电液阀的上游调节阀适当调大。

（　）28. BD028　装车控制仪启动发液后,静电接地夹松动可造成发液突然中断。

（　）29. BD029　用静电接地夹夹住金属后用万用表测试相应端子是否断开,如果闭合则属于静电设备故障。

（　）30. BD030　电液阀时开时关,工作不稳定可能的原因可能是阀门故障,需更换。

（　）31. BD031　当静电接地夹未夹于任何导电体,系统仍处于正常工作状态,输出为正常信号,可能是静电接地夹的导线存在短路现象。

二、技能操作试题

(一) AC001 拆装压力变送器

1. 考核要求

(1) 必须穿戴劳动保护用品。

(2) 工具、量具、用具准备齐全,正确使用。

(3) 操作程序符合安全文明操作。

(4) 按规定完成操作项目,质量达到技术要求。

(5) 操作完毕,做到工完、料净、场地清。

2. 准备要求

工具、材料、设备准备。

序号	名称	规格	数量	备注
1	压力变送器		1个	考试专用
2	螺丝刀		1把	
3	六角扳手		1套	
4	钳子		1把	
5	万用表		1个	
6	抹布		1块	清洁用

3. 操作程序说明

(1)准备工作。

(2)断电。

(3)拆接线盒盖。

(4)拆电源及信号线。

(5)拆压力变送器。

(6)安装压力变送器。

(7)连接电源及信号线。

(8)安装接线盒盖。

(9)检查调试。

(10)清洁现场、收回工具。

(11)穿戴劳保,按规程操作。

4. 考核规定说明

(1)如操作违章或未按操作程序执行操作,将停止考核。

(2)考核采用百分制,考核项目得分按鉴定比重进行折算。

(3)考核方式说明:该项目为实际操作,考核过程按评分标准及操作过程进行评分。

(4)测量技能说明:本项目主要测量考生对拆装压力变送器掌握的熟练程度。

5. 考核时限

(1)考核时间:15min。

(2)计时从领取工具、材料开始,至交回工具、材料为止。

(3)规定时间完成,超时停止工作。

(4)违章操作或发生事故停止工作。

6. 评分记录表

序号	考核内容	考核要求	配分	评分标准	检测结果	得分	扣分	备注
1	工具材料准备	正确选用工具、用具和使用材料	5	工具、用具少选一件扣2分,选错一件扣2分				
				材料少选一件扣2分				

续表

序号	考核内容	考核要求	配分	评分标准	检测结果	得分	扣分	备注
2	断电	将电源断开,做到不带电工作	10	不断电扣10分				
				不用万用表检查断电扣5分				
3	拆卸接线盒盖	将接线盒盖拆开	5	损坏接线盒扣5分				
				螺母丢失一个扣2分(扣完为止)				
4	拆除电源线、信号线	拆除所附电源线及信号线	15	拆除时损坏一根线扣2分(扣完为止)				
5	拆下压力变送器	将压力变送器无损坏拆下	10	未轻拿轻放压力变送器扣5分				
				损坏压力变送器扣10分				
6	安装压力变送器	安装压力变送器时,要坚固、定位准确	20	未轻拿轻放压力变送器扣10分				
				安装不到位扣10分				
7	连接电源线及信号线	准确连接电源线及信号线,要紧固到位	10	连接错误扣10分				
				连接不牢固扣5分				
8	安装接线盒盖	将接线盒盖安装紧固	5	螺栓安装一处不紧固扣2分				
				丢失螺栓一个扣2分				
9	检查调试	送电调试,检查安装是否完好	15	未检查调试扣15分				
				未确认数据是否正常扣5分				
10	工具用具收回	清洁收回工具	5	不清洁工具扣5分,不收回扣2分				
				回收工具用具,少一件扣2分				
11	安全生产	穿戴劳保,按规程操作		不穿戴劳保扣10分,少一件扣3分				从总分中扣除
				操作中违反安全规定,取消考试资格				
	合计		100					

(二) AC002 拆装温度变送器

1. 考核要求

(1)必须穿戴劳动保护用品。

(2)工具、量具、用具准备齐全,正确使用。

(3)操作程序符合安全文明操作。

(4)按规定完成操作项目,质量达到技术要求。

(5)操作完毕,做到工完、料净、场地清。

2.准备要求

工具、材料、设备准备。

序号	名称	规格	数量	备注
1	温度变送器		1个	考试专用
2	螺丝刀		1把	
3	六角扳手		1套	
4	钳子		1把	
5	万用表		1个	
6	抹布		1块	清洁用

3.操作程序说明

(1)准备工作。

(2)断电。

(3)拆接线盒盖。

(4)拆电源及信号线。

(5)拆温度变送器。

(6)安装温度变送器。

(7)连接电源及信号线。

(8)安装接线盒盖。

(9)检查调试。

(10)清洁现场、收回工具。

(11)穿戴劳保,按规程操作。

4.考核规定说明

(1)如操作违章或未按操作程序执行操作,将停止考核。

(2)考核采用百分制,考核项目得分按鉴定比重进行折算。

(3)考核方式说明:该项目为实际操作,考核过程按评分标准及操作过程进行评分。

(4)测量技能说明:本项目主要测量考生对拆装温度变送器掌握的熟练程度。

5.考核时限

(1)考核时间:15min。

(2)计时从领取工具、材料开始,至交回工具、材料为止。

(3)规定时间完成,超时停止工作。

(4)违章操作或发生事故停止工作。

6.评分记录表

序号	考核内容	考核要求	配分	评分标准	检测结果	得分	扣分	备注
1	工具材料准备	正确选用工具、用具和使用材料	5	工具、用具少选一件扣2分,选错一件扣2分				
				材料少选一件扣2分				

续表

序号	考核内容	考核要求	配分	评分标准	检测结果	得分	扣分	备注
2	断电	将电源断开,做到不带电工作	10	不断电扣10分				
				不用万用表检查断电扣5分				
3	拆卸接线盒盖	将接线盒盖拆开	5	损坏接线盒扣5分				
				螺母丢失一个扣2分(扣完为止)				
4	拆除电源线、信号线	拆除所附电源线及信号线	15	拆除时损坏一根线扣2分(扣完为止)				
5	拆下温度变送器	将温度变送器无损坏拆下	10	未轻拿轻放温度变送器扣5分				
				损坏温度变送器扣10分				
6	安装温度变送器	安装温度变送器时,要坚固、定位准确	20	未轻拿轻放温度变送器扣10分				
				安装不到位扣10分				
7	连接电源线及信号线	准确连接电源线及信号线,要紧固到位	10	连接错误扣10分				
				连接不牢固扣5分				
8	安装接线盒盖	将接线盒盖安装紧固	5	螺栓安装一处不紧固扣2分				
				丢失螺栓一个扣2分				
9	检查调试	送电调试,检查安装是否完好	15	未检查调试扣15分				
				未确认数据是否正常扣5分				
10	工具用具收回	清洁收回工具	5	不清洁工具扣5分,不收回扣2分				
				回收工具用具,少一件扣2分				
11	安全生产	穿戴劳保,按规程操作		不穿戴劳保扣10分,少一件扣3分				从总分中扣除
				操作中违反安全规定,取消考试资格				
		合计	100					

(三) AC003 处理装车仪与静电接地报警仪联锁故障

1. 考核要求

(1)必须穿戴劳动保护用品。

(2)工具、量具、用具准备齐全,正确使用。

(3)操作程序符合安全文明操作。

(4)按规定完成操作项目,质量达到技术要求。

(5)操作完毕,做到工完、料净、场地清。

2. 准备要求

工具、材料、设备准备。

序号	名称	规格	数量	备注
1	万用表		1个	
2	螺丝刀		1把	
3	套筒		1个	
4	抹布		1块	
5	装车系统		1套	考试专用

3. 操作程序说明

(1)正确选用工具、用具和使用材料。
(2)判断故障原因。
(3)用万用表测试接地电阻是否是4Ω以下。
(4)检查接地电阻线是否牢固,接头螺栓是否松动,螺栓换新。
(5)检查静电接地夹是否牢固,用抹布擦拭接头油污,检查接头螺母是否松动。
(6)清洁收回工具。
(7)穿戴劳保,按规程操作。

4. 考核规定说明

(1)如操作违章或未按操作程序执行操作,将停止考核。
(2)考核采用百分制,考核项目得分按鉴定比重进行折算。
(3)考核方式说明:该项目为实际操作,考核过程按评分标准及操作过程进行评分。
(4)测量技能说明:本项目主要测量考生对处理装车仪与静电接地报警仪联锁故障掌握的熟练程度。

5. 考核时限

(1)考核时间:15min。
(2)计时从领取工具、材料开始,至交回工具、材料为止。
(3)规定时间完成,超时停止工作。
(4)违章操作或发生事故停止工作。

6. 评分记录表

序号	考核内容	考核要求	配分	评分标准	检测结果	得分	扣分	备注
1	工具材料准备	正确选用工具、用具和使用材料	10	工具、用具少选一件扣2分,选错一件扣2分				
				材料少选一件扣2分				
2	判断故障原因	是否是静电接地夹不通	10	不知道原因扣10分				
		装车仪的静电接地接口故障	10	不知道原因扣10分				
		静电接地夹有油污	10	不知道原因扣10分				

续表

序号	考核内容	考核要求	配分	评分标准	检测结果	得分	扣分	备注
3	处理方法	检查静电接地夹通断	10	不会用万用表测试静电接地夹是否通断扣10分				
				不知道电阻值4Ω以下为静电导通扣10分				
		检查装车仪的静电接地接口	10	不知道装车仪的哪个端子为静电接地接口扣10分				
				不会测试端口是否导通扣10分				
		处理装车仪的静电接地接口故障	20	不会打开装车仪扣10分,未检查头螺栓扣5分				
				换受损元件不到位扣5分				
		清理静电接地夹油污	10	不检查静电接地夹是否夹实扣5分				
				不清理接头油污扣10分				
				不检查接头螺母是否松动扣5分				
4	工具用具收回	清洁收回工具	10	不清洁工具扣5分,不收回扣5分				
				回收工具用具少一件扣2分				
5	安全生产	穿戴劳保,按规程操作		不穿戴劳保扣10分,少一件扣3分				从总分中扣除
				操作中违反安全规定,取消考试资格				
	合计		100					

三、答案

(一) 单项选择题

1. B   2. B   3. A   4. B   5. C   6. C   7. D   8. B   9. B   10. A   11. D
12. A   13. D   14. A   15. A   16. B   17. C   18. B   19. D   20. B   21. B   22. A
23. D   24. A   25. A   26. C   27. D   28. D   29. B   30. C   31. A   32. B   33. C
34. A   35. D   36. B   37. C   38. B   39. B   40. C   41. A   42. B   43. D   44. B
45. C   46. C   47. C   48. C   49. C   50. B   51. C   52. C   53. A   54. D   55. A
56. B   57. A   58. B   59. A   60. C   61. A   62. A

(二) 多项选择题

1. ABCD   2. ABC

(三) 判断题

1. √ 2. √ 3. × 一体化温度变送器的输出是4~20mA直流电流信号。 4. × 温度变送器在接线工作前要关闭主电源,防止电冲击。 5. √ 6. √ 7. √ 8. × 压力传感器输出信号为标准信号(4~20mA DC,1~5V等)时,称为压力变送器。 9. √ 10. × 压力变送器在打开阀门时,要缓慢地打开,以免被测介质直接冲击传感器膜片,从而损坏传感器膜片 11. √ 12. √ 13. √ 14. √ 15. × 压力变送器的输出信号为4~20mA的是采用两线制,其余输出信号的全为三线制。 16. √ 17. √ 18. √ 19. × 伺服液位计的静态矩阵主要功能是显示基本操作命令和组态主要测量值。 20. √ 21. √ 22. × 用万用表测量显示仪表的输出信号,输出值在4~20mA之间,说明仪表正常。 23. √ 24. × 装车控制仪开机后液晶显示器无显示有可能电源未接好。 25. √ 26. √ 27. × 电液阀启动发液时,管线振动过大的处理方法是将电液阀的下游调节阀适当调大。 28. √ 29. × 用静电接地夹夹住金属后用万用表测试相应端子是否闭合,如果没有闭合则属于静电设备故障。 30. × 电液阀时开时关,工作不稳定可能的原因是介质压力波动。 31. √

第七章 液化石油气库站安全管理与安全设施

第一节 作业许可制度

一、高处作业

高处作业实行作业许可制度,未办理高处作业许可证,严禁进行高处作业。高处作业时要编写"高处作业计划书"。

(一)高处作业的概念及分级

1. 高处作业的概念

高处作业是指在坠落高度基准面2m(含2m)以上,有可能坠落的位置进行的作业。坠落高度基准面是指从作业位置到最低坠落着落点的水平面。

2. 高处作业分级

(1)三级高处作业,作业高度在2m以上至5m;
(2)二级高处作业,作业高度在5m以上至15m;
(3)一级高处作业,作业高度在15m以上至30m;
(4)特级高处作业,作业高度在30m以上;
(5)在强风、雨雪天、雾天、夜间、作业面结冰等复杂气象条件以及必须带电、悬空情况下的高处作业要升级管理。

3. 高处作业许可证的期限

最长有效时间为7天,存档保存期为12个月。

(二)高处作业计划书的内容

高处作业计划书应包括但不限于以下内容:
(1)施工内容(包括高处作业原因、作业级别、作业面及周围情况、作业程序);
(2)技术措施;
(3)风险识别和应急措施,注明应配备的防护物品种类及数量;
(4)现场安全环保措施和监督手段。

(三)高处作业基本安全要求

(1)高处作业监督应赴高处作业现场检查确认安全措施后,方可批准高处作业。
(2)高处作业人员必须经安全教育,熟悉现场环境和施工安全要求。对患有职业禁忌证和年老体弱、疲劳过度、视力不佳及酒后人员等,不准进行高处作业。

(3)高处作业前,作业人员应查验"高处作业许可证",检查确认安全措施落实后方可施工,否则有权拒绝施工作业。

(4)高处作业应设监护人对高处作业人员进行监护,监护人应坚守岗位。

(5)高处作业人员应按照规定穿戴劳动保护用品,作业前要检查,作业中应正确使用防坠落用品与登高器具、设备。高处作业人员必须系好安全带、戴好安全帽,衣着要灵便,禁止穿硬底和带钉易滑的鞋。安全带必须系挂在施工作业处上方的牢固构件上,不得系挂在有尖锐棱角的部位。安全带系挂点下方应有足够的净空。安全带一般应高挂(系)低用,不得采用低于腰部水平的系挂方法,严禁用绳子捆在腰部代替安全带。

(四)高处作业安全技术要求

GBE004 在有毒有害场所的高处作业要求

(1)在邻近地区设有排放有毒、有害气体及粉尘超出允许浓度的烟囱及设备等场合,严禁进行高处作业。如在允许浓度范围内,也应采取有效的防护措施。

(2)严禁在6级风以上大风和雷电、暴雨、大雾等恶劣气候条件下以及40℃及以上高温、-20℃以下的寒冷环境下从事高处作业。在30~40℃的高温环境下的高处作业应进行轮换作业。

(3)高处作业要与架空电线保持规定的安全距离。

(4)登石棉瓦、瓦棱板等轻型材料作业时,必须铺设牢固的脚手板,并加以固定,脚手板上要有防滑措施。脚手架的搭设必须符合国家有关规程和标准的要求。高处作业应使用符合安全要求的吊架、梯子、防护围栏、挡板和安全带等,跳板必须符合作业要求,两端必须捆绑牢固。作业前,应仔细检查所用的安全设施是否坚固、牢靠。夜间高处作业应有充足的照明。

GBE005 高处作业在使用工具方面的要求

(5)高处作业严禁上下投掷工具、材料和杂物,所用材料要堆放平稳,必要时要设置安全警戒区,并设专人监护。所使用的工具、材料、零件等必须装入工具袋,上下时手中不得持物。不准投掷工具、材料及其他物品。易滑动、易滚动的工具、材料堆放在脚手架上时,应采取措施防止坠落。在同一坠落平面上,一般不得进行上下交叉高处作业,如需进行交叉作业,中间应有隔离措施。

(6)禁止坐在平台边缘、孔洞边缘和躺在通道或安全网内休息。30m以上的高处作业与地面联系应有专人负责的通信装置。

GBE006 高处作业在使用梯子方面的要求

(7)梯子不得缺档,不得垫高使用。梯子横档间距以30cm为宜,下端应采取防滑措施。单面梯与地面夹角以60°~70°为宜,禁止两人同时在梯子作业。如需接长使用,应绑扎牢固。用单面梯时,脚距梯子顶端不得少于四档,人字梯不得少于两档。人字梯底角要拉牢。单面梯的高度如超过6m,应在中间设支撑加固。在通道处使用梯子,应有人监护或设置围栏。禁止在吊架上架设梯子。

(8)外用电梯、罐笼应有可靠的安全装置。非载人电梯、罐笼严禁乘人。高处作业人员应沿着通道、梯子上下,禁止沿着绳索、立杆或栏杆攀登。

(9)在采取地(零)电位或等(同)电位作业方式进行带电高处作业时,必须使用绝缘工具或穿均压服。

二、进入有限空间作业

进入有限空间作业实行作业许可管理,作业前必须办理"进入有限空间作业许可证",编写"进入有限空间作业计划书"。

(一)进入有限空间作业的概念

进入有限空间作业是指进入或探入塔、釜、罐、罐车以及管道、炉膛、烟道、隧道、下水道、沟、坑、井、池、涵洞等封闭、半封闭设备及场所作业。

进入有限空间作业许可证应一项一办,禁止多项作业共用一个许可证。进入有限空间作业许可证存档保存期为12个月。

GBE007 进入有限空间作业的概念及作业计划书的内容

(二)进入有限空间作业计划书的内容

进入有限空间作业计划书应包括以下内容:
(1)作业内容(包括作业原因、作业部位及作业程序);
(2)技术措施;
(3)风险识别和应急措施;
(4)现场安全环保措施。

(三)有限空间作业安全卫生标准

(1)有限空间的作业场所空气中的含氧量应为19.5%~23%,若空气中含氧量低于19.5%,应有报警信号。

(2)作业的有限空间空气中可燃气体浓度应低于可燃烧极限或爆炸极限下限的10%。对油罐、管道的检修,空气中可燃气体浓度应低于可燃烧极限下限或爆炸极限下限的1%。

(3)作业有限空间的有毒、有害物质浓度应符合:H_2S含量小于$10mg/m^3$;SO_2含量小于$15mg/m^3$;CO含量小于$30mg/m^3$;甲醇含量小于$50mg/m^3$;氨含量小于$30mg/m^3$;氯气含量小于$1mg/m^3$;粉尘含量低于$2mg/m^3$。

(4)作业有限空间的温度应低于60℃。

GBE008 有限空间作业的安全卫生标准

(四)有限空间作业期间监护人要求

(1)作业期间由作业方作业监护人对作业人员进行现场监护,监护人负责作业过程中的检测,并填写"进入有限空间作业安全监护记录",有限空间作业的现场监护人必须持证上岗。

(2)生产单位安全总监或委派专职安全管理人员应到现场检查并担任作业监督,作业监督在作业前必须逐项检查安全措施和应急准备落实情况,在作业中全过程进行监督检查,并填写"进入有限空间作业安全监督记录卡",发现问题应及时处理。

(3)监护人必须有较强的责任心,熟悉作业区域的环境、工艺情况,及时判断和处理异常情况。

(4)监护人应对安全措施落实情况进行检查,发现落实不好或安全措施不完善时,有权提出暂不进行作业。

GBE009 有限空间作业期间监护人的要求

(5)监护人应和作业人员拟定联络信号。在出入口处保持与作业人员的联系,发现异常,应及时制止作业,并立即采取救护措施。

(6)监护人应熟悉应急预案,配备必要的应急救护设施、报警装置,并坚守岗位。

(7)作业结束后,作业负责人应负责清除杂物,把所有的工具、材料等搬出有限空间外,防止遗留在有限空间内;作业监护人要清点有限空间内作业人员是否全部撤出;作业监督要进行最终复核。

GBE010 进入有限空间作业人员的要求

(五)进入有限空间作业人员要求

(1)按进入有限空间作业许可证上的任务、地点、时间作业;
(2)作业前应检查安全措施是否符合要求;
(3)按规定穿戴劳动防护服装、防护器具和使用工具;
(4)熟悉应急预案,掌握报警联络方式。

GBE011 进入有限空间作业的综合安全技术要求

(六)进入有限空间作业的综合安全技术要求

(1)在作业前,作业监督应对监护人和作业人员进行安全教育培训,包括作业空间的结构和相关介质,作业中可能遇到的意外和处理、救护方法等。

(2)切实做好作业空间的工艺处理,所有与作业点相连的管道、阀门必须加盲板断开,并对设备进行吹扫、蒸煮、置换。不得以关闭阀门代替盲板,盲板应挂牌标示。

(3)进入带有搅拌器等转动部件的有限空间内作业,其电源线路与开关之间必须有明显的切断点并加警示牌,设专人监护。

(4)取样分析要有代表性、全面性。有限空间容积较大时要对上、中、下各部位取样分析,应保证有限空间内部任何部位的可燃气体浓度、氧含量,有毒、有害物质浓度符合标准。作业期间应每隔 4h 取样复查一次(分析结果报出后,样品至少保留 4h),也可选用便携式仪器对有限空间进行连续检测,如有一项不合格,应立即停止作业。

(5)进入有限空间作业,必须遵守动火、临时用电、高处作业等有关安全规定,进入有限空间作业许可证不能代替上述各作业许可证,所涉及的其他作业要按有关规定办理作业许可证。

(6)对盛装过能产生自聚物的有限空间,作业前必须按有关规定蒸煮并做聚合物加热试验。

(7)有限空间作业出入口内外不得有障碍物,应保证其畅通无阻,以便人员出入和抢救疏散。

(8)进入有限空间作业一般不得使用卷扬机、吊车等运送作业人员,特殊情况需经公司质量安全环保处批准。

(9)进入有限空间作业应使用安全电压和安全行灯照明,在金属设备内及特别潮湿场所作业,其安全行灯电压应为 12V 且绝缘良好。使用的手持电动工具应有漏电保护设备。

（10）进入有限空间作业的人员、工具、材料要登记,作业后应清点,防止遗留在作业点内。

（11）作业现场要配备一定数量符合规定的应急救护器具和灭火器材。

（12）作业人员进入有限空间前,应首先拟定和掌握紧急状况时的外出路线、方法。有限空间内人员应安排轮换作业或休息,每次作业时间不宜过长。

（13）有限空间作业可采用自然通风,必要时可再采取强制通风方法(严禁向有限空间通氧气)。

（14）对随时产生有害气体或进行内防腐的作业场所应采取可靠措施,作业人员要佩戴安全可靠的防护面具,并由气体防护专业人员进行监护,定时监测。

（15）发生中毒、窒息的紧急情况,抢救人员必须佩戴隔离式防护器具进入作业空间,并至少留一人在外做监护和联络工作。

（16）作业空间内温度应符合人体作业要求。

（七）进入有限空间作业的其他注意事项

GBE012 进入有限空间作业的其他要求

（1）作业监督签发进入有限空间作业许可证后,应立刻开始作业,以免操作条件发生变化。如时间超过氧气、可燃气体、有毒有害气体浓度分析化验间隔的有效时限,应重新化验,并由作业监护人记录在进入有限空间作业安全监护记录上。

（2）进入有限空间作业时,应根据设备、场所具体情况搭设安全梯及架台,备有必要的急救器具。

（3）在作业中碰到的任何问题作业监督都必须记录在进入有限空间作业安全监督记录卡上,以便查实和进行分析。

（4）在清理有限空间少量可燃物料残渣、沉淀物时,必须使用不产生火花的工具(木、铜质工具),严禁用铁器敲击、碰撞。

（5）在进入有限空间作业期间,严禁同时进行各类与该空间相关的试车、试压、试验及交叉作业。

（6）遇置换不合格或无法进行置换等情况,原则上不允许进入作业。确需进入作业时,应按特殊作业处理。特殊作业应上报公司审核批准,公司质量安全环保处派专人到现场监护。

（7）作业人员佩戴的防护面具应符合有限空间环境安全要求。

（八）进入有限空间内作业的应急措施

GBE013 进入有限空间作业的应急措施

（1）对直径较小、通道狭窄、一旦发生事故进入有限空间内抢救困难的作业,进入有限空间前作业人员需系好安全带或安全绳,以便可以随时把作业人员拉出。

（2）凡进入有限空间内抢救的人员,应佩戴长管式防毒面具或正压式呼吸器等隔离式呼吸器,禁止使用过滤式防毒面具。

（3）任何人不准在无防护措施下冒险进入有限空间内救人。

（4）监护人除向有限空间内作业人员递送工具材料外,不得从事其他工作,更不准擅离职守。

GBE014 进入有限空间作业的禁止事项

（九）进入有限空间作业的禁止事项

(1) 禁止无"进入有限空间作业许可证"作业；
(2) 禁止与"进入有限空间作业许可证"内容不符的作业；
(3) 禁止无监护人员的作业；
(4) 禁止超时作业；
(5) 禁止在有限空间内用易燃易爆油品清洗设备和工具；
(6) 禁止不明情况的盲目救护。

第二节 事故应急救援

一、事故应急救援步骤

(1) 立即组织营救受害人员，组织撤离或者采取其他措施保护危害区域内的其他人员。
(2) 迅速控制事态，并对事故造成的危害进行检测、监测，测定事故的危害区域、危害性质及危害程度。
(3) 消除危害后果，做好现场恢复。
(4) 查清事故原因，评估危害程度。

二、事故应急救援措施

GBE015 火灾、爆炸的应急救援措施

（一）火灾、爆炸的处理

1. 燃气泄漏引起的火灾、爆炸处理

(1) 按相应泄漏应急处理程序处理。
(2) 泄漏伴随火灾和爆炸时，首先拨打119求助。
(3) 发现火险时，在保证生命安全的前提下，就近取灭火器进行扑救，着火时切勿完全关闭阀门，以防回火发生爆炸。
(4) 现场抢救人员要听从消防部门的统一指挥，不能盲目灭火，要注意人员安全和现场安全。
(5) 如有人受伤，安排专人协助120进行救治，并注意伤员信息跟踪。
(6) 管网、用户端泄漏伴随火灾和爆炸时，还要注意通知警方和社区协助进行救援。

2. 一般物品的火灾处理

(1) 发现者应先呼叫通知中控室和其他人员，应停止接卸或充装等作业，在确认消息传达后，就近取灭火器进行初期扑救。
(2) 被通知人员（其中一人）听到呼叫首先尽量切断火区电源，然后向当地119消防部门报警，并到大门处等候消防人员的到来，其余人员就近取灭火器参加初期扑救。

(3) 报警人员等候期间,应迅速向单位应急办公室报告。

(4) 单位应急办公室接报告立即启动应急响应。

(5) 单位应急指挥根据险情,启动预案,实施紧急救援。

(6) 如火势较大或发生爆炸无法控制时,应首先保证人员安全,必要时迅速撤离危险区,其次保证周围其他设备、设施不受损害。

(7) 消防人员到达后,应听从消防人员指挥,提供信息,配合扑救。

(8) 人员衣物着火时应立即令其躺倒,用干粉灭火器扑灭其身上的火(注意不要向对方的面部喷射),或者用毛毯、大衣裹紧其身体灭火(注意:包裹时要从离头部最近的地方开始包裹)。如果现场只有着火者一人,尽量脱下衣服,用脚踩灭或浸入水中;如果来不及脱,可就地打滚,窒息灭火。

(9) 火焰熄灭后,有烧伤应拨打 120 求救,同时进行烧伤应急处理。

(二)中毒的处理

GBE016 中毒的应急救援措施

1. 硫化氢中毒

急救人员应戴防毒面具及防护用具,及时将中毒者撤至空气新鲜、流通处,迅速进行人工呼吸抢救,并拨打急救电话 120 送医院救治。在转送途中要继续抢救,对呼吸困难者应予输氧。

2. 一氧化碳中毒

当发现有人一氧化碳中毒时,及时将中毒者放置在空气新鲜、流通处。如患者出现呼吸衰竭,立即进行人工呼吸,条件允许的话可以输氧,并及时拨打急救电话 120 送医院救治。

3. 加臭剂中毒

加臭剂主要成分是 THT(四氢噻吩)。在装卸、储存和加臭过程中,如加臭剂进入眼内或接触皮肤,应采用淋浴器进行冲洗;人体吸入过多汽化加臭剂后,身体会出现不适。

(三)窒息的处理

发生窒息,应将伤者移到通风处,保持呼吸道通畅,进行人工呼吸急救,同时拨打急救电话 120 送医院救治。

(四)触电的处理

(1) 当发生触电时,立即切断电源或用绝缘物体使触电者脱离电源,然后进行紧急抢救,拨打急救电话 120 送医院救治。

(2) 伤者昏迷,但未失去知觉,应将其抬到比较温暖且空气流通的地方休息。

(3) 伤者失去知觉,呼吸困难,并有痉挛现象,立即进行口对口法或仰卧压胸法人工呼吸。

(4) 伤者呼吸、脉搏都停止时,应立即施行口对口法或仰卧压胸法人工呼吸。在医务人员未到达前不能中止救治。

(五)烧伤的处理

先用蒸馏水充分冷却烧伤部位,解脱衣服,如与皮肤粘连时,剪去未粘连部分,用消毒纱布或干净的布等包裹伤面并及时治疗。送医院时,用浸在清洁冷水中的毛巾敷在伤口上冷却。对呼吸道烧伤者,注意疏通呼吸道,防止异物堵塞。伤员口渴时,可饮少量淡盐水。

(六)冻伤的处理

(1)将伤员移到暖和的地方,并将衣物解开,用毛巾、毛毯让全身保温,不可搓揉冻伤的部位。

(2)将冻伤部位侵入37~40℃的温水中,不可用热水浸泡或用火取暖。

(3)呼吸停止时,立即进行人工呼吸。若脉搏停止跳动,则要进行心肺复苏术。同时,拨打急救电话120送医院救治。

三、事故报告

发现生产事故后,紧急情况要报警,当事人或发现人应立即向本单位负责人报告,并按规定逐级向上报告。单位负责人应当按预案向上级报告。

GBE017 事故报告的原则与报告内容

(一)报告应遵循的原则

(1)任何突发事件,不论大小,都应报告。

(2)生产事故单位负责人应立即向上一级领导和应急办公室报告。

(3)当发生火灾时应立即拨打火警电话119。

(4)如有人员伤害,应保护好现场并迅速组织人员施救,情况危急可拨打医院急救电话120。

(5)如需地方协助,还可拨打110和地方应急联动单位电话。

(二)报告内容

(1)事故发生的时间、地点。

(2)事故发生的简要经过和相关介质。

(3)事故状况。

(4)人员受伤程度和现场情况。

(5)受损程度。

(6)已经采取的措施。

(7)事故报告后出现的新情况。

GBE018 事故处理原则与措施

四、事故处理

(一)事故处理原则

事故处理遵循"四不放过"原则,即在调查处理工伤事故时,必须坚持:事故原因分析不清不放过;事故责任者和群众没有受到教育不放过;没有采取切实可行的防范措施不放过;事故责任者没有受到严肃处理不放过的原则。它要求对安全生产工伤事故必须进行严肃认真的调查处理,接受教训,防止同类事故重复发生。

(二)事故处理措施

事故发生后,当事人或最先发现者应及时采取自救、互救措施,保护事故现场;事故单位应当立即启动相应的事故应急预案,组织抢救,防止事故扩大,减少人员伤亡和财产损失。

第三节 雨淋报警阀

一、雨淋报警阀的结构组成

ZSFG 型雨淋报警阀组主要由水源控制阀(蝶阀)、雨淋阀、手动应急装置、自动滴水阀、排水球阀、供水侧压力表、控制腔压力表等组成,结构如图 7-1 所示。

GBE019 雨淋报警阀的结构及工作原理

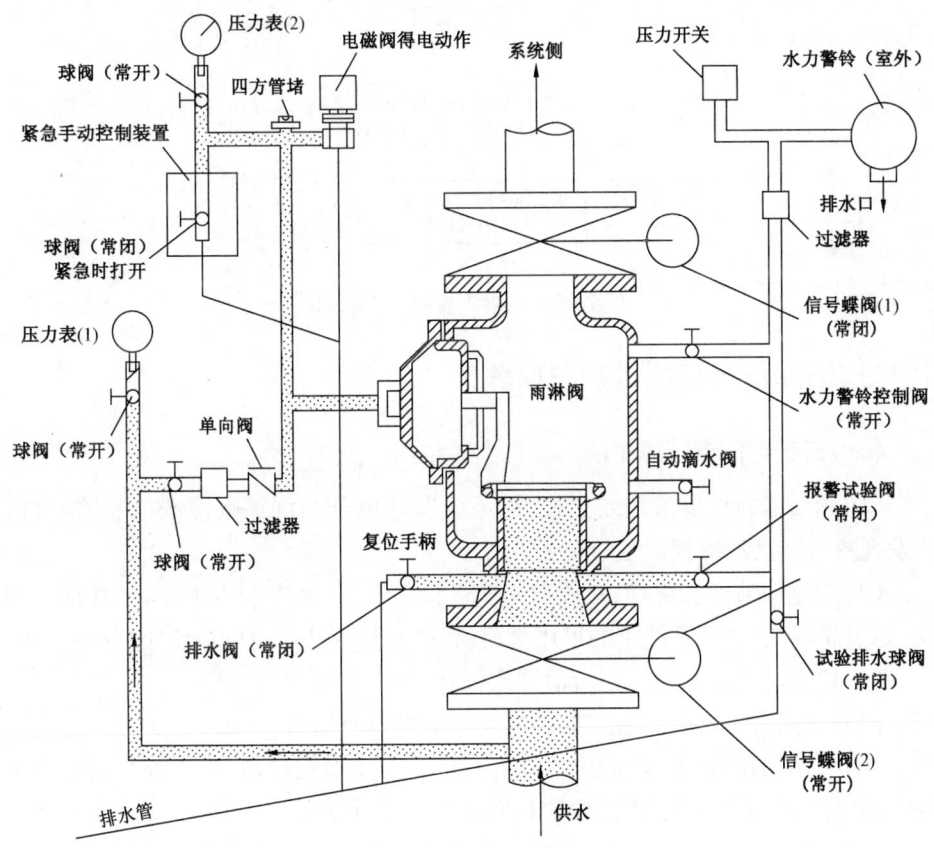

图 7-1 ZSFG 型雨淋报警阀结构

信号蝶阀(1)为防止火灾误报造成的损失一般处于关闭状态,火灾发生时由专人启动该信号阀

二、雨淋报警阀工作原理

雨淋报警阀工作原理如图 7-2 所示。

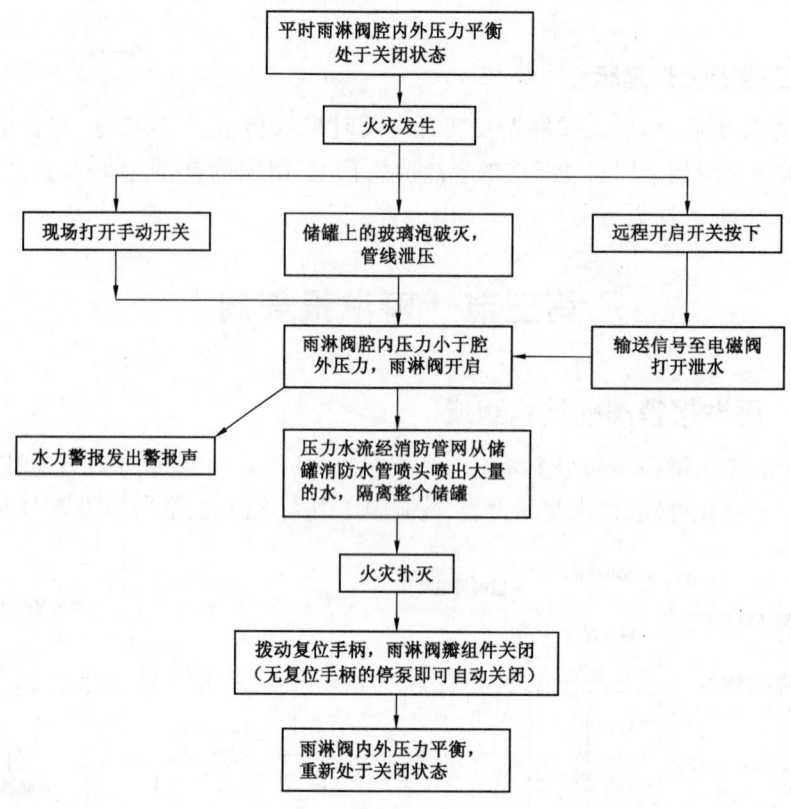

图 7-2 雨淋报警阀工作原理

三、雨淋报警阀的维护与保养

GBE020 雨淋报警阀的维护与保养

（一）维护与保养注意事项

（1）阀瓣密封件的清洗或更换：用不含腐蚀成分的洗涤剂清洗橡胶密封件，如发现密封件已经磨损应给予更换。

（2）阀座的清洗和更换：必须对阀座进行清洗，并检查是否损坏，如发现有裂纹、划伤或压坑，损坏不严重的可用细研磨沙修复，损坏严重的应给予更换。

（3）检查其他配套阀门是否泄漏或损坏，应对其修复或更换。

（4）应保持配套过滤器清洁，经常对过滤器进行清洗。

（5）对已动作过的雨淋阀应检查复位杆是否变形或松动，复位轴中的销子是否弯曲或损坏，O 形密封圈是否损坏，如损坏应给予更换。

（6）每年应检查一次密封件和阀座，清除污物，如有划伤用细砂纸打磨光滑，如有破损用备件更换，同时清洗过滤器。

（7）主排水试验。

（8）报警试验。

（9）雨淋报警阀检修时间如表 7-1 所示。

表 7-1 雨淋报警阀检修时间

序号	检修内容	时间
1	观察水压状态是否正确	一周
2	观察阀门所处的状态是否正确	一周
4	排水试验	一季度
5	报警试验	一季度
6	雨淋装置及其辅件	一年
7	开阀功能试验	一年
8	检查密封件和阀座,清除污物	一年

(二)雨淋报警阀检查维护步骤

雨淋报警阀检查维护步骤见图 7-3。

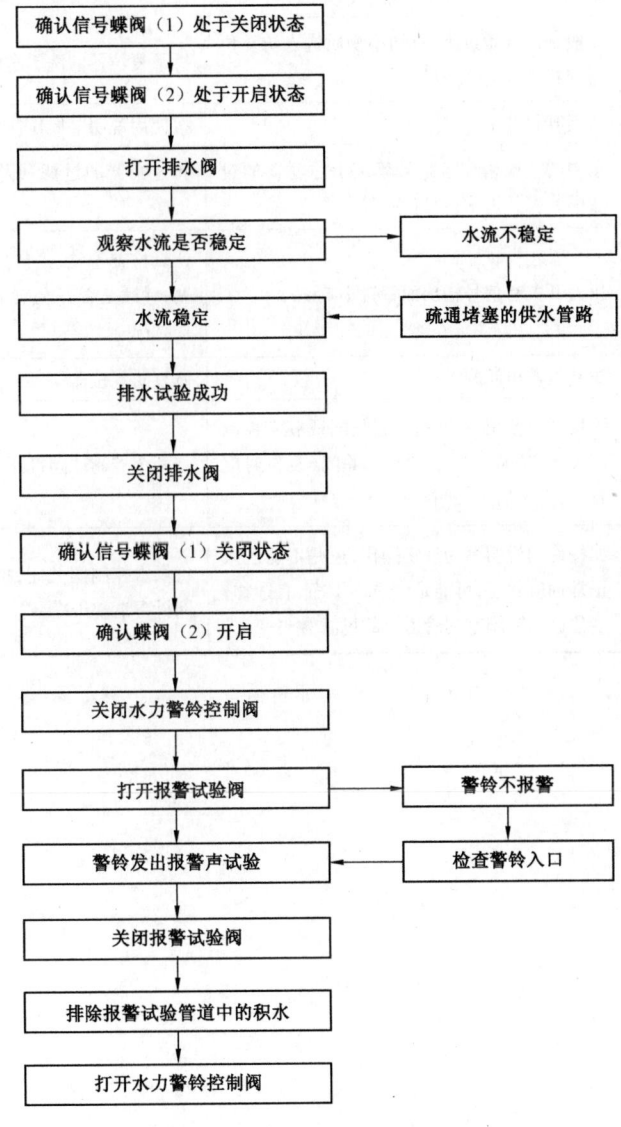

图 7-3 雨淋报警阀检查维护步骤

(三)常见问题原因分析及处理方法

雨淋报警阀常见问题原因分析及处理方法见表7-2。

表7-2 常见问题原因分析及处理方法

	问题现象	原因分析	处理方法
GBE021 雨淋报警阀自动滴水阀漏水故障处理 GBE022 雨淋报警阀常见问题的处理方法	自动滴水阀漏水	产品有自身的质量问题	更换产品
		雨淋系统因安装调试或平时的定期试验及灭火工作后没有将系统侧管内的余水排尽就有可能造成自动滴水阀漏水	打开放水阀排除管内余水
		水质不洁很可能造成雨淋阀隔膜球面中线密封处有施工时进入管内的小杂物或脏水中的杂质,如生料带、麻丝以及其他一些杂物使球状密封面不能完全密封	启动雨淋阀让水流冲刷掉遗留在密封面处的杂质
	防复位器不能复位	一般是因水质过脏、有细小物质进入防复位器密封面处造成的	拆下复位器清洗干净即可解决问题
	长报警	常闭阀打开了	按使用说明书操作便可解决
	不报警	水中的杂质堵住了报警管道上过滤器的过滤网或警铃进水口处的喷嘴	将过滤器的过滤网及警铃拆下清洗干净
		压力开关有信号输出而警铃不响	认真检查警铃,入口处是否有垃圾堵塞,铃锤是否齐全或是否有铃锤卡死等状况
	雨淋阀工作不能进入响应状态	防复位器出问题	修复防复位器
		未按规定使用说明书进行操作,隔膜室控制阀关闭(应常开),复位球阀关闭(复位时应打开,复位后应关闭)	将两个控制球阀打开
		如按使用说明书的规定操作,还是不能进入正常伺应状态,可能是水质不干净、有杂物,堵住进入隔膜室的管道上的过滤器	将供水控制阀关闭,把过滤器的过滤网拆下清洗干净

高级工练习题及答案

一、理论知识试题

(一) 单项选择题(每题四个选项,只有一个是正确的,将正确的选项号填入括号内)

1. BE001　高处作业是指在坠落高度基准面( )以上,有可能坠落的位置进行的作业。
   (A) 0.5m(含 0.5m)　　　　　　　　(B) 1m(含 1m)
   (C) 2m(含 2m)　　　　　　　　　(D) 2.5m(含 2.5m)

2. BE001　( )高处作业,作业高度为2m以上至5m。
   (A) 一级　　　(B) 二级　　　(C) 三级　　　(D) 特级

3. BE002　高处作业计划书应包括但不限于以下内容( )。
   (A) 生产单位
   (B) 作业场所空气中的含氧量
   (C) 风险识别和应急措施,注明应配备的防护物品种类及数量
   (D) 可燃气体浓度

4. BE002　高处作业计划书的施工内容不包括( )。
   (A) 高处作业原因　　　　　　　　(B) 作业级别
   (C) 作业面及周围情况　　　　　　(D) 施工单位资质

5. BE003　安全带系挂点( )应有足够的净空。
   (A) 上方　　　(B) 前方　　　(C) 下方　　　(D) 后方

6. BE003　安全带一般应( )。
   (A) 高挂低用　　　　　　　　　　(B) 低挂高用
   (C) 平行于腰挂　　　　　　　　　(D) 平行于头部系挂

7. BE004　有些场合是不能进行高处作业的,这些高处作业禁止的场合有( )。
   (A) 在作业点邻近地设有排放有毒、有害气体
   (B) 4级以上大风的气候条件下
   (C) 下小雨、小雪的条件下
   (D) 检查现场并确认安全后

8. BE004　在( )以上的高处作业时,应与地面设有专门的通信联系装置。
   (A) 15m　　　(B) 30m　　　(C) 25m　　　(D) 50m

9. BE005　高处作业所用材料要堆放平稳,必要时要设置( ),并设专人监护。
   (A) 辅助区　　　(B) 材料区　　　(C) 安全警戒区　　　(D) 无人区

10. BE005　高处作业时,对工具、材料的要求,下列说法错误的是( )。
    (A) 高处作业严禁上下投掷工具、材料和杂物
    (B) 所使用的工具、小零件等装入工作服口袋
    (C) 对易滑动、易滚动的工具、材料堆放在脚手架上时,应采取措施防止坠落
    (D) 所用材料要堆放平稳,必要时要设置安全警戒区,并设专人监护

131

11. BE006　梯子不得缺档,不得垫高使用。梯子横档间距以( )为宜。
　　　　　(A)10cm　　　　(B)30cm　　　　(C)60cm　　　　(D)70cm

12. BE006　高处作业,单面梯与地面夹角以( )为宜。
　　　　　(A)60°~70°　　(B)70°~80°　　(C)80°~90°　　(D)70°~90°

13. BE007　下列不属于进入有限空间作业的是( )。
　　　　　(A)深入封闭塔内作业　　　　(B)深入封闭罐内作业
　　　　　(C)深入封闭井内作业　　　　(D)深入河里作业

14. BE007　进入有限空间作业许可证存档保存期为( )。
　　　　　(A)3个月　　　(B)6个月　　　(C)12个月　　　(D)24个月

15. BE008　有限空间的作业场所空气中的含氧量应为( )。
　　　　　(A)11.5%~13%　(B)19.5%~23%　(C)13.5%~16%　(D)12.5%~19%

16. BE008　作业的有限空间空气中可燃气体浓度应低于可燃烧极限或爆炸极限下限的( )。
　　　　　(A)20%　　　　(B)10%　　　　(C)30%　　　　(D)40%

17. BE009　有限空间内作业期间由( )监护人对作业人员进行现场监护。
　　　　　(A)作业方　　　(B)业主方　　　(C)监理方　　　(D)以上均是

18. BE009　有限空间作业,生产单位安全总监或委派( )应到现场检查并担任作业监督。
　　　　　(A)专职安全管理人员　　　　(B)兼职安全管理人员
　　　　　(C)生产方监护人　　　　　　(D)生产经理

19. BE010　进入有限空间作业时,对作业人员的要求是( )。
　　　　　(A)按进入有限空间作业许可证上的任务、地点、时间作业
　　　　　(B)会正确使用防坠落物品
　　　　　(C)梯子不可缺档,不可垫高使用
　　　　　(D)严禁用绳子捆在腰部代替安全绳

20. BE010　有限空间作业的作业人员的职责是( )。
　　　　　(A)作业过程全程监督,发现问题及时处理
　　　　　(B)发现落实不好或安全措施不完善有权提出暂不进行作业
　　　　　(C)清楚作业过程中与监护人员的沟通方式及紧急情况时的撤离方式
　　　　　(D)作业结束后,清点人员是否全部撤出

21. BE011　对盛装过能产生自聚物的有限空间,作业前必须按有关规定( )并做聚合物加热试验。
　　　　　(A)水置换　　　(B)蒸煮　　　(C)氮气置换　　　(D)检测

22. BE011　进入有限空间作业应使用安全电压和安全行灯照明,在金属设备内及特别潮湿场所作业,其安全行灯电压应为( )且绝缘良好。
　　　　　(A)6V　　　　　(B)12V　　　　(C)24V　　　　(D)48V

23. BE012　在清理有限空间少量可燃物料残渣、沉淀物时,必须使用( )。
　　　　　(A)铁质工具　　　　　　　　(B)不产生火花的工具
　　　　　(C)不锈钢质工具　　　　　　(D)易产生静电的工具

24. BE012　在进入有限空间作业中,碰到任何问题,必须记录在( )上,以便查实和进行分析。
　　　　　(A)现场检查表　　　　　　　(B)安全教育记录

(C)进入有限空间作业安全监督记录卡 (D)作业指导书

25. BE013 进入有限空间作业的监护人的要求,下列说法错误的是( )。
(A)监护人能向有限空间内作业人员递送工具材料
(B)监护人可以一遍做监护区域内的一些工作,一边监护作业人员
(C)监护人不得从事其他工作
(D)监护人不准擅离职守

26. BE013 进入有限空间作业时,对急救工作做法错误的是( )。
(A)在无防护措施但条件许可可以进入有限空间内救人
(B)进入有限空间内抢救的人员,应佩戴长管式防毒面具
(C)进入有限空间内抢救的人员,应佩戴正压式空气呼吸器
(D)不准在无防护措施下冒险进入有限空间内救人

27. BE014 进入有限空间作业,下列哪些属于严禁事项( )。
(A)禁止无进入有限空间作业许可证作业
(B)禁止无监护人员的作业
(C)禁止不明情况的盲目救护
(D)禁止穿硬底的鞋进入作业

28. BE014 禁止在有限空间内用( )清洗设备和工具。
(A)易燃易爆的油品　　　　　　(B)水
(C)抹布　　　　　　　　　　　(D)洗涤剂

29. BE015 泄漏伴随火灾和爆炸时,首先拨打( )求助。
(A)110　　　(B)119　　　(C)120　　　(D)114

30. BE015 人员衣物着火时应立即令其躺倒,用( )扑灭其身上的火。
(A)二氧化碳灭火器　　　　　　(B)泡沫灭火器
(C)干粉灭火器　　　　　　　　(D)石棉被

31. BE016 人员中毒的一般处理方法是( )。
(A)注意呼吸道畅通,防止异物堵塞
(B)如患者出现呼吸衰竭,立即进行人工呼吸,条件允许的话可以输氧
(C)伤员口渴时,可应用少量淡盐水
(D)不可用热水浸泡或用火取暖

32. BE016 冻伤之后,将冻伤部位侵入( )的温水中,不可用热水浸泡或用火取暖。
(A)25～30℃　(B)37～40℃　(C)40～45℃　(D)45～50℃

33. BE017 事故报告应遵循的原则是( )。
(A)事故原因不清不放过
(B)生产事故单位负责人应立即向上一级领导和应急办公室报告
(C)当发生火灾时应立即拨打火警电话999
(D)报告事故情况

34. BE017 事故报告的内容包括( )。
(A)事故发生的原因　　　　　　(B)事故发生的责任人
(C)人员受伤程度和现场情况　　(D)因本次事故而得出的经验教训

35. BE018 下列不属于事故处理应遵循原则的是( )。
(A)必须坚持事故原因分析不清不放过

(B)事故责任者和群众没有受到教育不放过
(C)没有采取切实可行的防范措施不放过
(D)没有罚款不放过

36. BE018 事故处理遵循（ ）原则。
    (A)二不放过　　(B)三不放过　　(C)四不放过　　(D)五不放过

37. BE019 为防止火灾误报造成损失，（ ）一般处于关闭状态。
    (A)信号蝶阀　　(B)过滤器　　(C)球阀　　(D)电磁阀

38. BE019 压力式雨淋报警阀组主要由水源控制阀（蝶阀）、雨淋阀、手动应急装置、自动滴水阀、（ ）等组成。
    (A)弹簧、弹簧压盖、调节螺栓
    (B)定子、转子、划片
    (C)排水球阀、供水侧压力表、控制腔压力表
    (D)手轮、O形圈、压盖

39. BE020 雨淋装置及其辅件应（ ）进行一次维护保养。
    (A)每月　　(B)每季度　　(C)每年　　(D)每半年

40. BE020 雨淋阀组应该（ ）做一次主排水试验与报警。
    (A)每月　　(B)每季度　　(C)每年　　(D)每半年

41. BE021 雨淋报警阀的自动滴水阀漏水可能是（ ）。
    (A)常闭阀打开了
    (B)复位轴中的销子是否弯曲或损坏定期试验及灭火工作后没有将系统侧管内的余水排尽
    (C)警铃进水口处的喷嘴堵塞
    (D)铃锤是否齐全或铃锤卡死

42. BE021 若雨淋系统因安装调试时没有将系统侧管内的余水排尽而造成的自动滴水阀漏水应如何处理（ ）。
    (A)打开放水阀排除管内余水　　(B)控制阀门
    (C)隔膜的运动　　(D)阀门启动压力

43. BE022 雨淋阀报警警铃不报警的故障原因可能是（ ）。
    (A)水中的杂质堵住了报警管道上过滤器的过滤网
    (B)常闭阀门打开了
    (C)产品有自身的质量问题
    (D)复位轴中的销子是否弯曲或损坏定期试验及灭火工作后没有将系统侧管内的余水排尽

44. BE022 消防水质不干净、有杂物，会堵住进入隔膜室的管道上的过滤器，从而导致（ ）。
    (A)雨淋阀不动作　(B)雨淋阀不报警　(C)雨淋阀长报警　(D)以上全是

（二）多项选择题（每题四个选项，至少两个是正确的，将正确的选项填入括号内）

1. BE004 有些场合是不能进行高处作业的，这些高处作业禁止的场合有（ ）。
   (A)在作业点邻近地设有排放有毒、有害气体
   (B)在作业点有排放粉尘的设备及粉尘超出允许范围
   (C)有排放浓度的烟囱的
   (D)6级以上大风的天气下

(三)判断题(对的画"√",错的画"×")

( )1. BE001　高处作业许可证最长有效时间为7天,存档保存期为6个月。

( )2. BE002　现场安全环保措施和监督手段属于高处作业计划书内容。

( )3. BE003　高处作业应设监护人对高处作业人员进行监护,监护人应坚守岗位。

( )4. BE004　在4级风以上和雷电、暴雨、大雾等恶劣气候条件下影响施工安全时,禁止进行露天高处作业。

( )5. BE005　10m以上的高处作业与地面联系应有专人负责的通信装置。

( )6. BE006　用单面梯时,脚距梯子顶端不得少于四档,人字梯不得少于三档。

( )7. BE007　进入有限空间作业许可证应一项一办,禁止多项作业共用一个许可证。

( )8. BE008　作业有限空间的温度应低于90℃。

( )9. BE009　进入有限空间作业时,监护人应和作业人员拟定联络信号。在出入口处保持与作业人员的联系,发现异常,应及时制止作业,并立即采取救护措施。

( )10. BE010　进入有限空间作业人员,作业前应检查安全措施是否符合要求。

( )11. BE011　有限空间作业可采用自然通风,必要时可向有限空间通氧气。

( )12. BE012　在清理有限空间少量可燃物料残渣、沉淀物时,可以使用铁器敲击、碰撞。

( )13. BE013　凡进入有限空间内抢救的人员,应佩戴长管式防毒面具或正压式呼吸器等隔离式呼吸器,禁止使用过滤式防毒面具。

( )14. BE014　进入有限空间作业时,无监护人也可以进行作业。

( )15. BE015　发现火险时,在保证生命安全的前提下,就近取灭火器进行扑救,着火时切勿完全关闭阀门,以防回火发生爆炸。

( )16. BE016　当发现有人一氧化碳中毒时,及时将中毒者放置在空气新鲜、流通处。

( )17. BE017　生产运行单位任何突发事件,大事报告、小事自行处理即可。

( )18. BE018　在调查处理工伤事故时,必须坚持事故原因分析不清不放过。

( )19. BE019　雨淋报警阀组能达到报警、控火、灭火的目的。

( )20. BE020　消防值班员每周至少检查一次雨淋报警阀的水位、水压和相应阀门所处的状态是否正确。

( )21. BE021　雨淋报警阀组的自动滴水阀在水无压力下能自动排水,在水压作用下能保持密封。

( )22. BE022　雨淋报警阀防复位器不能复位可能是因为常闭阀门打开了。

二、技能操作试题

(一)AD001　更换雨淋阀隔膜

1. 考核要求

(1)必须穿戴劳动保护用品。

(2)工具、量具、用具准备齐全,正确使用。

(3)操作程序符合安全文明操作。

(4)按规定完成操作项目,质量达到技术要求。

(5)操作完毕,做到工完、料净、场地清。

2. 准备要求

工具、材料、设备准备。

序号	名称	规格	数量	备注
1	螺丝刀		1把	
2	扳手		1把	
3	雨淋阀工艺		1套	考试专用

3. 操作程序说明

(1) 正确选用工具、用具和使用材料。
(2) 拆卸雨淋阀侧盖。
(3) 检查更换损坏隔膜。
(4) 对角上螺栓紧固侧盖。
(5) 开启雨淋阀调试。
(6) 清洁收回工具。
(7) 穿戴劳保,按规程操作。

4. 考核规定说明

(1) 如操作违章或未按操作程序执行操作,将停止考核。
(2) 考核采用百分制,考核项目得分按鉴定比重进行折算。
(3) 考核方式说明:该项目为实际操作,考核过程按评分标准及操作过程进行评分。
(4) 测量技能说明:本项目主要测量考生对更换雨淋阀隔膜掌握的熟练程度。

5. 考核时限

(1) 考核时间:15min。
(2) 计时从领取工具、材料开始,至交回工具、材料为止。
(3) 规定时间完成,超时停止工作。
(4) 违章操作或发生事故停止工作。

6. 评分记录表

序号	考核内容	考核要求	配分	评分标准	检测结果	得分	扣分	备注
1	工具材料准备	正确选用工具、用具和使用材料	10	工具、用具少选一件扣2分,选错一件扣2分				
				材料少选一件扣2分				
2	拆卸侧盖	拆卸雨淋阀侧盖	20	用扳手拆卸螺栓,未对角拆下扣10分				
				拆卸时损坏侧盖扣10分				
3	更换隔膜	检查更换损坏隔膜	30	更换前未清洁内部扣10分				
				隔膜安装不到位扣10分				
				未安装隔膜扣20分				

续表

序号	考核内容	考核要求	配分	评分标准	检测结果	得分	扣分	备注
4	安装侧盖	对角上螺栓,紧固侧盖	20	螺栓未对角紧固扣10分				
				侧盖松动不到位扣10分				
5	调试	开启雨淋阀调试	10	未调试扣10分				
6	工具用具收回	清洁收回工具	10	不清洁工具扣5分,不收回5分				
				回收工具用具,少一件扣2分				
7	安全生产	穿戴劳保,按规程操作		不穿戴劳保扣10分,少一件扣3分				从总分中扣除
				操作中违反安全规定,取消考试资格				
	合计		100					

(二) AD002 排除消防自控系统不能开启的故障

1. 考核要求

(1)必须穿戴劳动保护用品。

(2)工具、量具、用具准备齐全,正确使用。

(3)操作程序符合安全文明操作。

(4)按规定完成操作项目,质量达到技术要求。

(5)操作完毕,做到工完、料净、场地清。

2. 准备要求

工具、材料、设备准备。

序号	名称	规格	数量	备注
1	螺丝刀		1把	
2	扳手		1把	
3	消防自控系统工艺		1套	考试专用
4	绝缘电阻表		1台	
5	万用表		1台	

3. 操作程序说明

(1)正确选用工具、用具和使用材料。

(2)检查远传压力表是否故障。

(3)检测线路有无短路、断路、绝缘不到位。

(4)检查配电室,测试零部件电压,排除故障。

(5)检查自动控制系统,排除故障。

(6)检查气囊开关是否故障。

(7)清洁收回工具。

(8)穿戴劳保,按规程操作。

4. 考核规定说明

(1)如操作违章或未按操作程序执行操作,将停止考核。

(2)考核采用百分制,考核项目得分按鉴定比重进行折算。

(3)考核方式说明:该项目为实际操作,考核过程按评分标准及操作过程进行评分。

(4)测量技能说明:本项目主要测量考生对排除消防自控系统不能开启的故障掌握的熟练程度。

5. 考核时限

(1)考核时间:15min。

(2)计时从领取工具、材料开始,至交回工具、材料为止。

(3)规定时间完成,超时停止工作。

(4)违章操作或发生事故停止工作。

6. 评分记录表

序号	考核内容	考核要求	配分	评分标准	检测结果	得分	扣分	备注
1	工具材料准备	正确选用工具、用具和使用材料	5	工具、用具少选一件扣2分,选错一件扣2分				
				材料少选一件扣2分				
2	检查远传压力表	检查远传压力表是否故障	15	未检查压力表扣15分				
				排除不了压力表故障扣5分				
3	线路故障	绝缘电阻表检测线路,有无短路、断路、绝缘不到位	25	未检查线路扣25分				
				不能排除线路故障扣10分				
4	检查配电室	万用表测试零部件电压,排除故障	25	未检查配电室零部件扣25分				
				不能排除零部件故障扣10分				
5	检查自动控制系统	与自动控制系统连接不牢固,排除故障	15	未检查自动控制系统扣15分				
				不能排除故障扣10分				
6	检查气囊开关	检查气囊开关是否故障	10	未检查扣10分				
				未更换排除故障扣5分				
7	工具用具收回	清洁收回工具	5	不清洁工具扣5分,不收回2分				
				回收工具用具,少一件扣2分				
8	安全生产	穿戴劳保,按规程操作		不穿戴劳保扣10分,少一件扣3分				从总分中扣除
				操作中违反安全规定,取消考试资格				
	合计		100					

(三) AD003 排除及预防冬季蒸汽系统冻结故障

1. 考核要求

(1) 必须穿戴劳动保护用品。

(2) 工具、量具、用具准备齐全,正确使用。

(3) 操作程序符合安全文明操作。

(4) 按规定完成操作项目,质量达到技术要求。

(5) 操作完毕,做到工完、料净、场地清。

2. 准备要求

工具、材料、设备准备。

序号	名称	规格	数量	备注
1	微型"F"型扳手		1把	
2	防爆"F"型扳手	300mm	1把	
3	活动扳手	250mm	1把	
4	梅花扳手	17/19mm,22/24mm	2把	
5	消防皮带	10m	1条	
6	钳子		1把	
7	细铁丝		少量	
8	蒸汽管线短接头		1个	
9	电伴热带		1台	
10	热水壶		1个	热水蒸烫用
11	疏水阀		1个	考试专用
12	截止阀		1个	考试专用
13	管线	DN50,1m	1段	考试专用

3. 操作程序说明

(1) 正确选用工具、用具和使用材料。

(2) 检查蒸汽系统管线和相关的设备设施管线是否冻结。

(3) 排除泵房蒸汽疏水阀冻结问题。

(4) 排除管线、阀门冻结问题。

(5) 清洁收回工具。

(6) 穿戴劳保,按规程操作。

4. 考核规定说明

(1) 如操作违章或未按操作程序执行操作,将停止考核。

(2) 考核采用百分制,考核项目得分按鉴定比重进行折算。

(3) 考核方式说明:该项目为实际操作,考核过程按评分标准及操作过程进行评分。

(4) 测量技能说明:本项目主要测量考生对排除及预防冬季蒸汽系统冻结故障掌握的熟练程度。

5. 考核时限

(1)考核时间:30min。

(2)计时从领取工具、材料开始,至交回工具、材料为止。

(3)规定时间完成,超时停止工作。

(4)违章操作或发生事故停止工作。

6. 评分记录表

序号	考核内容	考核要求	配分	评分标准	检测结果	得分	扣分	备注
1	工具材料准备	正确选用工具、用具和使用材料	5	工具、用具少选一件扣2分				
				材料少选一件扣2分				
2	检查蒸汽系统	检查蒸汽系统和相关设备设施管线是否冻结	20	未描述要检查蒸气压力表是否在正常范围内扣5分				口述
				描述检查站内全部蒸汽放散口是否有蒸汽放散,少一个扣3分				
				未检查与蒸汽相关的所有设备设施是否冻结扣5分				
				未检查蒸汽管线保温层扣5分				
				未检查所有排凝口是否有蒸汽冒出扣5分				
3	解决泵房蒸汽疏水阀冻结问题	处理疏水阀冻结	20	疏水阀排水口旋错方向,用力过猛致使螺纹滑扣的扣5分				口述疏水阀原理
				不知道怎么排除疏水阀故障扣10分				
				不知道泵房蒸汽冻结需要处理疏水阀的扣5分				
				工具使用错误的扣5分				
4	解决管线、阀门冻结问题	用热水解冻管线、阀门	15	热水壶里面水烫伤人的10分				
				解冻时不旋动阀门的扣5分				
5	工具用具收回	用电伴热带加热冻结的管线	15	使用电伴热带未做好防护措施的扣10分				
				电伴热带缠绕方法不对的扣5分				
		用蒸汽吹扫冻结管线	20	不会连接蒸汽皮管到蒸汽管线上的扣10分				
				蒸汽皮管连接不牢固泄漏的扣5分				
				吹扫管线时没有来回移动,只在一个地方不停吹扫的扣5分				

续表

序号	考核内容	考核要求	配分	评分标准	检测结果	得分	扣分	备注
5	工具用具收回	清洁收回工具	5	不清洁工具扣5分,不收回扣2分				
				回收工具用具,少一件扣2分				
6	安全生产	穿戴劳保,按规程操作		不穿戴劳保扣10分,少一件扣3分				从总分中扣除
				操作中违反安全规定,取消考试资格				
	合计		100					

三、答案

(一)单项选择题

1. C 2. C 3. C 4. D 5. C 6. A 7. A 8. B 9. C 10. B 11. B
12. A 13. D 14. C 15. B 16. B 17. A 18. A 19. A 20. C 21. B 22. B
23. B 24. C 25. B 26. A 27. D 28. A 29. B 30. C 31. D 32. B 33. B
34. C 35. D 36. C 37. D 38. C 39. C 40. B 41. B 42. A 43. D 44. A

(二)多项选择题

1. ABCD

(三)判断题

1. ×　高处作业许可证最长有效时间为7天,存档保存期为12个月。　2. √　3. √　4. ×　在6级风以上和雷电、暴雨、大雾等恶劣气候条件下影响施工安全时,禁止进行露天高处作业。　5. ×　30m以上的高处作业与地面联系应有专人负责的通信装置。6. ×　用单面梯时,脚距梯子顶端不得少于四档,人字梯不得少于两档。　7. √　8. ×　作业有限空间的温度应低于60℃。　9. √　10. √　11. ×　有限空间作业可采用自然通风,必要时可再采取强制通风方法。　12. ×　在清理有限空间少量可燃物料残渣、沉淀物时,必须使用不产生火花的工具(木、铜质工具),严禁用铁器敲击、碰撞。　13. √　14. ×　禁止有限空间内无监护人的作业。　15. √　16. √　17. ×　生产运行单位任何突发事件,不论大小,都应报告。　18. ×　在调查处理工伤事故时,必须坚持事故原因分析不清不放过、当事人没受到教育不放过、事故责任人没受到处理不放过。　19. √　20. √　21. √　22. ×　雨淋报警阀防复位器不能复位可能是因为水质太脏,有细小物质进入防复位器密封面处而造成的。

第八章　危险化学品的安全管理

GAC001 危险化学品分类及危害

按中国目前已公布的法规、标准,将危险化学品分为八大类,每一类又分为若干项。

第一类:爆炸品。
第二类:压缩气体和液化气体。
第三类:易燃液体。
第四类:易燃固体、自燃物品和遇湿易燃物品。
第五类:氧化剂和有机过氧化物。
第六类:毒害品。
第七类:放射性物品。
第八类:腐蚀品。

危险化学品对人体的危害主要有急性中毒、慢性中毒、亚急性中毒三种方式;对存在潜在危害的关键活动或重要步骤进行风险评价,应采用LEC法分析。

第一节　危险化学品的储存

GAC002 危险化学品储存场所的要求

一、危险化学品储存场所的要求

(1)国家对危险化学品的储存实行审批制度,未经审批,任何单位和个人都不得储存危险化学品。
(2)危险化学器储存单位必须有符合国家标准的储存方式、设施。
(3)仓库的周边防护距离符合国家标准或者国家有关规定。
(4)有符合储存需要的管理人员和技术人员。
(5)有健全的安全管理制度。
(6)符合法律、法规规定和国家标准要求的其他条件。

GAC003 危险化学品储存方式

二、危险化学品储存方式

危险化学品存储方式及要求参见 GB 15603—1995《常用化学危险品贮存通则》、《危险化学品安全管理条例》的相关规则执行。

(一)液化石油气的存储设备

LPG 储罐(包括球形储罐、卧式储罐)、LPG 钢瓶、LPG 运输工具(包括 LPG 船、LPG 铁路罐车、LPG 公路罐车);

国内近海和内河水运液化石油气的槽船以及常见的液化石油气储罐的储存方式一般是常温压力式储罐。

(二)储存方式

危险化学品的储存方式有隔离储存、隔开储存、分离储存。
(1)隔离储存:在同一房间或同一区域内,不同的物料之间分开一定的距离,非禁忌物料间用通道保持空间的储存方式。

(2)隔开储存：在同一建筑或同一区域内，用隔板或墙将其与禁忌物料分离开的储存方式。

(3)分离储存：在不同的建筑物内或远离所有的外部的建筑区域内的储存方式。

(4)禁忌物料：化学性质相抵触或灭火方法不同的化学物料。

三、危险化学品储存量的限制

GAC004 危险化学品储存量的限制

液化石油气的充装量必须精确计量和严格控制，禁止用储罐减量法（即根据钢瓶充装前后储罐存液量之差）来确定充装量。充装过量的罐车、钢瓶，必须及时将超装的液量妥善抽出。

液化石油气储罐的充装量必须严格控制，严禁超过储罐的最大允许充装量。

生产单位终止生产危险化学品时应当在终止生产后3个月内办理注销登记手续；危险化学品零售业务的店面内只许存放民用小包装的危险化学品，其存放总质量不得超过1t；经营化学品零售业务的店面经营面积应不少于60m^2；单位临时需要购买剧毒化学品的应凭本单位出具的证明到市级的公安部门申领准购证。

第二节 危险化学品的安全管理要求

一、危险化学品管理要求

GAC005 危险化学品管理

从事危险化学品经营、储存、运输，使用危险化学品和处置废弃危险化学品的单位，其主要负责人必须保证本单位危险化学品的安全管理符合有关法律、法规、规章的规定和国家标准的要求，并对本单位危险化学品的安全负责。危险化学品的单位必须遵守《城镇燃气设计规范》(GB 50028—2006)、《危险化学品安全管理条例》、《特种设备安全监察条例》等相关规定，所使用的压力容器必须按国家的相关规定进行定期检验。

液化石油气场站所有的维修工作应由具有取得相应资质的人员进行。

液化石油气库区的内部照明应采用防爆灯，开关应设在库房外面。

大中型危险化学品仓库应与周围公共建筑物、交通干线、工矿企业等距离至少保持1km的距离，危险化学品安全技术说明书每5年要更换一次。

二、危险化学品消防措施要求

GAC006 危险化学品消防措施

液化石油气场站内的消防设施设计应符合现行国家标准的相关规定，设置消防系统和配套的消防设施。液化石油气供应基地、汽化站和混气站在同一时间内的火灾次数应按一次考虑，其消防用水量应按储罐区一次最大小时消防用水量确定。

液化石油气站内干粉灭火器的配置除应符合《城镇燃气设计规范》的规定外，还应符合现行国家标准《建筑灭火器配置设计规范》(GB 50140—2006)的规定。要求每个设置点不得少于2具，不宜超过5具8kg的干粉灭火器，根据场所具体情况可设置部分 35kg 手推式干粉灭火器。电气场所可设置二氧化碳灭火器,每个设置点不得少于 2 具。

液化石油气相关的设备、建筑物及构筑物要有满足要求的防范保护设施和消防设施。

液化石油气库中的消火栓、消防泵及喷淋装置应每半个月检查一次。

三、废弃物处理要求

GAC007 废弃物处理要求

液化石油气供应基地、汽化站和混气站生产区的排水系统应采取防止液化石油气排入其他地下管道或低洼部位的措施。

应按危险化学品的特性选择用化学方法还是物理方法处理废弃物品,危险化学品的废弃物任意抛弃,一定会造成环境污染,甚至酿成隐患引发事故。

高级工练习题及答案

一、理论知识试题

(一) 单项选择题(每题四个选项,只有一个是正确的,将正确的选项号填入括号内)

1. AC001　危险化学品对人体的危害主要有(　　)。
　　(A)急性中毒　　(B)慢性中毒　　(C)亚急性中毒　　(D)以上全是
2. AC001　属于危险化学品的是(　　)。
　　(A)爆炸品　　　　　　　　　(B)压缩气体和液化气体
　　(C)易燃液体　　　　　　　　(D)以上均是
3. AC002　国家对危险化学品的储存实行(　　)。
　　(A)审批制度　　(B)严格控制　　(C)合理布局　　(D)以上全是
4. AC002　危险化学品的(　　)应当符合国家标准或者国家有关规定。
　　(A)储存方式　　(B)储存方法　　(C)储存数量　　(D)以上全是
5. AC003　危险化学品的储存方式为(　　)。
　　(A)隔离储存　　(B)隔开储存　　(C)分离储存　　(D)以上全是
6. AC003　国内近海和内河水运液化石油气的槽船的储存方式一般是(　　)储罐。
　　(A)低温常压　　(B)常温压力式　　(C)低温高压　　(D)常温高压
7. AC004　生产单位终止生产危险化学品时应当在终止生产后(　　)内办理注销登记手续。
　　(A)半个月　　(B)3个月　　(C)6个月　　(D)9个月
8. AC004　危险化学品零售业务的店面内只许存放民用小包装的危险化学品,其存放总质量不得超过(　　)。
　　(A)10t　　　(B)2t　　　(C)1t　　　(D)没要求
9. AC005　液化石油气库区的内部照明应采用(　　),开关应设在库房外面。
　　(A)防爆灯　　(B)卤素灯　　(C)白炽灯　　(D)节能灯
10. AC005　大中型危险化学品仓库应与周围公共建筑物、交通干线、工矿企业等距离至少保持(　　)。
　　(A)100m　　(B)2000m　　(C)1000m　　(D)500m
11. AC006　液化石油气库中的消火栓、消防泵及喷淋装置应每(　　)检查一次。
　　(A)半个月　　(B)1个月　　(C)1年　　(D)3个月
12. AC006　液化石油气压缩机房与泵室应配置干粉灭火器不能低于(　　)具。
　　(A)2　　　(B)3　　　(C)5　　　(D)4
13. AC007　应按危险化学品的(　　)选择用化学方法还是物理方法处理废弃物品。
　　(A)特性　　(B)质量　　(C)数量　　(D)危险等级
14. AC007　危险化学品的废弃物任意抛弃,一定会(　　)。
　　(A)产生臭气　　(B)引发火灾　　(C)污染环境　　(D)发生爆炸

(二) 判断题(对的画"√",错的画"×")

(　　)1. AC001　液化石油气是危险化学品的一种。

(   )2. AC002   储存危险化学品的仓库周边防护距离应符合行业标准。

(   )3. AC003   隔开储存就是在同一建筑或同一区域内,用隔板或墙将其与禁忌物料分离开的储存方式。

(   )4. AC004   充装过量的槽车、气瓶,必须及时将超装的液量妥善抽出。

(   )5. AC005   危险化学品安全技术说明书每 10 年要更换一次。

(   )6. AC006   电气场所可设置二氧化碳灭火器,每个设置点不得少于 2 具。

(   )7. AC007   危险品可随意抛弃。

二、答案

(一)单项选择题

1. D   2. D   3. A   4. D   5. D   6. B   7. B   8. C   9. A   10. C   11. A
12. A   13. A   14. C

(二)判断题

1. √   2. ×   储存危险化学品的仓库周边防护距离应符合国家标准或者国家有关规定。
3. √   4. √   5. ×   危险化学品安全技术说明书每 5 年要更换一次。   6. √   7. ×   危险品不得任意抛弃,应做适当处理。

液化石油气库站运行工高级模拟试卷及参考答案

理论知识试卷

考试时间:90 分钟

一、判断题(第 1 题~第 40 题。将判断结果填入括号中。正确的填"√",错误的填"×"。每题 0.5 分,满分 20.0 分)

(   )1. 存在易燃气体、易燃液体的蒸气或薄雾,其浓度在爆炸极限以内就会产生爆炸。

(   )2. 在液化石油气的生产、储存、运输和使用过程中,一旦罐车、储罐发生泄漏,高浓度的液化石油气吸入人体,会使人昏迷、呕吐,严重时可能使人窒息死亡。

(   )3. 液化石油气一定要在开放的、具有足够强度的容器中储存。

(   )4. 为防止电气设备将周围爆炸性气体环境引燃而采取将电气设备装入一个容器内使用。

(   )5. 粉尘、纤维爆炸危险环境划分为 0 区、1 区、2 区。

(   )6. 国家标准对机械图样中的字体形式做了规定。

(   )7. 为了便于看图,在视图中一般只画出机件的可见部分,必要时可画出其不可见部分。

(   )8. 润滑剂没有防锈、减振、密封、传递动力等作用。

(   )9. "五定""三过滤"中的"定人"意思是每台设备专人加油。

(   )10. 隔开储存就是在同一建筑或同一区域内,用隔板或墙将其与禁忌物料分离开的储存方式。

(   )11. 液化石油气库站装车区要有足够的汽车罐车回转的半径。

(   )12. 卧式储罐罐体在安装之后,应对罐基础做沉降试验,以保证基础稳定,罐体不发生位移。

(   )13. 在生产中能形成封闭液体的工艺管道上不必设置管道安全阀。

(   )14. 用管道输送液态液化石油气时,对其流量没有要求。

(   )15. 液化石油气管道、弯头应采用煨制弯头,其弯曲半径为管径的 4 倍。

(   )16. 压力管道全面检验内容包括对管道焊缝进行射线或超声波探伤检查。

(   )17. 储罐的检查周期一般根据储罐的技术状况及使用条件,由使用单位自行确定,但每半年至少应进行一次外部检查。

(   )18. 压力容器一般应当于投用满 3 年时进行首次全面检验。

(   )19. 储罐检验前必须切断与储罐有关的电源。

(   )20. 管道安全阀是专为液化石油气液相管上设置的安全装置,以防止管路憋压过高而造成事故。

(   )21. 液化石油气设备和系统一般采用弹簧式安全阀。

(   )22. 储罐与管道年度检验结论为暂停运行,是指安全附件存在逾期未解决的问题,问题解决并且经过确认后,允许恢复运行。

147

( )23. 如果安全阀的检验结论是监督运行,应当注明监督运行措施。
( )24. 安全阀因阀门排放能力过大而导致阀瓣频繁启闭的应更换大排量阀门。
( )25. 安全回流阀的开启压力,可根据需要进行调节。
( )26. 当更换截止阀零部件时,不宜使用钢质以防液化石油气含硫造成慢性腐蚀。
( )27. 截止阀杆腐蚀、生锈会损伤阀门填料,引起阀门填料函处泄漏。
( )28. 阀门密封填料加入数量不够,密封填料压盖不能够压紧,液体渗漏时,应调整压盖。
( )29. 带压堵漏技术所用密封剂应具有固化性。
( )30. 带压堵漏技术,不适用于法兰的泄漏修补。
( )31. 管道弯头、三通、直管泄漏密封时,注入密封剂的方法与法兰密封法相同。
( )32. 对焊接上产生裂纹而造成的泄漏,在无法控制裂纹延伸的情况下不宜采用带压堵漏技术。
( )33. 压缩机机油太脏,可能会引起工作面温度降低。
( )34. 阀片、弹簧损坏会造成活塞式压缩机填料漏气。
( )35. 检查活塞环开口间隙或更换是活塞环漏气的处理方法。
( )36. 滑片泵当容积逐渐增大时空腔内形成真空,在吸入区将介质吸入。
( )37. 因滑片泵叶片滑不出来,需缓慢关闭旁通仍不升压,则拆卸泵检查叶片是否卡死。
( )38. 因离心泵转动部分与固定部分有摩擦,造成机身振动或噪声大,需更换新叶轮。
( )39. 离心泵发生汽蚀时,可能的原因是泵内有气。
( )40. 力学传感器的种类繁多,应用最为广泛的是压阻式压力传感器,它具有极低的价格和较高的精度以及较好的线性特性。

二、单项选择题(第41题~第160题。选择一个正确的答案,将相应的选项号填入题内的括号中。每题0.5分,满分60.0分)

41. 液化石油气在容器中呈气、液两相存在,其气相密度是空气密度的( )倍。
 (A)0.5~1 (B)1.5~2 (C)250~300 (D)10~16

42. 液化石油气液态变为气态要( ),气态变液态时要( )。
 (A)缩小、膨胀 (B)放热、吸热 (C)吸热、放热 (D)以上都有

43. 液化石油气由温度而引起的体积膨胀系数大约是水的( )倍。
 (A)0.5~1 (B)1.5~2 (C)250~300 (D)10~16

44. 液化石油气储罐中气体的露点和液体的沸点等于( )。
 (A)汽化时的温度 (B)气液相平衡时的温度
 (C)气液相平衡时的压力 (D)标准大气压下的温度

45. 液化石油气中( )含量过多,会使用液化石油气混合物的饱和蒸气压升高,对储存设备的安全造成影响。
 (A)乙烷和乙烯 (B)丙烷 (C)正丁烷 (D)戊烷

46. 液体在( )下达到沸腾时的温度称为沸点。
 (A)101.3kPa (B)1kPa (C)201.3kPa (D)103.8kPa

47. 爆炸性气体蒸气薄雾按引燃温度分为( )组。
 (A)3 (B)5 (C)6 (D)7

48. 对在正常运行条件下不会产生电弧、火花的电气设备采取一些附加措施以提高其安全

程度,防止其内部和外部部件可能出现危险温度、电弧和火花的可能性的防爆形式称为( )。
(A)隔爆型电气设备　　　　　　　(B)增安型电气设备
(C)正压型电气设备　　　　　　　(D)充油型电气设备

49. 增安型电气设备的代号是( )。
(A)d　　　　(B)g　　　　(C)e　　　　(D)m

50. 爆炸性气体环境用电气设备分为( )。
(A)2 类　　　(B)3 类　　　(C)4 类　　　(D)5 类

51. 根据爆炸危险区域划分,正常运行时可能出现爆炸性气体混合物的环境为( )区。
(A)2 区　　　(B)0 区　　　(C)1 区　　　(D)以上均是

52. 机械图样是生产中最基本的( ),是设计、制造、检验、装配产品的依据。
(A)文件　　　(B)技术文件　(C)图纸　　　(D)指导方法

53. 机械制图中,通常把人的视线当作互相平行的投影线,物体的正投影称为( )。
(A)主视图　　(B)俯视图　　(C)左视图　　(D)右视图

54. 螺纹分为标准螺纹、非标准螺纹和( )。
(A)管螺纹　　(B)内螺纹　　(C)普通螺纹　(D)特殊螺纹

55. 润滑剂的作用是润滑、冷却、冲洗、密封、减震、卸荷及( )设备。
(A)支撑　　　(B)减少摩擦　(C)保护　　　(D)防尘

56. 在夏季和高温条件下工作的摩擦面应选择( )的润滑脂。
(A)滴点高　　(B)滴点低　　(C)钙基润滑脂　(D)黏度大

57. 气缸油、齿轮油一级过滤用的型号是( )。
(A)40 目(0.45mm) (B)60 目　(C)80 目　　(D)120 目

58. 危险化学品经营单位的( )对本单位的危险化学品安全管理工作全面负责。
(A)主要负责人　(B)管理人员　(C)库房保管　(D)以上均是

59. 爆炸性粉尘、纤维按引燃温度分为( )组。
(A)3　　　　(B)5　　　　(C)6　　　　(D)7

60. 生产单位终止生产危险化学品时应当在终止生产后( )内办理注销登记手续。
(A)半个月　　(B)3 个月　　(C)6 个月　　(D)9 个月

61. 液化石油气库区的内部照明应采用( ),开关应设在库房外面。
(A)防爆灯　　(B)卤素灯　　(C)白炽灯　　(D)节能灯

62. 应按危险化学品的( )选择用化学方法还是物理方法处理废弃物品。
(A)特性　　　(B)质量　　　(C)数量　　　(D)危险等级

63. 球形储罐的技术要求规定球罐制造罐体和( )的材料必须有质量合格证明书。
(A)液位计　　(B)安全阀　　(C)受压元件　(D)紧急切断阀

64. 液化石油气库中的消火栓、消防泵及喷淋装置应每( )检查一次。
(A)半个月　　(B)1 个月　　(C)1 年　　　(D)3 个月

65. 架空敷设的液化石油气管道跨越电力牵引铁路时,距离铁道钢轨面不小于( )。
(A)4.5m　　　(B)6.5m　　　(C)5.5m　　　(D)2.5m

66. 埋地敷设的液化石油气管道应避免穿越( )地区。
(A)城镇　　　(B)村庄　　　(C)地形复杂　(D)以上全是

67. 安全阀阀杆因缺润滑剂而导致阀杆升降失灵的应( )。

(A)清洗　　　　　(B)修理　　　　　(C)更换润滑剂　　　(D)换用合适材料

68. 安全阀阀门因弹簧疲劳而导致灵敏度不高或失灵的应( )。
(A)更换合格品　(B)清洗　　　(C)检修　　　　(D)重新调节灵敏度

69. 丙烷的闪点较低,约为( )。
(A)－82.78℃　(B)－80℃　　(C)－108℃　　　(D)－104℃

70. 经过定期检查的储罐,由检验单位和检验员按( )的规定提出检查报告。
(A)《压力容器定期检验规则》　　(B)《特种设备检验检测机构核准规则》
(C)《压力容器使用登记管理规则》　(D)《压力容器安全交工技术文件汇编》

71. 活塞式压缩机填料与活塞杆间隙( ),填料函处漏气或发热。
(A)过大　　　　(B)过小　　　(C)适中　　　　(D)三种皆有可能

72. 垫圈因材料老化坏损而泄漏的处理方法( )。
(A)重新选择材料　(B)修理　　　(C)更换垫圈　　(D)清除污物

73. 对液化石油气工艺管道维护检查的说法,不正确的是( )。
(A)定时检查就地安装的压力表是否符合运行压力的工况要求
(B)如果支架、管托松动要加固处理
(C)要定时进行水压试验和气密性试验
(D)埋地管线处有压损和变形情况要及时处理

74. 液化石油气储罐检验时发现筒体、封头内外部表面发现有腐蚀现象时,应对有怀疑部位进行多处( )。
(A)超声波检测　(B)磁粉检测　　(C)射线检测　　(D)壁厚测量

75. 离心泵的主要部件有泵壳、轴、( )、轴封等。
(A)平衡盘　　　(B)吸入室　　　(C)压盖　　　　(D)叶轮

76. 不是离心泵汽蚀的现象是( )。
(A)泵体振动　　(B)压力表归零　(C)噪声强烈　　(D)电流波动

77. 在( )原来的密封结构,新的密封结构易拆卸也是带压堵漏技术的特点。
(A)破坏　　　　(B)很难拆除　　(C)轻易拆除　　(D)不破坏

78. 活塞式压缩机的主要零部件为机身、曲轴、连杆、( )、汽缸、活塞等。
(A)滑片　　　　(B)定子　　　　(C)十字头　　　(D)转子

79. 不是离心泵轴承温度过高的原因是( )。
(A)润滑油过多　(B)润滑油过少　(C)泵轴弯曲　　(D)排量小

80. 伺服式液位计可以测量( )。
(A)密度　　　　(B)油水界面　　(C)单点和平均温度　(D)以上均可

81. 储罐区的地面应设计成不发生火花的混凝土地面,罐区四周要砌筑高度不低于( )的非燃烧实体防护堤。
(A)2m　　　　　(B)1.5m　　　 (C)1.8m　　　　(D)1m

82. 汽化器是可以把液态烃由液态转化为( )并加热至一定温度的热交换器。
(A)液态　　　　(B)气态　　　　(C)固态　　　　(D)气液相互

83. 进入蒸汽汽化器的液化石油气的气体温度应控制在( )以下。
(A)60℃　　　　(B)45℃　　　　(C)90℃　　　　(D)50℃

84. 汽化器操作程序第二步为开启汽化器的( )操作阀,保持气体出口管路的畅通。

(A)液相进口 　　　(B)气相出口 　　　(C)排污 　　　(D)以上全是

85. 新安装的压缩机或大修后的压缩机开机前先点动电动机,检查压缩机的转向是否正确,压缩机转向为( )。
(A)站在操作面看为反时针方向　　(B)站在压缩机电机后面看为顺时针方向
(C)站在压缩正面看为反时针方向　　(D)站在操作面看为顺时针方向

86. 采用热水加热的汽化器,每( )要更换一次新水。
(A)半年 　　　(B)季度 　　　(C)1 年 　　　(D)2 年

87. 汽化器出口管温度( )入口温度。
(A)高于等于 　　(B)等于 　　(C)低于 　　(D)高于

88. 活塞式压缩机十字头因断油而使滑板发热拉毛是造成( )发出严重的撞击声的原因。
(A)汽缸 　　　(B)填料函 　　　(C)曲轴箱 　　　(D)十字头

89. 压缩机吸气阀盖发热可能是( )。
(A)吸气阀漏气　(B)压力分配失调　(C)气阀间隙过大　(D)工作面摩擦过热

90. 热水汽化器突然停气,有可能的原因是( )。
(A)突然停电　　　　　　　　　　(B)电磁阀故障或烧坏
(C)液化石油气气体温度过低,电磁阀关闭(D)以上全是

91. 汽化器中液化石油气液面高报警故障可能会引起( )。
(A)升压速度比正常情况下降　　　　(B)热水管漏气
(C)热水汽化器突然停气　　　　　　(D)进口电磁阀自动关闭

92. YSF-1 型液化石油气钢瓶瓶阀通过( )拨转阀铊来开关瓶阀。
(A)阀杆 　　(B)连接板 　　(C)密封 　　(D)阀芯

93. 液化石油气钢瓶的减压阀拧不进角阀中的原因是( )。
(A)角阀接口变形或内螺纹损坏　　(B)耳片损坏
(C)底座损坏　　　　　　　　　　(D)封头开裂

94. 钢瓶阀杆的( )损坏会造成钢瓶角阀泄漏。
(A)阀座 　　(B)密封圈 　　(C)角阀 　　(D)以上均是

95. 电子充装秤安装时,与防静电接地网连接的接地线不小于( )。
(A)4mm^2 　(B)6mm^2 　(C)8mm^2 　(D)没要求

96. 电子充装秤安装后,电源线的零线与接地间电阻必须( ),绝缘电阻( )。
(A)<2Ω、>2MΩ　(B)>2MΩ、<2Ω　(C)<4Ω、>2MΩ　(D)<10Ω、>2MΩ

97. 对液化石油气蒸气压影响大的是( )。
(A)容器的大小 　(B)储存方式 　(C)组分和温度 　(D)大气压

98. Pt100 铂电阻温度计,100℃对应的阻值为( )。
(A)100Ω 　(B)80.31Ω 　(C)60.26Ω 　(D)138.51Ω

99. 一体化温度变送器一般由( )和两线制固体电子单元组成。
(A)测温探头 　(B)热电阻 　(C)热电偶 　(D)以上全是

100. 电子充装秤能自动(人工调整)跟踪液化石油气的( ),确保充气精度与充装安全。
(A)充装速度 　(B)充装质量 　(C)充装液位 　(D)以上均可

101. 防爆场所使用温度变送器时,穿线时应使用( )连接。
(A)穿线管 　(B)防爆挠性管 　(C)密封管 　(D)以上均可

102. 仪表维护安全注意事项为( )。
(A)维护人员由两人以上作业
(B)对可能导致工艺参数波动的作业必须事先取得工艺人员的认可
(C)通电情况下,严禁打开电子单元盖和端子盖
(D)以上全是

103. 温度变送器维修人员应具备的条件是( )。
(A)了解工艺流程及仪表在其中的作用
(B)掌握电工技术基础、电子技术基础等方面的基本理论知识
(C)掌握常用测试仪和有关的标准仪的使用方法
(D)以上全是

104. 扩散硅压力变送器的测压原理为被测介质的压力直接作用于( )上,使膜片产生与介质压力成正比的微位移,使传感器的电阻值发生变化,由电路变换成相应的电流电压信号。
(A)传感器的膜片　(B)转接元件　(C)连接处　(D)电路转换部分

105. 不得用高于( )电压加到压阻式压力变送器上,否则会导致变送器损坏。
(A)24V　(B)36V　(C)50V　(D)以上全部是

106. 用压力变送器测量液体压力时,取压口应开在管道( )侧面。
(A)顶部　(B)下部　(C)侧面　(D)方便操作的一面

107. 压力变送器每( )进行一次内部清理工作。
(A)半年　(B)每周　(C)每年　(D)每月

108. 一般压力表的选用时,最大量程为传感器满量程的( )是最好的。
(A)50%　(B)60%　(C)70%　(D)80%

109. 防爆标志为 ExeⅡBT4 表示防爆电气设备为( )。
(A)ⅠB类隔爆型 T4 组　(B)隔爆型ⅡB级 T4 组
(C)ⅠB级增安型 T4 组　(D)ⅡB级增安型 T4 组

110. 压力变送器接电后没有输出有可能的原因为( )。
(A)变送器接线错误　(B)仪表坏了
(C)电源与仪表不配套　(D)以上全是

111. 伺服式液位计安装时,应注意钢丝的缠绕,钢丝应( )。
(A)垂直安装　(B)均匀缠绕在轮鼓的凹槽中
(C)长度大于测量高度　(D)以上全是

112. 用数字式万用表测量电阻时,如果测量中使用最大挡时,万用表显示"1",则说明被测电路是( )。
(A)开路　(B)短路　(C)电阻过大　(D)以上均是

113. 伺服式液位计的动态矩阵是仪表( )所需的参数。
(A)调试　(B)校验　(C)通信　(D)以上全是

114. BD020伺服液位计进入测密度操作界面时,需先长按( )键进入操作界面。
(A)E　(B)↑　(C)↓　(D)+

115. 储罐的计量需要测量的过程参数有液体压力、平均温度、平均密度以及( )。
(A)液体体积　(B)储罐罐容积　(C)最大充装量　(D)以上全是

116. 伺服式液位计与现场翻板液位计示数差别大的故障处理方法是( )。

(A)先检查翻板液位计是否是假液位　　　(B)检查伺服式液位计是否在运行状态下
(C)检查伺服式液位计的输出值是否正常　(D)以上均是

117. 伺服式液位计最常出现的故障是钢丝张力超过设定的上限,此时浮子不能移动,引起此类故障的原因是(　　)。
(A)伺服式液位计故障　　　　　　(B)钢丝拉力不够
(C)浮子碰壁或毛刺等异物卡住浮子　(D)以上全是

118. 伺服液位计浮子提起时需在(　　)界面按下 E 键。
(A)DOWN　　　(B)UP　　　(C)STOP　　　(D)LEVEL

119. 装车控制仪开机后出现死机或者液晶屏显示白色时,有可能是(　　)。
(A)电源故障　　　　　　　　(B)显示屏的电位器需调整
(C)整机故障　　　　　　　　(D)以上全对

120. 高处作业计划书应由(　　)编写。
(A)作业单位　　(B)生产单位　　(C)监护人　　(D)作业人

121. 装车控制仪开机的出现液晶屏缺笔画或者显示不稳的故障处理是(　　)。
(A)断电重启　　　　　　　　(B)更换液晶屏
(C)调节液晶显示屏的电位器　(D)以上全是

122. 在(　　)以上的高处作业时,应与地面设有专门的通信联系装置。
(A)15m　　(B)30m　　(C)25m　　(D)50m

123. 高处作业所用材料要堆放平稳,必要时要设置(　　),并设专人监护。
(A)辅助区　　(B)材料区　　(C)安全警戒区　　(D)无人区

124. 装车控制系统的流量计故障时,很可能是流量计的光电感应器没有(　　)。
(A)输出　　(B)脉冲输出　　(C)流量输出　　(D)以上全是

125. 装车结束后,流量计表盘指针仍在转动或显示器的数字仍在走,则首先考虑(　　)。
(A)电液阀关闭不严　(B)泵故障　　(C)泄漏　　(D)以上全是

126. 有些场合是不能进行高处作业的,这些禁止高处作业的场合有(　　)。
(A)在作业点邻近地设有排放有毒、有害气体
(B)在作业点有排放粉尘的设备及粉尘超出允许范围
(C)有排放浓度的烟囱的
(D)以上全是

127. 在高处作业之前,对作业人员的要求是(　　)。
(A)接受安全教育　　　　　(B)熟悉现场环境
(C)熟悉施工安全要求　　　(D)以上全是

128. 装车控制仪启动发油后,泵不启动,可能原因是以下哪项(　　)。
(A)泵未送电　　　　　　　(B)装车仪在手动状态
(C)装车仪的控制电源故障　(D)以上全是

129. 静电接地控制器系统的静电接地夹夹于车体或其他导体时,系统仍然处于报警状态,有可能的原因为(　　)。
(A)接地夹的尖顶坏　　　　(B)接触不良
(C)接地线断路　　　　　　(D)以上都是

130. 梯子不得缺档,不得垫高使用。梯子横档间距以(　　)为宜。

(A)10cm　　　　(B)30cm　　　　(C)60cm　　　　(D)70cm

131. 有限空间的作业场所空气中的含氧量应为(　)。
(A)11.5%~13%　(B)19.5%~23%　(C)13.5%~16%　(D)12.5%~19%

132. 高处作业是指在坠落高度基准面(　)以上,有可能坠落的位置进行的作业。
(A)0.5m(含0.5m)　(B)1m(含1m)　(C)2m(含2m)　(D)2.5m(含2.5m)

133. 进入有限空间作业许可证应一项一办,禁止多项作业共用一个许可证,进入有限空间作业许可证存档保存期为(　)个月。
(A)3　　　　　(B)6　　　　　(C)12　　　　　(D)24

134. 有限空间内作业期间由(　)监护人对作业人员进行现场监护。
(A)作业方　　　(B)业主方　　　(C)监理方　　　(D)以上均是

135. 进入有限空间作业,(　)负责作业人员进入和出来时的清点并登记名字。
(A)作业申请人　(B)作业批准人　(C)作业监护人　(D)作业人员

136. 进入有限空间作业照明应使用安全电压不大于(　)的安全行灯。
(A)6V　　　　(B)12V　　　　(C)24V　　　　(D)36V

137. 进入有限空间作业时,对急救工作做法错误的是(　)。
(A)在无防护措施但条件许可可以进入有限空间内救人
(B)进入有限空间内抢救的人员,应佩戴长管式防毒面具
(C)进入有限空间内抢救的人员,应佩戴正压式呼吸器
(D)不准在无防护措施下冒险进入有限空间内救人

138. 对盛装过能产生自聚物的有限空间,作业前必须按有关规定(　)并做聚合物加热试验。
(A)水置换　　　(B)蒸煮　　　(C)氮气置换　　　(D)检测

139. 当泄漏伴随火灾和爆炸时,首先应拨打(　)求助。
(A)119　　　　(B)110　　　　(C)120　　　　(D)114

140. 人员烧伤后,伤员口渴时,可饮少量(　)。
(A)淡盐水　　　(B)苏打水　　　(C)纯净水　　　(D)茶水

141. 电气设备在额定状况下运行时所达到的温度称为(　)。
(A)最高工作温度　(B)工作温度　(C)最高表面工作温度　(D)以上均可

142. 事故发生后,当事人或最先发现者应及时(　),保护事故现场。
(A)拨打120　　　　　　　　　　(B)拨打110
(C)求救　　　　　　　　　　　(D)采取自救、互救措施

143. 发现生产事故后,紧急情况要报警,当事人或发现人应立即向本单位(　)报告,并按规定逐级向上报告。
(A)负责人　　　(B)安全主管　　(C)生产运行监督　(D)维修人员

144. 雨淋阀组的开启方式分为自动、手动和(　)三种方式。
(A)远程手动　　(B)远程自动　　(C)现场启动　　(D)火灾启动

145. 雨淋阀的自动滴水阀漏水可能是(　)。
(A)产品有自身的质量问题
(B)复位轴中的销子是否弯曲或损坏定期试验及灭火工作后没有将系统侧管内的余水排尽

(C)水质不洁很可能造成雨淋阀隔膜球面中线密封处遗有的小杂物或脏水中的杂质
(D)以上全是

146. 雨淋阀组应该( )做一次主排水试验与报警。
(A)每月　　　　(B)每季度　　　　(C)每年　　　　(D)每半年

147. 雨淋阀门隔膜室控制阀关闭会引起( )。
(A)雨淋阀不动作　(B)雨淋阀不报警　(C)雨淋阀长报警　(D)以上全是

148. 机械图样通常由三部分组成,即主视图、( )、左视图。
(A)右视图　　　　(B)下视图　　　　(C)俯视图　　　　(D)全视图

149. 不是机件形状的表达方法的是( )。
(A)剖视图　　　　(B)视图　　　　(C)局部放大图　　(D)简笔画

150. 表示润滑油和润滑脂的一个重要物理特性是( )。
(A)水性　　　　　(B)黏性　　　　(C)张力性　　　　(D)摩擦性

151. 压缩机的活塞与缸壁之间的密封就是借助于润滑油的( )作用。
(A)保护　　　　　(B)缓冲　　　　(C)防尘　　　　　(D)密封

152. 液化石油气钢瓶不出气原因是( )。
(A)角阀损坏,无法开启　　　　(B)减压阀与角阀连接螺纹不匹配
(C)阀杆上O形圈损坏　　　　　(D)角阀接口变形

153. 电子充装秤安装时,出气胶管一端接( ),进气胶管一端接( ),另一端接现场的进气钢管,钢管上必须安装阀门,以防意外泄漏。
(A)电磁阀、充气枪　　　　　　(B)气瓶嘴、电磁阀
(C)充气枪、电磁阀进气端　　　(D)充气枪头、电磁阀

154. 热电阻温度计利用了( )的电阻值随温度变化而变化的性质。
(A)导体或半导体　(B)可控硅　　　(C)电阻丝　　　　(D)陶瓷

155. 高处作业许可证的有效期限最长不超过( )。
(A)7天　　　　　(B)3天　　　　(C)一个班次　　　(D)24h

156. 热电阻感温元件由特殊处理的电阻丝材绕制成,紧贴在温度计端面的温度表是( )。
(A)铠装温度表　　(B)端面温度表　(C)一体化温度表　(D)防爆温度表

157. 高处作业人员必须系好安全带、戴好安全帽,衣着要灵便,禁止穿( )。
(A)硬底鞋　　　　(B)带铁钉的鞋　(C)易滑的鞋　　　(D)以上全是

158. 对油罐、管道的检修,空气中可燃气体浓度应低于可燃烧极限下限或爆炸极限下限的( )。
(A)1%　　　　　(B)2%　　　　(C)3%　　　　　(D)4%

159. 维修压力变送器安全注意事项为( )。
(A)对可能导致工艺参数波动的作业,必须事先取得工艺人员的认可
(B)在将变送器从测量服务拆除前,应隔离并排空流程线路
(C)拆除所有电气引线和导管
(D)以上都是

160. 不属于造成电液阀故障原因的是( )。
(A)隔膜老化　　　　　　　　　(B)使用环境恶劣
(C)技术不到位　　　　　　　　(D)使用在掺有二甲醚的液化石油气管线上

三、多项选择题(第161题~第180题。选择一个或多个正确的答案,将相应的选项号填入题内的括号中。每题1.0分,满分20.0分)

161. 液化石油气的密度和相对密度包含的意义( )。
(A)气态密度　　(B)气态相对密度　　(C)液态密度　　(D)液态相对密度

162. 危险化学品的储存方式为( )。
(A)分别储存　　(B)隔离储存　　(C)隔开储存　　(D)分离储存

163. 关于爆炸性气体环境用电气设备的分类及标识说法正确的是( )。
(A)Ⅰ类为非煤矿山用电气设备
(B)Ⅱ类为煤矿用电气设备
(C)Ⅱ类电气设备可以按爆炸性气体的特性进一步分为:ⅡA、ⅡB、ⅡC
(D)防爆标识为Ex

164. 一般零件图包括的内容为( )。
(A)一组表达零件内外结构形状的视图　　(B)制造零件所需的尺寸
(C)必要的技术要求　　(D)标题栏

165. 安全阀启闭不灵活的故障原因为( )。
(A)弹簧松弛
(B)可能是由于装配不当、脏物混入或零件腐蚀等原因造成内部运动零件卡阻
(C)调节圈调整不当,致使安全阀开启过程拖长或回坐迟缓
(D)排放管道阻力过大产生较大的背压,使安全阀的开启高度不够

166. 储罐年度检查的结论有( )。
(A)允许运行　　(B)监护运行　　(C)暂停运行　　(D)停止运行

167. 活塞式压缩机的基本构件有( )。
(A)气缸　　(B)气阀　　(C)活塞　　(D)集液分离器

168. 烃泵在运行时振动过大的原因有( )。
(A)泵轴与原动机轴对中不良　　(B)轴承磨损严重
(C)转动部分平衡被破坏　　(D)地脚螺栓松动

169. 离心泵输不出液体可能的原因( )。
(A)吸入管路或泵内留有空气　　(B)进口或出口侧管道阀门关闭
(C)泵吸入管漏气　　(D)叶轮旋转方向错误

170. 静电接地报警器通电后电源灯和报警灯都不亮,蜂鸣器不响,可能的原因是( )。
(A)供电电压不足　　(B)接线端子接触不良
(C)电路板故障　　(D)存在短路现象

171. 有些场合是不能进行高处作业的,这些高处作业禁止的场合有( )。
(A)在作业点邻近地设有排放有毒、有害气体
(B)在作业点有排放粉尘的设备及粉尘超出允许范围
(C)有排放浓度的烟囱的
(D)6级以上大风的天气下

172. 离心泵发生振动或杂音可能的原因是( )。
(A)泵轴和电动机轴的中心线不对中、轴弯曲

(B)轴承磨损

(C)泵产生汽蚀

(D)转动部分与固定部分有磨损、转动部分失去平衡

173. 热水汽化器突然停气故障原因是( )。

(A)突然停电导致电磁阀关闭不过气

(B)电磁阀故障或烧坏

(C)液化石油气气体温度过低导致电磁阀关闭

(D)有阀门未打开或液化石油气储罐内无气

174. 不能在液化石油气站充装的钢瓶有( )。

(A)钢瓶因碰撞或别的原因发生变形

(B)钢瓶有较为严重的损伤现象

(C)检验日期未超过有效期限

(D)无制造许可证单位制造的钢瓶和未经安全监察机构批准认可的进口钢瓶

175. 伺服液位计的控制器可以接受的信号有( )。

(A)点温度计　　　　　　　　(B)平均温度计

(C)HART 协议　　　　　　　(D)HONEYWELL 协议的压力信号

176. 滑片泵腔、泵体泄漏原因有( )。

(A)机械密封安装不当　　　　(B)密封件损坏

(C)老化变形　　　　　　　　(D)轴承磨损严重

177. 液化石油气大型球罐的安全装置有( )。

(A)静电接地线

(B)液位计、压力表、安全阀、温度表

(C)远传液位变送器、远传压力变送、远传温度变送器

(D)可燃气体报警器

178. 安全阀泄漏的故障原因为( )。

(A)脏物落在密封面上

(B)密封面损伤

(C)由于装配不当或管道载荷等原因使零件的同心度遭到破坏

(D)整定压力设定与设备正常工作压力太接近,使得密封面比压力过低,当安全阀受到振动和介质压力波动时容易发生泄漏

179. BA002 储罐检验前的准备工作有( )。

(A)将储罐内的液化石油气排除干净,进行置换处理,用盲板隔断与其连接的设备和管道,并应有明显的隔断标记

(B)切断与储罐有关的电源

(C)将储罐的人孔全部打开,拆除储罐所有内件,清除内壁的污物

(D)使用电压为 12V 或 24V 的低压防爆灯

180. BE023 当进站待充装钢瓶检查时,发现( )不予充装。

(A)钢瓶钢印标志不清　　　　(B)颜色标记不符合液化石油气钢瓶

(C)无法判定瓶内气体　　　　(D)气瓶外观脏

技能操作试卷

一、储罐检修前的准备工作(30分)

1. 考核要求

(1)必须穿戴劳动保护用品。

(2)工具、量具、用具准备齐全,正确使用。

(3)操作程序符合安全文明操作。

(4)按规定完成操作项目,质量达到技术要求。

(5)操作完毕,做到工完、料净、场地清。

2. 准备要求

工具、材料、设备准备。

序号	名称	规格	数量	备注
1	储罐工艺流程设备		1套	考试专用
2	润滑脂		若干	
3	水		若干	
4	活禽		1只	
5	扳手		2把	
6	钳子		1把	
7	可燃气体浓度测试仪		1台	
8	轴流风机		1台	
9	聚四氟乙烯垫		若干	
10	盲板		若干	

3. 操作程序说明

(1)正确选用工具、用具和使用材料;

(2)储罐退料、抽压;

(3)注水;

(4)排水;

(5)用蒸汽蒸煮;

(6)储罐通风;

(7)用可燃气体浓度测试仪测试罐内气体浓度;

(8)用活禽测试罐内有毒气体;

(9)清洁收回工具;

(10)穿戴劳保,按规程操作。

4. 考核规定说明

(1)如操作违章或未按操作程序执行操作,将停止考核。

(2)考核采用百分制,考核项目得分按鉴定比重进行折算。
(3)考核方式说明:该项目为实际操作,考核过程按评分标准及操作过程进行评分。
(4)测量技能说明:本项目主要测量考生对储罐检修前的准备工作掌握的熟练程度。

5. 考核时限

(1)考核时间:15min。
(2)计时从领取工具、材料开始,至交回工具、材料为止。
(3)规定时间完成,超时停止考核。
(4)违章操作或发生事故停止工作。

二、活塞式压缩机大修后的试车方法(30分)

1. 考核要求

(1)必须穿戴劳动保护用品。
(2)工具、量具、用具准备齐全,正确使用。
(3)操作程序符合安全文明操作。
(4)按规定完成操作项目,质量达到技术要求。
(5)操作完毕,做到工完、料净、场地清。

2. 准备要求

工具、材料、设备准备。

序号	名称	规格	数量	备注
1	活塞式压缩机		1台	考试专用
2	钳子		1把	
3	螺丝刀		1把	

3. 操作程序说明

(1)正确选用工具、用具和使用材料。
(2)全面检查活塞式压缩机零部件是否紧固到位。
(3)检查机油油位是否正常。
(4)检查各数据表是否正常。
(5)按规程检查四通阀、集液分离器。
(6)开启活塞式压缩机观察电流。
(7)按正确方法停机。
(8)清洁收回工具。
(9)穿戴劳保,按规程操作。

4. 考核规定说明

(1)如操作违章或未按操作程序执行操作,将停止考核。
(2)考核采用百分制,考核项目得分按鉴定比重进行折算。
(3)考核方式说明:该项目为实际操作,考核过程按评分标准及操作过程进行评分。
(4)测量技能说明:本项目主要测量考生对活塞式压缩机大修后的试车方法掌握的熟练程度。

5. 考核时限

(1)考核时间:15min。

(2)计时从领取工具、材料开始,至交回工具、材料为止。

(3)规定时间完成,超时停止工作。

(4)违章操作或发生事故停止工作。

三、拆装压力变送器(30分)

1. 考核要求

(1)必须穿戴劳动保护用品。

(2)工具、量具、用具准备齐全,正确使用。

(3)操作程序符合安全文明操作。

(4)按规定完成操作项目,质量达到技术要求。

(5)操作完毕,做到工完、料净、场地清。

2. 准备要求

工具、材料、设备准备。

序号	名称	规格	数量	备注
1	压力变送器		1个	考试专用
2	螺丝刀		1把	
3	六角扳手		1套	
4	钳子		1把	
5	万用表		1个	
6	抹布		1块	清洁用

3. 操作程序说明

(1)准备工作。

(2)断电。

(3)拆接线盒盖。

(4)拆电源及信号线。

(5)拆压力变送器。

(6)安装压力变送器。

(7)连接电源及信号线。

(8)安装接线盒盖。

(9)检查调试。

(10)清洁现场、收回工具。

(11)穿戴劳保,按规程操作。

4. 考核规定说明

(1)如操作违章或未按操作程序执行操作,将停止考核。

(2)考核采用百分制,考核项目得分按鉴定比重进行折算。

(3)考核方式说明:该项目为实际操作,考核过程按评分标准及操作过程进行评分。

(4)测量技能说明:本项目主要测量考生对拆装压力变送器掌握的熟练程度。

5. 考核时限

(1)考核时间:15min。

(2)计时从领取工具、材料开始,至交回工具、材料为止。

(3)规定时间完成,超时停止工作。

(4)违章操作或发生事故停止工作。

四、排除及预防冬季蒸汽系统冻结故障(10分)

1. 考核要求

(1)必须穿戴劳动保护用品。

(2)工具、量具、用具准备齐全,正确使用。

(3)操作程序符合安全文明操作。

(4)按规定完成操作项目,质量达到技术要求。

(5)操作完毕,做到工完、料净、场地清。

2. 准备要求

工具、材料、设备准备。

序号	名称	规格	数量	备注
1	微型"F"型扳手		1把	
2	防爆"F"型扳手	300mm	1把	
3	活动扳手	250mm	1把	
4	梅花扳手	17/19mm,22/24mm	2把	
5	消防皮带	10m	1条	
6	钳子		1把	
7	细铁丝		少量	
8	蒸汽管线短接头		1个	
9	电伴热带		1台	
10	热水壶		1个	热水蒸烫用
11	疏水阀		1个	考试专用
12	截止阀		1个	考试专用
13	管线	DN50,1m	1段	考试专用

3. 操作程序说明

(1)正确选用工具、用具和使用材料。

(2)检查蒸汽系统管线和相关的设备设施管线是否冻结。

(3)排除泵房蒸汽疏水阀冻结问题。

(4)排除管线、阀门冻结问题。

(5)清洁收回工具。

(6)穿戴劳保,按规程操作。

4. 考核规定说明

(1)如操作违章或未按操作程序执行操作,将停止考核。

(2)考核采用百分制,考核项目得分按鉴定比重进行折算。

(3)考核方式说明:该项目为实际操作,考核过程按评分标准及操作过程进行评分。

(4)测量技能说明:本项目主要测量考生对排除及预防冬季蒸汽系统冻结故障掌握的熟练程度。

5. 考核时限

(1)考核时间:30min。

(2)计时从领取工具、材料开始,至交回工具、材料为止。

(3)规定时间完成,超时停止工作。

(4)违章操作或发生事故停止工作。

参 考 答 案

一、判断题(第1题~第40题。将判断结果填入括号中。正确的填"√",错误的填"×"。每题0.5分,满分20.0分。)

1. ×	2. √	3. ×	4. ×	5. ×	6. √	7. √	8. ×	9. √	10. √
11. √	12. √	13. ×	14. ×	15. √	16. √	17. ×	18. √	19. √	20. √
21. √	22. √	23. ×	24. √	25. √	26. ×	27. √	28. ×	29. √	30. ×
31. √	32. √	33. ×	34. ×	35. √	36. √	37. √	38. ×	39. √	40. √

二、单项选择题(第41题~第160题。选择一个正确的答案,将相应的选项号填入题内的括号中。每题0.5分,满分60.0分。)

41. B	42. C	43. D	44. B	45. A	46. A	47. C	48. B	49. C	50. A
51. C	52. B	53. A	54. D	55. C	56. A	57. A	58. A	59. A	60. B
61. A	62. A	63. C	64. A	65. B	66. D	67. C	68. A	69. D	70. C
71. A	72. C	73. C	74. D	75. D	76. B	77. D	78. C	79. D	80. D
81. D	82. B	83. B	84. B	85. D	86. A	87. D	88. D	89. B	90. D
91. C	92. B	93. A	94. B	95. B	96. A	97. C	98. D	99. D	100. A
101. B	102. D	103. D	104. A	105. B	106. C	107. A	108. C	109. D	110. D
111. B	112. A	113. D	114. A	115. A	116. D	117. C	118. B	119. B	120. A
121. B	122. B	123. C	124. D	125. D	126. D	127. D	128. D	129. D	130. B
131. B	132. C	133. C	134. A	135. C	136. D	137. A	138. B	139. B	140. A
141. B	142. D	143. C	144. A	145. D	146. B	147. A	148. C	149. A	150. B
151. D	152. A	153. D	154. A	155. A	156. B	157. D	158. A	159. D	160. D

三、多项选择题(第161题~第180题。选择一个或多个正确的答案,将相应的选项号填入题内的括号中。每题1.0分,满分20.0分。)

161. ABCD	162. BCD	163. CD	164. ABCD	165. BCD	166. ACD
167. ABC	168. ABCD	169. ABCD	170. ABC	171. ABCD	172. ABCD
173. ABCD	174. ABD	175. ABCD	176. ABCD	177. ABC	178. ABCD
179. ABCD	180. ABC				

技　师

第九章　液化石油气库站管理

　　液化石油气库站是接收、储存、分配和供应液化石油气的基地,是城镇燃气供应部门把液化石油气从生产厂家转送给用户的中间调节场所。液化石油气的库站的设计、建设、安装、运行、维护和检验及检修等必须符合国家有关标准、规范、规程规定,以确保安全运营。由于液化石油气本身具有易燃、易爆的危险性,因此,液化石油气库站在建设布局、设备安装、操作管理等方面必须满足液化石油气性质的安全要求。

第一节　液化石油气库站布局

　　液化石油气库站的建设布局应满足液化石油气所具有的易燃易爆和便于管理的要求。

一、液化石油气库的总平面布置

(一)液化石油气库的总平面布置要求

JBA001 液化石油气库总平面布置要求

（1）液化石油气库通常分为生产区和生产辅助区两大部分,中间采用2m高的非燃烧实体墙隔离。生产区是指库内进行液化石油气操作的整个区域,它又分成储罐区、火车罐车装卸区、汽车罐车装卸区、泵组、压缩机区、消防设备区等。生产区是甲类火灾危险区域,应单独设立出入口及门卫,是安全管理的重点区域。

（2）生产辅助区包括辅助性生产、办公及生活管理等建筑物和构筑物。

（3）储罐区要按照要求用围堰隔离,围堰高度不低于1m。

JBA002 液化石油气库储罐区布置要求

（4）各建筑物和构筑物之间、各区域之间、各生产设备之间要满足相应的防火间距要求。

（5）储罐区、装卸区、生产辅助区内均应留有便于消防救护车自由进出的环行通道,以便发生事故时的扑救和疏散。

（6）储罐总容量超过1000m^3时,生产区应设两个对外的出入口,间距不应小于30m,出入口的宽度不应小于4m。

（7）装车区要有足够的汽车罐车回转的半径。

(二)液化石油气库的总平面布置图

　　图9-1为带有火车罐车装卸车栈桥和汽车罐车装卸车的大型二级液化石油气库的总平面布置图。

二、液化石油气充装站(三级充装站)的总平面布置

(一)充装站的总平面布置要求

（1）液化石油气充装站(三级充装站)的总平面布置要求同液化石油气库的总平面布置要求;

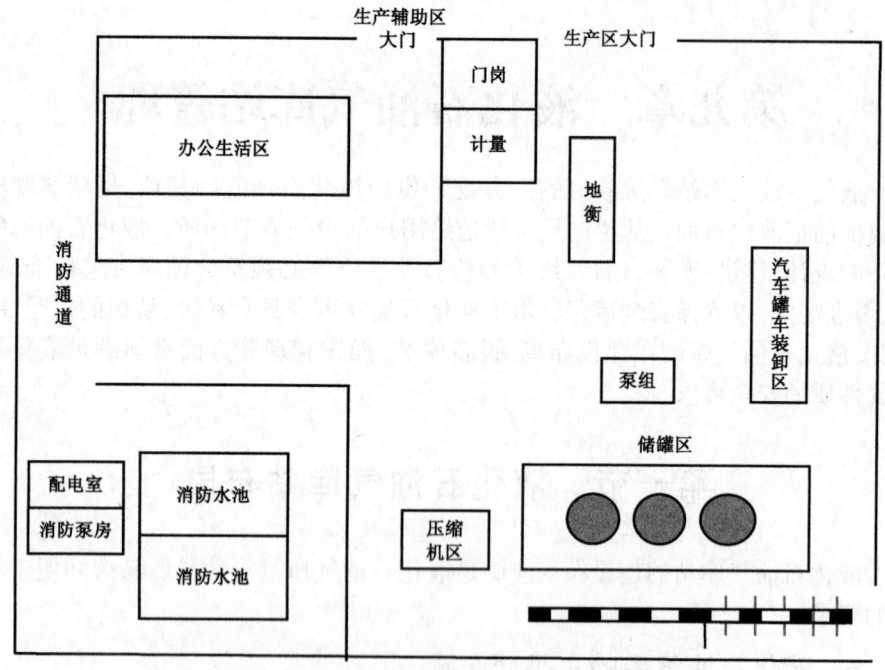

图 9-1 大型二级液化石油气库总平面布置图

(2)充装站一般有液化石油气罐车装卸台(或管道输送设备)、储罐区、灌瓶间、机泵房、残液回收系统、抽空装置、充装检斤、运瓶车的装卸场地、钢瓶库、罐车库及辅助生产生活区。

(二)充装站的总平面布置图

图 9-2 为充装站的总平面布置图。

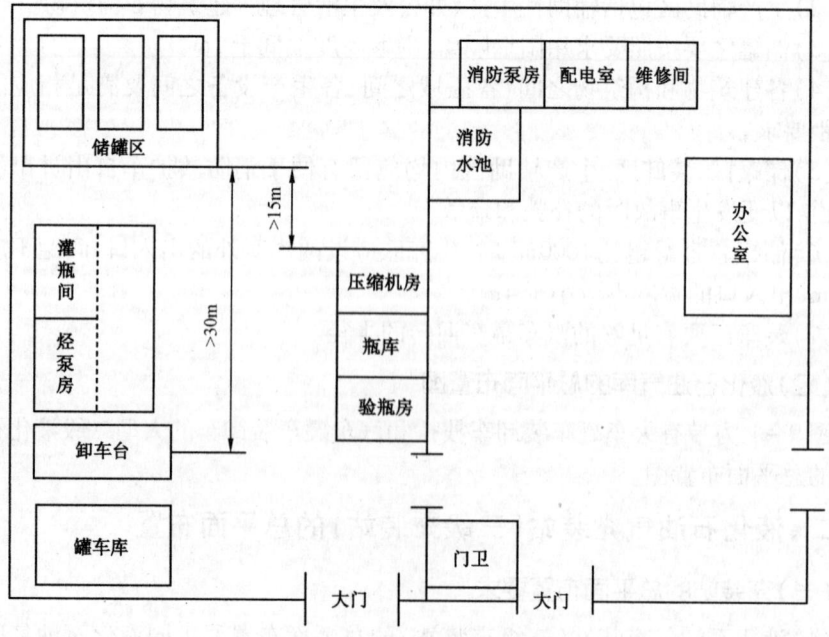

图 9-2 充装站的总平面布置图

第二节　液化石油气库站选址及布置

一、选址

液化石油气库站选址应符合城镇总体规划。

(一)位置

液化石油气库站属于甲类火灾危险区域,因此站址应远离城镇、学校、医院、影剧院、展览馆、体育馆、工业区、商业中心和居民稠密区。但为便于利用城镇道路、水源、电源等公用设施,一般应设在距瓶装供应点10000m之内的城镇边缘地带。

由于液化石油气的性质决定了液化石油气库站事故的危险性及对相邻设施的威胁,所以库站应与名胜古迹和文物保护区、大型公共建筑、通信和交通设施、电力枢纽等重要地点保持300m以上的安全距离。

由于气态液化石油气的相对密度大于1,泄漏后易聚集在低洼处并随风流动,会发生火灾危险和造成环境污染,故厂址应选在所在地区全年最小频率风向的上风侧,且应是地势平坦、开阔、不易积存液化石油气的地段;同时,应避开地震带、地基沉陷、废弃矿井和雷区等地段。

JBA003 液化石油气库站的位置要求

(二)地势

液化石油气库站宜设置在地下水位较低的地区,避免设在熔岩、断层、泥石流、淤泥、坍方和有山洪危险的地段等位置。

库站内场地标高应高于当地最高洪水水位0.5m以上,采取地面找坡,并考虑地面水及污水能流畅排出。

JBA004 液化石油气库站地势与场地要求

(三)场地

液化石油气库站应设计成一个独立整体,在满足安全和操作方便的前提下,确定工艺流程和建筑物布置,提高土地利用率。

库站内场地应满足运瓶车、汽车罐车和消防车行驶与回车的需要,在山区或丘陵地段建站,应满足工艺流程顺序和便于管理的要求,合理利用自然地形的位置差,分区阶梯布置。

库站内不得设置人防或其他地下通道,也不得留有井坑、巷穴等。以避免液化石油气聚集,引发火灾和爆炸事故。

(四)电、热、水供应

液化石油气库站应尽可能地靠近电力电源。

库站应考虑热力供应的可能性,宜设置在集中供热地区,这样可以采用热风采暖或辐射采暖,采用蒸气或热水型汽化器。

库站应采用城市自来水,当给水管网的水量和扬程不能满足消防需要时,应设置消防水池及消防水泵。液化石油气压力式储罐与库站外建筑物、构筑物的防火间距不小于表9-1的规定。液化石油气压力式储罐与明火、散发火花地点和库站内建筑物、构筑物的防火间距不得小于表9-1的规定。

JBA005 液化石油气储罐的防火间距

表9-1 液化石油气压力式储罐与明火、散发火花地点和库站内外建筑物、构筑物的防火间距(m)

总容积，m³		≤50	>50 ≤200	>200 ≤500	>500 ≤1000	>1000 ≤2500	>2500 ≤5000	>5000
单罐容积，m³		≤20	≤50	≤100	≤200	≤400	≤1000	—
居住区、村镇和学校、影剧院、体育馆等重要公共建筑(最外侧建、构筑物外墙)		45	50	70	90	110	130	150
工业企业(最外侧建、构筑物外墙)		27	30	35	40	50	60	75
明火、散发火花地点和室外变、配电站		45	50	55	60	70	80	120
民用建筑，甲、乙类液体储罐，甲、乙类生产厂房，甲、乙类物品仓库，稻草等易燃材料堆场		40	45	50	55	65	75	100
丙类液体储罐，可燃气体储罐，丙、丁类生产厂房，丙、丁类物品仓库		32	35	40	45	55	65	80
助燃气体储罐、木材等可燃材料堆场		27	30	35	40	50	60	75
其他建筑	耐火等级 一、二级	18	20	22	25	30	40	50
	三级	22	25	27	30	40	50	60
	四级	27	30	35	40	50	60	75
铁路(中心线)	国家线	60	70			80		100
	企业专用线	25	30			35		40
公路、道路(路边)	高速、Ⅰ、Ⅱ级、城市快速	20			25			30
	其他	15			20			25
架空电力线(中心线)		1.5倍杆高				1.5倍杆高。但35kV以上架空电力线不应该小于40		
架空通信线(中心线)	Ⅰ、Ⅱ级	30			40			
	其他	1.5倍杆高						

JBA006 液化石油气库站建设前的规定

(五)库站的建设规定

(1)液化石油气库站的建设单位在建设前，应报请当地城建、公安消防部门对拟建库站址给予选定审查。选址审查时，除应符合城建规划要求外，还应结合库站的储存能力,考虑到库站址周边邻近区域消防安全的要求。

(2)液化石油气库站的平面布局和工艺流程设计等图纸资料,应报城建、公安消防和安全监察部门审查批准。安装前,施工单位应向技术监督机构办理开工报告手续。审查部门要对设计方案中的安全设施严格把关。

(3)承担液化石油气库站工程建设勘探、设计、施工和监理的单位,应当依法取得相应等级的资质证书,并在其资质等级许可的范围内承担工程。

(4)配套的安全措施项目及工程要做到与主体工程同时设计、同时施工、同时验收投产。

(5)工程竣工后,施工单位应向建设单位交付完整的竣工和设备资料,并经验收合格后,方可交付使用。

<small>JBA007 液化石油气库站工程竣工后的规定</small>

(6)液化石油气库站所使用的储罐、罐车、钢瓶、分离器、汽化器等设备,必须是取得技术监督部门颁发的相应的制造资质证书的专业制造厂生产的产品,且经制造厂所在地产品安全检验部门监检合格的产品。

储罐、罐车、分离器、汽化器、压力管道等压力容器,必须到技术监督部门办理使用登记手续,取得使用登记证后,才能使用。

(7)液化石油气库站正式投产前,应向城建部门提出充装许可申请,向技术监督部门提出注册登记申请,并向有关部门提出危险化学品经营许可手续。未取得液化石油气充装许可证、危险化学品经营许可证的,不得从事液化石油气的充装工作。

二、平面布置

液化石油气库站通常设生产区和生产辅助区,生产区和生产辅助区中间采用2m高的非燃烧实体墙隔离。

(一)生产区

生产区是库内进出液化石油气操作的整个区域,包括储罐区、压缩机间、灌瓶间及实瓶库(中小型站的压缩机间与灌瓶间在同一建筑物内)、汽车装卸台、火车栈桥、罐车库、仪表间(大型站)等建筑物、构筑物及工艺设施。

1. 储罐区

(1)储罐区应布置在该液化石油气站常年主导风向的下风侧或平等下风侧,并选择通风良好的地点设置。

<small>JBA008 储罐区的选址与布置</small>

(2)储罐区的布置应留有扩建的可能,也可以和规划部门商定在储罐区旁留有后征地。

(3)储罐区的地面应设计成不发生火花的混凝土地面,罐区四周要砌筑高度不低于1m的非燃烧实体防护围堤。液化石油气易燃易爆易泄漏,液态液化石油气泄漏到空气中马上汽化,气态的液化石油气比空气重约1.5倍,当储罐中的液化石油气因故障、排污或其他原因造成泄漏时,气态的液化石油气便会沉积到地面和低洼处,储罐周围的防护墙便会阻止液化石油气四处扩散,利于整治,有利于安全运行。

(4)储罐区四侧要有供消防车进出方便的通道,并有直接通向站外的安全出口。

(5)储罐的配置数量应根据液化石油气库站的设施总储存量和储罐容积确定,总设计储存量在 400m³ 以上时,应设计大容积储罐,为保证接收、储存、充装、倒罐作业的正常运行,储罐最少应配备两台,另单独设置残液罐至少一台。储罐数量多的应分组布置,每组不超过四台储罐,组与组之间距离不应小于 20m,且宜单排布置。

(6)储罐与周围建筑物和构筑物的防火间距要达到防火规范的要求。

(7)储罐区附近应有消防通道,并宜有直接通向站外的安全出入口,一般生产区设两个门,储罐距站区围墙的距离不小于 15m。

(8)储罐区的残液罐可布置在靠近灌瓶间内的残液倒空装置的一侧,以便工艺连通和操作。

(9)北方的冬季,储罐底部应加装电伴热或保温装置。

(10)储罐区应装设液化石油气气体泄漏报警仪,报警仪要装设在每台储罐的底部管线集中的地面处。

(11)罐区工艺管线应采用低支架敷设,以便于维修和管理。

JBA009 铁路罐车装卸线的布置

2. 铁路罐车装卸线

(1)铁路罐车装卸线应布置在罐区一侧,装卸栈桥的铁路应设计成直段,其坡度不应大于 0.003。在卸车直线段以下,应留有不小于 20m 的直线端头,并应在端头设置车挡。

(2)装卸栈桥的长度由罐车尺寸和每次最多装卸的车节数决定,高度应与罐车上操作平台相一致。装卸台的两端和每隔 60m 左右应设安全梯。栈桥和安全梯均用非燃烧材料制造。

(4)铁路罐车装卸线和中心线与液化石油气储罐的防火间距不应小于 20m。

(5)铁路罐车应用 4 节隔离车顶入站内,或由专设的卷扬机拉入站内。机车严禁入站。机车停车位置应距储罐 35m 以外。

(6)铁路装卸线附近要设置静电接地接头和可燃气体报警器,接地导线的截面积不应小于 $5.5mm^2$。

JBA010 汽车罐车装卸台的布置

3. 汽车罐车装卸台

(1)汽车罐车装卸台中心线与液化石油气储罐的防火距离不应小于 30m。

(2)汽车罐车装卸台宽度不小于 3.5m,高度应比站内地平面高 0.6m 以上,装卸台的路面应留有不小于 0.005 的向外坡度,以便在发生意外情况时罐车能自动滑离。

(3)在装卸台与汽车罐车停放位置之间应设有防撞装置。

JBA011 灌瓶间的布置

4. 灌瓶间

(1)灌瓶间是灌装区的主要生产车间,其任务是接收空瓶并进行检查,回收残液、灌瓶、质量检验和存放一定数量的空瓶和实瓶。

(2)灌瓶间前面应有运瓶车的回车场地,场地宽度一般不应小于 30m。

(3)装卸台地面标高主要取决地钢瓶装卸和运输方式,当采用人工装卸和搬运时,装卸台的地面要比汽车车厢底板低 10cm 左右。

(4)灌瓶间的门窗开口除满足防爆、采光、通风要求外,门的大小和位置还应考虑钢瓶往返运输方便,运距最短。

(5)灌瓶间的地面应采用能导静电的胶板和不发生火花的混凝土地面,以便将产生的静电荷导入地下。

(6)灌瓶间和机泵房在结构上,应采用敞开或半敞开式的单层厂房。对半敞开式厂房,应设置地面机械排风装置,保证室内通风换气良好。

(7)灌瓶间和钢瓶库与明火、散发火花地点、站内建筑物、站内构筑物的防火间距应符合规定。

5. 压缩机间

JBA012 压缩机间的布置

(1)压缩机担负着装卸罐车、灌瓶、倒罐、回收残液等作业的气相转移任务。压缩机间内设置压缩机、集液分离器、油水分离器等。

(2)压缩机间属甲类生产厂房,可与烃泵房合建。

(3)压缩机间的布置应考虑操作、安装、检修方便,操作按钮、阀门和仪表要分散布置在设备的一侧。

(4)用于装卸液化石油气的压缩机,应包括一台备用压缩机。

(5)压缩机机组间的净距不小于 1.5m。

(6)压缩机机组操作侧与内墙的净距不应小于 2m。

6. 仪表间

采用防爆的气动单元组合仪表,仪表间从操作过程产生火灾危险的程度上划分为乙类生产车间。因此仪表间不宜远离罐区,仪表间可单独设置,也可在生产区的机泵房边建。

7. 罐车库

汽车罐车在卸车完毕后,罐内仍充满气态液化石油气,而且还残留少量液体,具有很大的火灾危险性。因此,汽车罐车库应与普通车库分开,单独设置在灌装区内。

8. 钢瓶库

JBA013 钢瓶库的布置

液化石油气钢瓶库四周宜设置非燃烧的实体围墙,钢瓶库总储量不超过 $10m^3$ 时,与相邻建筑物的防火间距不小于 10m;总储量超过 $10m^3$ 时,应不小于 15m。钢瓶库与主要道路的防火间距不小于 10m,场地应满足运瓶车、汽车罐车和消防车行驶与回车的要求;与次要道路防火间距不小于 5m,与重要公共建筑物的防火间距不应小于 25m。

(二)生产辅助区

JBA014 液化石油气库生产辅助区的布置

生产辅助区包括消防水池、消防水泵房、锅炉房、变配电间、汽车库、空压机房、机修间、新瓶库(新瓶数量宜为供应户数的3%左右)、综合楼及调度室及警卫室等,生产区与生产辅助区之间应设高度不低于 2m 的非燃烧实体墙。

生产辅助区布置既要考虑到带明火的建筑远离生产区,符合建筑防火规范要求,又要便于与生产取得联系,至少应设置一个对外的出入口。凡可以合并的应设计于一幢建筑物,以便节约投资和用地。

第三节 液化石油气库站安全检查

一、液化石油气库站的安全检查方法

JBA015 液化石油气库站安全检查的方法

(1)应按照检查表的内容,运用记录查询、信息追踪、现场验证、询问、考核、模拟操作等方法进行检查。

(2)应使用符合现场要求的仪器(如可燃气体浓度测试仪、测厚仪等)和工具,并穿戴好适合生产场所的劳动保护用品进行检查。

(3)安全检查表的内容有:检查项目、检查内容和检查要点等几部分。

二、液化石油气库站的安全检查内容

JBA016 液化石油气库站安全管理组织、制度检查的内容

(一)安全管理组织、制度

(1)安全生产组织机构,设置专(兼)职安全管理人员的情况。

(2)安全生产管理制度和安全生产责任制的建立健全情况。

(3)安全生产责任制是否覆盖本单位所有组织和人员,是否全员签订安全合同。

(4)领导安全联系点的建立和执行情况。

JBA017 库站危险因素及风险控制检查内容

(二)危险有害因素识别、评价和风险控制

(1)是否开展危险有害因素识别和评价,是否制定控制或削减风险的措施,并建立危险有害因素清单。

(2)是否对重大危险源进行评价并建立台账、制定监控措施、编制应急预案。

(3)是否定期开展应急预案演练。

(4)是否建立隐患管理台账,是否实行动态管理。

(5)岗位员工是否参与危险有害因素的识别,是否清楚本库站危险有害因素、事故应急措施。

JBA018 库站操作规程、岗位安全生产、安全教育和安全活动、作业许可管理检查的内容

(三)操作规程

(1)操作规程是否建立健全,是否覆盖对站场各类设备设施的操作。

(2)操作人员是否熟练、准确地按操作规程执行。

(四)岗位安全生产检查

(1)岗位人员是否进行了常规安全检查。

(2)是否有违章指挥、违章操作或违反劳动纪律情况存在。

(3)劳动防护用品使用情况和员工应急技能掌握情况。

(五)安全教育和安全活动

(1)员工是否具备相应岗位的知识和技能。

(2)主要负责人和安全生产管理人员是否接受公司定期安全培训并取得安全资格证书。

(3)特种作业人员是否经特种设备安全监督管理部门考核合格,取得相应的

特种作业人员证书,并按期复审。

(4)新员工、转岗员工是否接受三级安全教育,考试是否合格。

(六)作业许可管理

(1)是否对危险作业进行了风险评价,分级与审批是否合规。

(2)HSE 作业计划书是否经过审批。

(3)作业许可管理是否符合要求。

(4)危险作业人员安全措施和现场监护监控是否落实。

(七)应急和事故管理

(1)是否成立了应急管理组织机构,明确主管部门和人员职责。

(2)是否储备了必要的应急救援物资,并建立台账。

(3)事故、未遂事故、事件是否及时上报。

(八)现场安全

现场安全检查内容包括但不仅限于以下几项:

(1)运行人员是否按规定时间进行了巡检,巡检内容是否包括液位、温度、压力和有无跑冒滴漏现象,阀门以及周围环境情况等。巡检记录是否有本人签名。

(2)阀门每年应保养一次,并在丝杆(杠)上和螺栓露出部位加润滑脂。

(3)每次拆卸阀门或法兰时,必须更换垫片,法兰眼必须配足螺栓,上紧螺母,螺栓应露出螺母1~2扣。

(4)所有阀门必须配有手轮或扳把。对禁止任意开闭的阀门,应设有明显的指示标志或卸下手轮,手轮必须妥善保管。

(5)与储罐罐体紧连的阀门,运行中应处于常开状态。

(6)阀门检修必须认真记录,并经技术负责人检查认可。未经批准不得随意更换阀门或改变阀门的位置和零件。

(7)检查在气、液相管道上的紧急切断阀是否灵敏,一旦失灵应立即查明原因,及时修理或更换。

(8)安全阀每年应检验一次,发现安全阀铅封损坏时,必须及时检验,检验合格后重新铅封,在未检验前不得向储罐进液。

(9)安全阀下设置的阀门,运行时处于常开状态,并加铅封。安全阀放散管末端应有防雨罩,保证放散时不受阻碍。

(10)压力表每半年检验一次。

(11)按时对工艺系统及设备运行状况进行检查,并填写记录。

(12)生产区内设有醒目提示风险与禁止的警示牌。

(13)库站应设有电动警报器(或手摇警报器)和风向标。

(14)每天检查一次消防水池储水量,并应及时补水。

(15)每半个月检查一次消防栓、消防水泵及喷淋装置。入冬前要做好防冻准备。

(16)每月检查一次干粉和气体灭火器。

(17)门卫室应设有一定数量的汽车排气防火罩。

(18)设有备用电源。当因事故断电时,消防水泵应在5min内启动供水。

JBA019 库站储罐区现场安全检查的内容

JBA020 库站装卸车区现场安全检查的内容

(19)消防人员应昼夜 24h 值班。消防用具、器材及钥匙等,应放置固定位置,排列整齐无缺,严禁挪作他用。

(20)进入生产区人员不得携带火种、手机等,不得穿鞋底带有钉子的鞋。

(21)作业时应使用不产生火花的工具。

(22)生产用电源,下班前必须切断。

(23)装卸作业时发动机必须熄火,禁止一切车辆在生产区内急刹车,禁止在生产区内修车。

(24)操作人员必须身着防静电工作服、工作帽、手套及防静电鞋等防静电劳动保护用品。

(25)站内照明电路及电气设备一律采用防爆型。

(26)每日应有电工值班,对电气设备进行巡回检查,发现问题及时处理。

(27)室外温度达到 40℃时,或储罐压力达到 1.3MPa 时,应启动喷淋装置。

(28)常年宜保证一定容量的倒空储罐,以作为事故状态倒罐之用,并应保证管路畅通。

(29)进液时不得两个罐同时进液,严禁储罐超温超压运行。

(30)所有设备或管线防静电对地电阻值不超过 10Ω,每年 1~2 月和 7~8 月进行检测。

(31)当出现雷雨暴雨雷击天气、附近发生火灾、液化石油气大量泄漏、液位计和压力表失灵等异常情况时,应立即停止装卸作业,并妥善处理。

第四节　液化石油气库站充装许可

TSG R 4002—2011《移动式压力容器充装许可规则》,针对移动式压力容器的充装特点,规定了充装单位的许可程序以及资源条件、质量保证体系和充装工作质量等要求,从事移动式压力容器充装的单位,取得省、自治区、直辖市《移动式压力容器充装许可证》(后文简称充装许可)后,方可在许可范围内从事移动式压力容器的充装工作。

JBA021 库站充装许可的资源条件

一、充装许可资源条件

(一)人员要求

1. 单位负责人(或者站长)

要了解介质充装的安全管理相关的法规、规章、安全技术规范及其相应标准,以及充装工艺特点和充装安全管理的必备知识,对充装单位安全负责。

JBA022 库站充装许可中对技术负责人的要求

2. 技术负责人

设立技术负责人 1 名,并且符合以下要求:

(1)具有中专以上(含中专)学历,有移动式压力容器充装管理经验,并且按照《压力容器安全管理人员和操作人员考核大纲》的规定,取得含压力容器安全管理项目的《特种设备作业人员证》(移动式压力容器管理人员证);

(2)熟悉充装介质的法律、法规、规章、安全技术规范及相应标准要求;

(3)掌握充装单位充装介质的专业技术知识与压力容器的一般知识;

(4)熟悉充装单位充装工艺过程与现状,掌握移动式压力容器充装相关要求;

(5)熟悉充装单位安全管理制度,具有组织、协调、处理一般技术问题的能力;

(6)熟悉充装单位事故应急预案,并且具有一定的事故处理能力。

3. 安全管理人员

设专(兼)职安全管理人员,负责安全管理与安全检查工作,并且符合以下要求:

(1)按照《压力容器安全管理人员和操作人员考核大纲》的规定,取得含压力容器安全管理项目的《特种设备作业人员证》(移动式压力容器管理人员证),掌握充装介质的法规、规章、安全技术规范及相应标准;

(2)掌握充装单位充装介质的基础知识及有关安全知识;

(3)熟悉充装单位充装工艺过程及现状,掌握移动式压力容器充装相关要求;

(4)熟悉充装单位事故应急预案,掌握充装单位一般事故的处理方法,熟悉事故上报程序及要求。

JBA023 库站充装许可中对安全管理人员的要求

4. 充装人员

充装人员不少于4人,并且每班不少于2人。充装人员应当符合以下要求:

(1)按照《压力容器安全管理人员和操作人员考核大纲》的规定,取得移动式压力容器充装操作项目的《特种设备作业人员证》(移动式压力容器充装人员操作证);

(2)了解充装介质的法规、规章、安全技术规范及其相应标准;

(3)掌握充装单位充装介质的基本知识,了解移动式压力容器基础知识,掌握各种移动式压力容器充装量规定;

(4)熟悉充装设备性能及其安全操作方法,掌握移动式压力容器充装技能;

(5)掌握移动式压力容器充装一般事故的处理方法。

JBA24 库站充装许可中对充装人员的要求

5. 检查人员

检查人员不少于2人,并且每班不少于1人。检查人员应当符合以下要求:

(1)按照《压力容器安全管理人员和操作人员考核大纲》的规定,取得移动式压力容器充装操作项目的《特种设备作业人员证》(移动式压力容器充装人员检查证);

(2)了解充装介质的法规、规章、安全技术规范及其相应标准;

(3)掌握充装单位充装介质的基本知识与移动式压力容器基础知识;

(4)熟悉掌握移动式压力容器充装前、后检查要点与方法,正确使用检查工具。

6. 化验人员

熟悉有关安全技术规范及其相应标准,对充装介质有要求时,充装单位应当配备与充装介质相适应的化验人员。化验人员应当能熟练化验、分析介质组分。

JBA025 库站充装许可中对充装场地的基本要求

(二)场地要求

1. 基本要求

(1)充装单位的规划、设计、建设、消防、环境保护等应当符合相关法律、法规、规章、安全技术规范及其相应标准的要求;

(2)有供移动式压力容器充装前后进行安全检查的场地;

(3)有专用的移动式压力容器充装场地;

(4)充装场地有良好的通风条件或者设有足够能力的换气通风装置,以避免形成危险的爆炸性混合物或者毒物气体,出现富氧或者缺氧等环境;

(5)设有安全出口,周围设置安全标志,安全标志应当符合 GB2894—2008《安全标志及使用导则》的有关规定。

2. 铁路罐车充装场地要求

铁路罐车充装场地除满足上述基本要求外,还应当符合以下要求:

(1)具有专用铁路装卸线,其设计、建设与运行除符合有关规范及其相应标准外,还能够符合国务院铁路运输主管部门的有关规定;

(2)分别设置充装线和行走线,充装栈桥每隔 60~80m 设置安全扶梯;

(3)易燃、易爆介质充装单位,划定危险区域边界线,禁止蒸汽机车、未配置阻火器的内燃机车进入。

3. 其他移动式压力容器充装场地要求

汽车罐车、长管拖车、罐式集装箱和管束式集装箱充装场地,除满足基本要求外,还应当符合以下要求:

(1)能够满足车辆回转半径和停靠位置的要求,场地地面承载能力和水平度符合充装要求;

(2)易燃、易爆介质充装场地与介质储存区之间,以及充装场地与机房、泵房之间的防火间距和隔断应当符合消防安全的规定。

JBA026 库站充装许可中对设备设施的基本要求

(三)工艺设备、管道与设施要求

1. 基本要求

(1)选用的特种设备及其安全附件,应当符合相关规章、有关安全技术规范及其相应标准规范,并且由取得相应许可的单位生产;

(2)特种设备在投入使用前,应当按照要求办理使用登记手续;

(3)具有一定的固定式存储能力;

(4)充装系统检验调试合格;

(5)对特种设备及其安全附件和承压附件等应当进行日常维护保养和定期检验,并且确保按照有关安全技术规范的要求实施定期检验;

(6)建立特种设备安全技术档案;

(7)储罐应当设置防超装(超压)、超限装置或报警装置;

(8)具备复核充装量或者充装压力的装置;

(9)有对超装移动式压力容器过量充装进行有效处理的设施;

(10)处置易燃、易爆、有毒介质的充装区域,应当具有监视录像系统;

（11）充装系统应当具有紧急切断、紧急停车功能；

（12）充装易燃、易爆介质的管道系统，应当设置阻火器；

（13）充装台的气、液相管道上应当装置紧急切断装置；

（14）充装易燃、易爆介质或者有毒介质，应当在安全泄放装置出口装设导管，将排放介质引导到安全地点妥善处理；

（15）充装有毒介质，应当配备泄漏介质处理装置，如液氯充装单位应当配备碱液喷淋装置，液氨充装单位应当配备水喷淋装置等；

（16）充装易燃、易爆介质，应当有符合消防要求的水源和消防设施；

（17）储罐本体有色标，并且在显著的位置按照规定标示盛装介质的名称；

（18）充装设备、管道、阀门、密封元件以及其他附件，不得选用与所装介质特性不相容的材料制造；

（19）阀门之间的液相封闭管段，应当设置管道安全泄放装置。

2. 专用的装卸台（线）和装卸装置的配置要求

（1）装卸用管与移动式压力容器有可靠的连接方式；

（2）有防止装卸用管拉脱的联锁保护装置；

（3）所选用装卸用管的材料与充装介质不发生化学反应；

（4）装卸用管和快速装卸接头的公称压力不得小于装卸系统工作压力的2倍，并且装卸软管和快速装卸接头在承受4倍公称压力时不得破裂；

（5）装卸用管必须每半年进行一次耐压（水压）试验，试验压力为1.5倍的公称压力，试验结果要有记录和试验人员签字；

（6）装卸用管必须标记开始使用日期，其使用寿命严格按照有关规定执行；

（7）易燃、易爆、有毒介质的装卸系统，应当具有处理充装前置换介质的措施及充装后密闭回收介质的设施，并且符合有关规范及其相应标准的要求；

（8）装卸用管的耐压试验应当由充装单位的专业人员进行，也可以委托有资质的特种设备检验机构进行。

3. 电气、仪器仪表、计量器具

（1）爆炸危险场所电力装置的设计、仪器仪表等的配置，以及施工与验收应当符合 GB 50058—2014《爆炸危险环境电力装置设计规范》和 GB 50257—2014《电气装置安装工程爆炸和火灾危险环境电气装置施工及验收规范》的要求；

（2）按照有关规范及其相应标准的要求，配备与充装介质相适应的介质分析检测仪器仪表与设施；

（3）易燃、易爆、有毒介质的充装单位，应当设置相应的可燃气体气体危险浓度监测报警装置，报警显示器应当设置在值班室或者仪表室等有值班人员的场所；

（4）充装工艺管线及其设备应当配置与充装介质相适应的压力表，压力表盘刻度极限值应为设计压力的1.5~3倍，表盘直径不小于100mm，其精度不低于1.6级；

（5）配备电子衡器（轨道衡、汽车衡），对完成充装的移动式压力容器进行充装量的复检和计量；

> JBA027 库站充装许可中对装卸台和装卸配置的要求

(6)按照有关规定的要求对仪器仪表、计量器具进行定期检定,并且在检定有效期内使用;

(7)建立仪器仪表、计量器具、设备等台账。

4. 消防、安全设施

> JBA028 库站充装许可中对消防的要求
>
> JBA029 库站充装许可中对安全的要求

(1)充装单位入口应当设立进入充装单位须知牌,重要部位有安全警示标志和报警电话号码;

(2)储存、充装场所的周围能够杜绝一切火源,并且有明显的禁火标志;

(3)在储存、充装等区域,严禁携带和使用能够产生电磁波的设备,以及存在潜在危险的电器和设备;

(4)按要求配备相应的消防器材;

(5)易燃、易爆、助燃介质充装系统,应当设置静电接地联锁设施和静电接地报警器,充装单位入口处应当设置人体静电释放装置;

(6)按照所装介质的特性,作业人员应当配备相应的防护用具和用品;

(7)易燃、易爆介质充装时,充装人员应当选择避免产生静电与阻燃的工作服和防静电鞋,并且采用合适的工具(如不易形成火花的工具);

(8)冷冻液化气体的充装人员,应当配备防护面罩、皮革手套、无袋长裤、长袖衣服及防静电鞋等劳动保护用品;

(9)配备用于事故处理的应急工具、器具和安全防护用品,并且定期进行检查,确保有效可用;

(10)介质储存和充装区安装明显可见的风向标或者风向袋;

(11)设置紧急切断系统,事故发生时,能够切断或者关闭介质源,并且关闭正在运行的并可能使事故扩大的设备;

(12)生产区的排水系统采取防止易燃、易爆、有毒介质流入下水道或者其他以顶盖密封的沟渠中的措施;

(13)非防爆设备不得进入易燃、易爆介质充装区域;

(14)在易燃、易爆介质作业区域行驶的机动车辆,在其排气管出口装有阻火器。

二、充装质量保证体系与充装工作质量要求

(一)质量保证体系要求

(1)根据我国有关法律、法规、规章、安全技术规范及其相应标准等规定,结合申请的许可项目和单位实际情况,建立质量保证体系并且得到有效实施;

(2)质量保证手册以及管理制度、安全技术操作规程、充装工作记录等质量体系文件应当正式颁布实施,并且能够根据实际情况和充装工艺变动及时改进与完善;

(3)绘制充装质量保证体系控制图和充装工艺流程图,有效控制充装工作质量和安全;

(4)充装和检查记录表卡内容真实完整,具有可追溯性;

(5)机构设置合理、关系明确,有组织机构图;

(6)各部门职责权限明确,正式任命责任人员,建立各类人员岗位责任制。

(二)液化石油气库站质量管理手册的内容

(1)企业法定代表人颁发的质量管理手册的执行令。

(2)公司的组织机构设置。

(3)库站相关负责人的任命书。

(4)质量体系系统图。

(5)公司管理制度：

① 安全管理制度(包括安全生产、安全检查、安全教育等内容)；

② 安全责任制度；

③ 装卸过程关键点控制制度(包括安全监控和巡视)；

④ 各类人员岗位责任制度；

⑤ 各类人员培训考核制度；

⑥ 特种设备安全技术档案管理制度(包括装卸用管)；

⑦ 特种设备日常维护保养、定期检查和定期检验制度(包括装卸用管)；

⑧ 特种设备安全附件、承压附件、安全保护装置、测量调控装置及其有关附属仪器仪表的定期校验、检修制度；

⑨ 计量器具定期检定制度；

⑩ 特种设备作业人员持证上岗制度；

⑪ 充装资料(包括介质成分检测报告单)管理制度；

⑫ 事故应急预案定期演练制度；

⑬ 用户宣传教育与服务制度；

⑭ 事故上报制度；

⑮ 接受安全监察制度；

⑯ 质量信息反馈制度。

(6)安全操作规程：

① 移动式压力容器罐内介质分析和余压检测操作规程；

② 充装操作规程；

③ 充装量复检操作规程；

④ 卸载操作规程；

⑤ 设备(包括泵、压缩机和储罐等)操作规程；

⑥ 装卸用管耐压试验规程；

⑦ 事故应急处置操作规程。

(7)工艺操作规程。

(8)应急管理及现场应急处置措施。

(9)各类运行记录：

① 充装介质成分检测报告；

② 充装前和充装后安全检查记录；

③ 充装记录；

④ 超装介质卸载处理记录；

⑤ 设备(包括泵、压缩机和储罐等)运行记录；

JBA030 液化石油气库站质量管理手册的内容

JBA031 库站质量管理手册中管理制度

⑥ 充装单位安全检查记录;
⑦ 持证人员培训考核记录;
⑧ 质量信息反馈记录;
⑨ 充装用设备和仪器仪表的运行、巡视、维护保养、检修、定期检查、检定记录;
⑩ 事故应急预案演练和讲评记录。

(三)充装工作质量要求

充装工作应当符合《移动式压力容器安全技术监察规程》有关卸载工作质量要求,严格进行装卸前检查、装卸过程控制、装卸后检查,并且按照其规定进行记录,向介质买受方提交证明材料。

第五节 储罐的安全使用与管理

液化石油气储存设备是有爆炸危险的重要压力容器,为了保障人民生命财产的安全,这些容器的设计、制造、试验、验收必须符合国家的有关规定,对已投产的容器,也要加强运行中的管理,加强定期检验及维修,做到对异常情况早期发现、早期处理,以防事故发生。

一、储罐的充装量

盛装液化石油气的储存设备,应严格控制充装质量,以保证在设计温度下压力容器内部存在气相空间,使容器内的介质液化气体气液两相共存,并在一定的温度下达到动态平衡。

液化石油气同其他液体一样,热胀冷缩,液化石油气的体积膨胀系数比水大,随温度的升高,其体积膨胀系数还会相应增大,也就是说,液化石油气的密度随温度上升而急剧减少,同一质量的液化石油气,温度上升后所占用的容积就增大,当温度升高到一定数值时,容器内的压力空间将全部被液相介质所占据。满液时,温度每升高1℃,压力将增加十几个大气压。可见液化石油气超装十分危险,所以要严禁超装。

为了防止充装过量,确保压力容器安全运行,国家颁布的《压力容器安全技术监察规程》、《液化气体汽车槽车安全监察规程》对液化气体充装系数作出了明确的规定,如表9-2所示。

表9-2 液化气体质量充装系数及饱和液体的密度

充装介质		丙烯	丙烷	液化石油气	正丁烷	异丁烷	丁烯/异丁烯	丁二烯
质量充装系数		0.43	0.42	0.42	0.51	0.49	0.50	0.55
饱和液体的密度 kg/L	15℃	0.524	0.507	—	0.583	0.565	0.565	—
	50℃	—	0.446	—	0.542	0.542	0.520	—

液化石油气储罐的设计充装量应不大于下式的计算值:

$$W = \phi \rho_t V$$

式中 W——最大充装量,kg;

V——储罐的设计容量,L;

ϕ——充装系数,一般取 0.9;

ρ_t——设计温度 t 下的饱和液体密度,kg/L。

二、罐区运行中的注意事项

（1）罐区运行管理范围广、任务多,在同一时间内,常有数项任务在进行,而且要与有关班组配合工作。所以,罐区运行必须根据生产任务,按岗位分工,明确岗位责任,并须有一名责任人负责当天班组生产的组织、领导工作,对内管理、检查各岗位工作,对外协调与有关部门班组的工作配合。

（2）运行中应经常（或）定时巡视检查罐区、残液罐区的储罐、设备及管路运行情况。注意保持充装压力、残液回收供气压力。当发现异常情况时,要迅速查明原因,采取措施,当发现险情或事故时采用果断措施进行补救,同时应停止生产并报告。

（3）充装钢瓶时,应先开泵后充装,临时停止充装时应及时停泵,防止烃泵空转过久发热,造成汽蚀或损坏设备。

（4）充装罐车时,应按罐车充装作业标准严格操作。

（5）冬季大风低温可能造成储罐、烃泵、管路冻堵,升压设备效率下降、升压困难等。夏季阳光暴晒,储罐压力升高,烃泵易汽蚀,管路易气塞,充装困难增多等。要根据气象条件采取相应的措施预防或减少不利影响。

（6）要定时检查储罐的温度、压力、液位,并做好运行记录。

（7）严格按照操作规程操作。

（8）按规定及时组织储罐的检验。

技师练习题及答案

一、理论知识试题

(一)单项选择题(每题四个选项,只有一个是正确的,将正确的选项号填入括号内)

1. BA001 液化石油气库通常分为( )两大部分。
   (A)生产区和生产辅助区 (B)罐区和栈桥
   (C)生产区和消防区   (D)储罐和办公楼

2. BA001 液化石油气库生产区是( )类火灾危险区域,应单独设立出入口及门卫,是安全管理的重点区域。
   (A)1 (B)甲 (C)乙 (D)2

3. BA002 罐区四周要砌筑高度不低于( )的非燃烧实体防护围堰。
   (A)1m (B)1.2m (C)1.5m (D)2m

4. BA002 储罐总容量超过( )时,生产区应设两个对外的出入口,间距不应小于30m,出入口的宽度不应小于4m。
   (A)200m³ (B)400m³ (C)1000m³ (D)100m³

5. BA003 一般液化石油气站应设在和瓶装供应点之间的运输距离在( )之内的城镇边缘地带。
   (A)10m (B)100m (C)1000m (D)10000m

6. BA003 液化石油气库站应与名胜古迹、文物保护区、大型公共建筑、通信和交通、电力枢纽等重要的设施保持( )以上的安全距离。
   (A)100m (B)200m (C)300m (D)500m

7. BA004 液化石油气库站宜设置在地下水位( )的地区。
   (A)较高 (B)较低 (C)非常高 (D)以上都可以

8. BA004 液化石油气库站内场地标高应高于当地最高洪水水位( )以上。
   (A)0.2m (B)1m (C)0.5m (D)1.5m

9. BA005 总容积为4000m³的储罐区与居住区、村镇和学校、影剧院、体育馆等重要公共建筑(最外侧建、构筑物外墙)防火间距为( )。
   (A)70m (B)90m (C)110m (D)130m

10. BA005 单罐容积400m³的储罐与明火、散发火花地点和室外变、配电站的防火间距为( )。
    (A)50m (B)55m (C)60m (D)70m

11. BA006 液化石油气库站配套的安全措施项目及工程要做到与主体工程同时设计、同时施工及( )。
    (A)同时采购 (B)同时验收投产 (C)同时建设 (D)同时使用

12. BA006 液化石油气库站储罐数量多的应分组布置,每组不超过四台储罐,组与组的间距不应小于( )。
    (A)10m (B)20m (C)30m (D)40m

13. BA007 液化石油气库站工程竣工后,施工单位应向( )交付完整的竣工和设备资料,并经验收合格后,方可交付使用。
(A)建设单位　　　　　　　　(B)监理单位
(C)当地政府　　　　　　　　(D)质量技术监督局

14. BA007 液化石油气库站所使用的( )、罐车、钢瓶、分离器、汽化器等设备,必须是取得技术监督部门颁发的相应的制造资质证书的专业制造厂生产的产品,且经制造厂所在地产品安全检验部门监检合格的产品。
(A)压缩机　　(B)烃泵　　(C)储罐　　(D)消防栓

15. BA008 液化石油气库站的液化石油气储罐配置数量应根据设计总储存量和储罐容积确定,总设计储量在( )以上时,宜选用大容积的储罐。
(A)100m³　　(B)200m³　　(C)300m³　　(D)400m³

16. BA008 液化石油气库站储罐数量多的应分组布置,组与组的间距不应小于( )。
(A)10m　　(B)20m　　(C)30m　　(D)40m

17. BA009 液化石油气库站铁路装卸台的两端和沿栈桥每隔( )左右应设安全梯,栈桥和安全梯均用非燃烧材料制造。
(A)30m　　(B)40m　　(C)50m　　(D)60m

18. BA009 液化石油气库站内铁路装卸线的中心线与液化石油气储罐的防火间距不应小于( )。
(A)10m　　(B)20m　　(C)30m　　(D)40m

19. BA010 液化石油气库站生产区内设置的汽车罐车装卸台,其中心线与液化石油气储罐的防火间距不应小于( )。
(A)20m　　(B)30m　　(C)40m　　(D)50m

20. BA010 液化石油气库站汽车罐车装卸台的路面应留有不小于( )的向外坡度,以便在发生意外情况时,罐车能自动滑离。
(A)0.003　　(B)0.004　　(C)0.005　　(D)0.006

21. BA011 液化石油气库站灌瓶间前面应有运瓶车的回车场地,场地宽度一般不应小于( )。
(A)10m　　(B)20m　　(C)30m　　(D)40m

22. BA011 液化石油气库站灌瓶间和机泵房在结构上,应采用敞开或半敞开式的( )厂房。
(A)单层　　(B)双层　　(C)三层　　(D)四层

23. BA012 液化石油气库站装卸液化石油气的压缩机台数中,应包括( )台备用的压缩机。
(A)一　　(B)二　　(C)三　　(D)四

24. BA012 液化石油气库站压缩机机组间的净距不小于( )。
(A)1m　　(B)1.2m　　(C)1.5m　　(D)2m

25. BA013 液化石油气库站液化石油气钢瓶库总储量不超过10m³时,与相邻建筑物的防火间距不小于( )。
(A)4m　　(B)8m　　(C)10m　　(D)12m

26. BA013 液化石油气钢瓶库四周宜设置( )的实体围墙。
(A)易燃烧　　(B)高温易燃烧　　(C)非燃烧　　(D)高温不易燃烧

27. BA014 液化石油气库站生产辅助区内的( )应远离生产区,符合建筑防火规范要求。
(A)空压机　　　　　(B)带明火的锅炉房(C)消防水泵房　　　(D)办公楼

28. BA014 液化石油气库站的生产辅助区至少应设置( )个对外出入口。
(A)1　　　　　　　(B)2　　　　　　　(C)3　　　　　　　(D)4

29. BA015 安全检查的方法有记录查询、询问和考核员工及( )等。
(A)现场验证　　　　(B)现场打分　　　　(C)综合检查　　　　(D)专业检查

30. BA015 安全检查表的内容有检查项目、检查内容和( )等几部分内容组成。
(A)检查人员　　　　(B)被检查对象　　　(C)检查要点　　　　(D)检查时间

31. BA016 液化石油气库站安全管理组织、制度检查的内容是( )。
(A)安全生产组织机构,设置专(兼)职安全管理人员的情况
(B)安全生产管理制度和安全生产责任制的建立健全情况
(C)是否全员签订安全合同
(D)以上都是

32. BA016 领导安全联系点的建立和执行情况是液化石油气库站的( )检查内容。
(A)安全管理组织与制度　　　　　(B)现场安全
(C)安全教育　　　　　　　　　　(D)风险管理

33. BA017 液化石油气库站危险有害因素识别、评价和控制检查的内容应包括( )。
(A)是否定期开展应急预案演练　　(B)是否建立隐患管理台账
(C)是否开展危害因素识别和评价　(D)以上均是

34. BA017 液化石油气库站对重大危险源应进行评价、建档、编制应急预案及( )。
(A)检查　　　　　　(B)制定监控措施　　(C)维修维护　　　　(D)以上都是

35. BA018 液化石油气库站安全检查时,下列哪项是岗位的检查内容( )。
(A)岗位人员是否进行了常规安全检查　(B)操作规程是否覆盖全部设备设施
(C)是否在隐患进行了动态管理　　　　(D)是否开展风险管理的培训

36. BA018 液化石油气库站安全检查时,对库站操作规程的检查内容是( )。
(A)员工是否按票证操作　　　　　　　(B)员工操作时是否穿戴劳保护具
(C)操作规程是否覆盖全部设备设施　　(D)员工是否按标准化操作

37. BA019 不是液化石油气库站现场检查内容的是( )。
(A)运行人员是否按规定时间进行了巡检
(B)所有阀门必须配有手轮或扳把
(C)安全阀下设置的阀门,运行时处于常开状态,并加铅封
(D)员工是否具备相应岗位的知识和技能

38. BA019 安全阀下设置的阀门,运行时处于常开状态,并加( )。
(A)铅封　　　　　　(B)标牌　　　　　　(C)封条　　　　　　(D)堵头

39. BA020 当液化石油气库站出现( )、大量泄漏、液位计和压力表失灵等异常情况时,应立即停止装卸作业,并妥善处理。
(A)领导检查　　　　　　　　　　(B)雷雨暴雨雷击天气
(C)有维修作业　　　　　　　　　(D)安全阀下铅封丢失

40. BA020 关于液化石油气库站现场安全要求,说法不正确的是( )。
(A)库站内照明电路及电气设备一律采用防爆型

(B)每月检查一次干粉和气体灭火器
(C)压力表每半年检验一次
(D)是否成立了应急管理组织机构

41. BA021 液化石油气库站充装许可的资源条件不包括( )。
    (A)单位负责人　　(B)专职消防员　　(C)安全管理人员　　(D)技术负责人

42. BA021 液化石油气库站的( ),对充装单位的安全负责。
    (A)技术负责人　　(B)安全检查人员　　(C)单位负责人　　(D)化验人员

43. BA022 液化石油气储配库站应设立1名熟悉介质充装、安全技术规范及专业技术知识的( )。
    (A)技术负责人　　　　　　　　(B)安全检查人员
    (C)负责人　　　　　　　　　　(D)特种设备管理人员

44. BA022 液化石油气储配库站技术负责人学历要求不得低于( )。
    (A)初中　　　(B)高中　　　(C)中专　　　(D)大专

45. BA023 液化石油气库站设专(兼)职安全管理人员,负责( )。
    (A)合同管理　　　　　　　　　(B)客户服务
    (C)安全管理和检查工作　　　　(D)财务监管

46. BA023 液化石油气库站专兼职安全管理人员要取得( )。
    (A)特种设备作业人员证
    (B)含压力容器安全管理项目的特种设备作业人员证
    (C)上岗证
    (D)中级以上职称

47. BA024 液化石油气库站的充装作业人员不得少于( )人。
    (A)1　　　　(B)2　　　　(C)3　　　　(D)4

48. BA024 液化石油气库站的充装作业人员要取得相应操作的( ),方可上岗作业。
    (A)安全管理人员证　　　　　　(B)中华人民共和国特种作业人员证
    (C)上岗证　　　　　　　　　　(D)以上均是

49. BA025 液化石油气充装场地的安全出口,周围要设置( )。
    (A)大门　　　(B)专用道路　　(C)安全标志　　(D)报警装置

50. BA025 液化石油气库铁路罐车充装场地要求有( )。
    (A)符合设计、建设与运行的专用铁路装卸线
    (B)铁路电力线
    (C)国家铁路中心线
    (D)Ⅰ级通信线

51. BA026 库站充装许可规定,阀门之间的液相封闭管段,应当设置( )。
    (A)压力表　　　　　　　　　　(B)管道安全泄放装置
    (C)温度表　　　　　　　　　　(D)放散管

52. BA026 储罐本体有色标,并且在显著的位置按照规定标示( )。
    (A)盛装介质的名称　　　　　　(B)所属单位的名称
    (C)盛装介质的压力　　　　　　(D)盛装介质的特性

53. BA027 装卸用管必须每半年进行一次耐压(水压)试验,试验压力为( )倍的公称压力。
(A)0.5 (B)1 (C)1.5 (D)2

54. BA027 装卸用管和快速装卸接头的工程压力不得小于装卸系统工作压力的( )倍。
(A)1 (B)2 (C)3 (D)1.5

55. BA028 液化石油气库站生产区的( )采取防止易燃、易爆、有毒介质流入下水道或者其他以顶盖密封的沟渠中的措施。
(A)排水系统 (B)消防系统 (C)工艺系统 (D)报警系统

56. BA028 在易燃、易爆介质作业区域行驶的机动车辆,在其排气管出口装有( )。
(A)静电导线 (B)堵头 (C)阻火器 (D)警示标识

57. BA029 液化石油气库站的介质储存和充装区安装明显可见的( )。
(A)风向标 (B)路标 (C)危险源分布图 (D)介质说明书

58. BA029 液化石油气充装单位的入口处设置( )。
(A)静电接地设施 (B)设置紧急切断系统
(C)静电接地报警器 (D)人体静电释放装置

59. BA030 质量管理手册由( )批准并颁布实施。
(A)企业法定代表人 (B)质量管理工程师 (C)技术负责人 (D)安全总监

60. BA030 液化石油气库站质量管理手册的内容包括( )。
(A)企业法定代表人颁发的质量管理手册的执行令
(B)公司的组织机构设置和公司管理制度
(C)质量体系系统图
(D)以上均是

61. BA031 库站质量管理手册中管理制度包括( )。
(A)安全管理制度 (B)安全责任制度
(C)装卸过程关键点控制制度 (D)以上均正确

62. BA031 库站质量管理手册中管理制度包括( )。
(A)特种设备日常维护保养、定期检查和定期检验制度
(B)计量器具定期检定制度
(C)特种设备作业人员持证上岗制度
(D)以上均正确

63. BA032 为了防止充装过量,确保压力容器安全运行,国家颁布的《压力容器安全技术监察规程》、《液化气体汽车槽车安全监察规程》规定丙烷质量充装系数为( )。
(A)0.42 (B)0.43 (C)0.49 (D)0.51

64. BA032 为了防止充装过量,确保压力容器安全运行,国家颁布的《压力容器安全技术监察规程》、《液化气体汽车槽车安全监察规程》规定液化石油气质量充装系数为( )。
(A)0.49 (B)0.43 (C)0.42 (D)0.51

65. BA033 充装气瓶时,应( ),临时停充装时应及时停泵,防止烃泵空转过久发热,造成汽蚀或损坏设备。
(A)先开泵后充装 (B)先充装后开泵
(C)开泵和充装同时进行 (D)以上均可

66. BA033 冬季大风低温可能造成储罐、烃泵、管路冻堵,升压设备效率下降、升压困难等。夏季阳光暴晒,储罐压力升高,烃泵易( ),管路易气塞,充装困难增多等。要根据气象条件采取相应的措施预防或减少不利影响。

  (A)憋压   (B)集液   (C)汽蚀   (D)泄漏

(二)多项选择题(每题四个选项,至少两个是正确的,将正确的选项填入括号内)

1. BA001 关于液化石油气库站的总平面布置要求,下列哪些说法是正确的( )。
  (A)液化石油气库生产区和生产辅助区中间采用1m高的非燃烧实体墙隔离
  (B)生产区单独设立出入口及门卫
  (C)储罐区要按照要求用围堰隔离,围堰高度不低于1m
  (D)储罐总容量超过1000m³时,生产区应设两个对外的出入口,间距不应小于30m,出入口的宽度不应小于4m

2. BA003 关于液化石油气库站的选址,下列说法正确的是( )。
  (A)站址应远离城镇、学校、医院、影剧院、展览馆、体育馆、工业区、商业中心和居民稠密区
  (B)应选在通信和交通、电力枢纽方便接入的地区
  (C)应与名胜古迹和文物保护区、大型公共建筑保持300m以上的安全距离
  (D)应在地势平坦、开阔、不易积存液化石油气的地段

3. BA004 液化石油气库站内场地应满足( )行驶与回车的需要。
  (A)运瓶车   (B)汽车罐车   (C)火车罐车   (D)消防车

4. BA015 液化石油气库站的安全检查应按照检查表的内容,运用( )、模拟操作等方法进行检查。
  (A)记录查询   (B)现场验证   (C)询问   (D)考核

(三)判断题(对的画"√",错的画"×")

( )1. BA001 液化石油气库站生产区是甲类火灾危险区域,应单独设立出入口及门卫,是安全管理的重点区域。

( )2. BA002 液化石油气库站装车区要有足够的汽车罐车回转的半径。

( )3. BA003 液化石油气库站在地震设防区选址时,应避开有断裂带、旧河道等危险地带。

( )4. BA004 液化石油气库站不得设置人防或其他地下通道,也不得留有井坑、巷穴等。

( )5. BA005 总容积为400m³的储罐区与民用建筑的防火间距为70m。

( )6. BA006 承担液化石油气库站工程建设勘探、设计、施工和监理的单位,应当依法取得相应等级的资质证书。

( )7. BA007 未取得液化石油气充装许可证、危险化学品经济营许可证的,不得从事液化石油气的储、灌工作。

( )8. BA008 储罐区附近应有消防通道,并宜有直接通向站外的安全出入口,一般生产区设两个门,储罐距站区围墙的距离不小于25m。

( )9. BA009 供火车罐车装卸用的操作平台,其长度取决于罐车的尺寸和每次最多装卸的车节数,高度应与罐车上的操作平台相一致。

( )10. BA010 液化石油气库站在装卸台与汽车罐车停放位置之间应留有空隙。

( )11. BA011 灌瓶间和机泵房在结构上应采用敞开或半敞开式的双层厂房。

( )12. BA012　液化石油气库站压缩机担负着装卸罐车、灌瓶、倒罐、回收残液等作业的气相转移任务。

( )13. BA013　液化石油气钢瓶库四周宜设置非燃烧的实体围墙。

( )14. BA014　液化石油气的生产区域与办公区域必须按照国家规范设定一定的距离,不得设置在一起。

( )15. BA015　液化石油气库站安全检查应使用符合现场要求的仪器(如可燃气体浓度测试仪、测厚仪等)和工具,并穿戴好适合生产场所的劳动保护用品。

( )16. BA016　液化石油气库站的安全检查内容包括安全生产组织机构,设置专(兼)职安全管理人员的情况。

( )17. BA017　是否定期开展应急预案演练不是液化石油气储配库站的安全检查内容。

( )18. BA018　液化石油气库站应建立隐患登记台账,对未整改的隐患制定监控措施,并按措施要求进行监控。

( )19. BA019　未经批准不得随意更换阀门或改变阀门的位置和零件。

( )20. BA020　安全阀放散管末端应有防雨罩,保证放散时不受阻碍。

( )21. BA021　按照有关规范及其相应标准的要求,液化石油气库站应配备与充装介质相适应的介质分析检测仪器仪表与设施。

( )22. BA022　液化石油气储配库站技术负责人不必取得《特种设备作业人员证》。

( )23. BA023　液化石油气储配库站安全管理人员应掌握充装单位充装介质的基础知识及有关安全知识。

( )24. BA024　液化石油气储配库站充装人员应了解移动式压力容器基础知识,掌握各种移动式压力容器充装量规定。

( )25. BA025　液化石油气储配库站应设有安全出口,周围设置安全标志,安全标志应当符合 GB 2894—2001《安全标志及使用导则》的有关规定。

( )26. BA026　充装易燃、易爆介质,应当有符合消防要求的水源和消防设施。

( )27. BA027　装卸用管必须每半年进行一次耐压(水压)试验,试验压力为 1 倍的公称压力。

( )28. BA028　液化石油气储配库站中,非防爆设备可以进入易燃、易爆介质充装区域。

( )29. BA029　用于事故处理的应急工具、器具和安全防护用品,应不定期进行检查,确保有效可用。

( )30. BA030　液化石油气库站质量管理手册不包含公司的组织机构设置。

( )31. BA031　液化石油气库站质量管理手册中关于充装资料管理制度不包括介质成分检测报告单。

( )32. BA032　汽车罐车充装量可以超过允许的最大充装量,但是不能超过太多。

( )33. BA033　冬季大风低温可能造成储罐、烃泵、管路冻堵,可以采取伴热或保温防冻措施预防。

二、技能操作试题

(一) AA001 液化石油气库站安全检查

1. 考核要求

(1)必须穿戴劳动保护用品。

(2)工具、量具、用具准备齐全,正确使用。
(3)操作程序符合安全文明操作。
(4)按规定完成操作项目,质量达到技术要求。
(5)操作完毕,做到工完、料净、场地清。

2. 准备要求

工具、材料、设备准备。

序号	名称	规格	数量	备注
1	液化石油气库站		1座	考试用
2	扳手		1把	
3	钳子		1把	
4	抹布		1块	
5	笔记本		1个	
6	笔		1支	

3. 操作程序说明

(1)正确选用工具、用具和使用材料。
(2)检查罐体外观是否完好,附件是否正常。
(3)检查防火墙是否有裂纹,水封井是否关闭。
(4)储罐平台明显处是否悬挂警告标志。
(5)检查各项记录是否齐全。
(6)检查是否有外来闲杂人员滞留。
(7)检查管道及附属设施是否保养良好、有锈蚀。
(8)检查管道是否有流向标识,并对重要阀门进行挂牌管理。
(9)检查防雷装置状况良好,防静电装置完好,跨接、接地部位良好。
(10)检查消防水泵运作及保养,是否定期运行。
(11)检查规章制度有无完善执行。
(12)检查应急预案是否齐全,是否按期演习。
(13)清洁收回工具。
(14)穿戴劳保按规程操作。

4. 考核规定说明

(1)如操作违章或未按操作程序执行操作,将停止考核。
(2)考核采用百分制,考核项目得分按鉴定比重进行折算。
(3)考核方式说明:该项目为实际操作,考核过程按评分标准及操作过程进行评分。
(4)测量技能说明:本项目主要测量考生对液化石油气库站安全检查掌握的熟练程度。

5. 考核时限

(1)考核时间:15min。
(2)计时从领取工具、材料开始,至交回工具、材料为止。
(3)规定时间完成,超时停止工作。
(4)违章操作或发生事故停止工作。

6. 评分记录表

序号	考核内容	考核要求	配分	评分标准	检测结果	得分	扣分	备注
1	工具材料准备	正确选用工具、用具和使用材料	5	工具、用具少选一件扣2分,选错一件扣2分				本项扣完为止
				材料少选一件扣2分				
				笔记本和笔不带扣2分				
2	检查罐体	检查罐体外观是否完好,附件是否正常	5	未检查罐体扣5分				
				附件漏查一项扣2分				
3	检查排水	检查防火墙、水封井是否关闭	10	未检查防火墙扣5分				
				未检查水封井扣5分				
4	检查警告标志	储罐平台明显处是否悬挂警告标志	5	未挂一个扣2分,扣完为止				
				检查错误一处扣2分				
5	检查充装记录	检查各项记录是否齐全	5	漏查一处扣2分,扣完为止				
				未检查记录扣5分				
6	检查人员进入	检查是否有外来闲杂人员滞留	5	未检查门岗出入登记扣2分				
				非工作人员进入扣3分				
7	检查工艺管道	检查管道及附属设施是否保养良好、有锈蚀	10	检查不到位扣5分				
				未检查工艺管道扣10分				
8	检查管道流向标识	检查管道是否有流向标识,并对重要阀门进行挂牌管理	5	未检查重要阀门挂牌扣3分				
				未检查流向扣2分				
9	检查防雷、防静电装置	检查防雷装置状况良好,防静电装置完好,跨接、接地部位良好	15	未检查防雷装置扣5分				
				未检查防静电装置扣5分				
				未检查跨接、接地扣5分				
10	检查消防系统	检查消防水泵运作及保养,是否定期运行	15	未检查消防系统扣15分				
				检查不到位扣5分				
11	检查规章制度	检查规章制度有无完善执行	5	未检查扣5分				
12	检查应急预案	检查应急预案是否齐全,是否按期演习	10	未检查应急预案扣10分				
				检查不到位扣5分				
13	工具用具收回	清洁收回工具	5	不清洁工具扣5分,不收回扣2分				
				回收工具用具,少一件扣2分				
14	安全生产	穿戴劳保,按规程操作		不穿戴劳保扣10分,少一件扣3分				从总分中扣除
				操作中违反安全规定,取消考试资格				
		合计		100				

三、答案

(一) 单项选择题

1. A	2. B	3. A	4. C	5. D	6. C	7. B	8. C	9. D	10. D	11. B
12. B	13. A	14. C	15. D	16. B	17. D	18. B	19. B	20. C	21. C	22. A
23. A	24. C	25. C	26. C	27. B	28. A	29. A	30. C	31. D	32. A	33. D
34. B	35. A	36. C	37. D	38. A	39. B	40. D	41. B	42. C	43. A	44. D
45. C	46. B	47. D	48. B	49. C	50. A	51. B	52. A	53. C	54. B	55. A
56. C	57. A	58. D	59. A	60. D	61. D	62. C	63. A	64. C	65. A	66. C

(二) 多项选择题

1. BCD   2. ACD   3. ABD   4. ABCD

(三) 判断题

1. √ 2. √ 3. √ 4. √ 5. × 总容积为400m³的储罐区与民用建筑的防火间距为50m。 6. √ 7. √ 8. × 储罐区附近应有消防通道，并宜有直接通向站外的安全出入口，一般生产区设两个门，储罐距站区围墙的距离不小于15m。 9. √ 10. × 液化石油气库站在装卸台与汽车罐车停放位置之间应设有防撞装置。 11. × 灌瓶间和机泵房在结构上应采用敞开或半敞开式的单层厂房。 12. √ 13. √ 14. √ 15. √ 16. √ 17. × 是否定期开展应急预案演练是液化石油气储配库站的安全检查内容。 18. √ 19. √ 20. √ 21. √ 22. × 液化石油气储配库站技术负责人必须取得《特种设备作业人员证》。 23. √ 24. √ 25. × 液化石油气储配库站应设有安全出口，周围设置安全标志，安全标志应当符合 GB 2894—2008《安全标志及使用导则》的有关规定。 26. √ 27. × 装卸用管必须每半年进行一次耐压(水压)试验，试验压力为1.5倍的公称压力。 28. × 液化石油气储配库站中，非防爆设备不得进入易燃、易爆介质充装区域。 29. × 用于事故处理的应急工具、器具和安全防护用品，应定期进行检查，确保有效可用。 30. × 液化石油气库站质量管理手册包含公司的组织机构设置。 31. × 液化石油气库站质量管理手册中关于充装资料管理制度包括介质成分检测报告单。 32. × 汽车罐车充装量不得超过允许的最大充装量。 33. √

第十章 储罐的检验及投产

第一节 储罐的检验方法

一、储罐无损检验

(一) 储罐无损检验的内容

JBB001 液化石油气储罐无损检验的内容

对于在用的液化石油气储罐,通常采用非破坏件的无损检验,即宏观检查、无损探伤、气密性试验、耐压试验等。其中无损探伤是在不损坏被检容器的条件下,用各种方法探测容器金属层内部或表面所存在的缺陷,这些缺陷往往都是宏观检查方法所不能发现或确定的,常用的无损探伤方法有渗透探伤、磁粉探伤、射线探伤和超声波探伤等,对于在用的液化石油气容器,无损探伤着重检查容器在使用过程产生的缺陷或原有缺陷的变化扩展情况,从而评定容器的使用期限或报废与否。

1. 宏观检查

JBB002 宏观检查的方法

所谓宏观检查,通常是指外观检查,它是凭借检验人员的耳、目并借助于放大镜、卡尺、手锤等工具对罐体内外表面进行检查,它是检验工作的第一个步骤,也是最重要的一个内容。宏观检查方法如下:

(1) 用肉眼或 5~10 倍的放大镜直接观察容器的表面情况,以确定管线与罐体连接是否牢固可靠,焊缝的布局和焊缝尺寸是否符合要求,从而可发现裂纹、气孔、焊瘤、未焊透、咬边、表面夹渣和弧坑等缺陷。

(2) 检查罐体表面的腐蚀及机械损伤情况,是否存在局部凹陷、鼓包变形或过烧等不正常现象,详细记录其形态、部位、面积、深度等。对于较浅的腐蚀或划痕可直接打磨消除,深而大的缺陷,处理时要慎重对待。

(3) 对罐体上所有的密封面进行检查,不允许有影响密封的径向划伤,必要时重新修理密封面。

(4) 用标准圆弧板和平直尺顺着罐体表面滑动,以检查局部变形的程度,并分析局部变形产生的原因及处理方法。

(5) 用焊缝测规和样板检查所有焊缝的成形质量。

(6) 测量罐体的直径和总长,校核椭圆度与实际容积是否满足设计要求。

(7) 锤击检查也是一种检查储运容器的常用宏观检查方法。它是利用适当大小(一般为 0.5kg 左右)的手锤轻轻敲击容器或其部件的金属表面,根据锤击时所发出的声响和小锤弹跳的程度(凭手的感觉)来判断金属部位是否存在缺陷。一般来说,锤击时发出的声音清脆,而且小锤的弹跳情况良好,表示被敲击的部位没有重大缺陷。反之,若发出闷浊的声音,则可能是被检查部位或其附近有重皮、折叠和裂纹等。锤击检查还可以用小锤尖端刨挖金属表面上被腐蚀的深坑,以便测量腐蚀深度。

宏观检查方法比较简单,是对储运器进行内、外部检查的基本方法。它不但可以直接发现较为明显的表面缺陷,而且对进一步用其他方法作详细检查提供线索和根据。不过这种方法的检查效果在很大程度上取决于检查人员的经验和熟练程度,因此,必须在实践中不断地进行摸索和总结。

2. 气密性试验

对液化石油气储罐应进行气密性试验,以保证无泄漏。

气密性试验的目的是检查连接部位的密封情况和焊缝可能产生的渗漏,一般试验介质为干燥洁净的氮气或空气,碳素钢和低合金钢制造的储罐试验用空气温度不低于5℃。

气密性试验应在耐压试验合格后进行,对于罐车、卧式储罐及球形储罐,气密性试验压力为储罐的设计压力,对于钢瓶为其公称工作压力。进行气密性试验时,一般应将安全附件、阀门等装配齐全,试验压力应缓慢上升,达到规定的试验压力后应保压,保压时间不少于30min,经检查无泄漏为合格。

JBB003 气密性试验的方法

气密性试验步骤:

(1)将空气或氮气管接在气相阀的法兰上,关闭液相阀和各阀门,打开气相球阀和紧急切断阀,缓慢升压,每升压0.5MPa,则保压10min进行检查,最后升压至规定试验压力,保压30min后,将肥皂液涂在密封部位、法兰连接处及所有焊缝处,检查是否有渗漏。试漏期间不得开启安全阀下部的根部阀。

JBB004 气密性试验步骤

(2)关闭气相球阀,打开气相放散截止阀,泄出管路中压力,去掉空气压缩机出口管,装上快装堵头,重新关闭气液相放散阀,开启紧急切断阀和球阀,对紧急切断阀和球阀本体进行肥皂水渗透检查,无鼓泡为合格。如有泄漏,则在返修后重新进行水压试验和气密性试验。

(3)关闭球阀,利用放散阀放出余气后再关闭,取下快装堵头,用肥皂水涂满球阀出口检查球阀密封情况,应无鼓泡。

(4)关闭紧急切断阀,打开球阀,再用肥皂水涂满球阀出口检查紧急切断阀密封情况,以泄漏量小于1mL/3min为合格。

(5)关闭球阀,打开紧急切断阀,再微开球阀,利用远程控制手柄进行关闭试验,检查闭止时间和复位密封情况。

(6)对于有过流控制的紧急切断阀,可全开紧急切断阀和球阀,急速的气流喷出时,若紧急切断阀能自动复位关闭,则定性地表示过流合格。

(7)全部检验合格后,放空压力,关闭所有阀门,出具检验报告。

3. 煤油渗漏试验

试验时将焊缝表面清理干净,涂以白粉浆,待晾干后在焊缝的背面涂以煤油,由于煤油的张力很小,具有穿透细小孔隙的能力,如果焊缝不致密或钢材内部有疏松、欠层、夹渣时,煤油就会渗透到钢材或焊缝的另一面,并在白粉上现出印渍。为了准确确定缺陷位置,避免印渍扩散,应在涂上煤油后稍等片刻即进行观察,最初出现印渍处即为缺陷位置。为了保证煤油有足够的浸润时间,以持续30min以上不出现印渍为合格。

JBB005 煤油渗漏试验方法

4. 氨渗透试验

在容器外边面的焊缝上,贴上比焊缝约宽20mm 的经5%硝酸亚汞或酚酞水溶液浸泡过的纸条,然后往容器内通入含氧1%(体积分数)的压缩空气,加压到规定的氨渗透试验压力,保持5min,纸条上未出现黑色(硝酸亚汞浸渍)或红色(酚酞浸渍)斑点时,试验为合格。

二、储罐的耐压试验

液化石油气储罐在内外部检查和修复工作结束后方可进行耐压试验,容器的耐压试验是用水或其他适宜的液体作为加压介质,对容器进行强度和密封性的综合检验。下面介绍储罐的水压试验方法。

(一)水压试验方法

1. 水压试验的目的

水压试验的主要目的是验证强度,即试验储罐是否具有承受工作压力所需的强度。如果罐体强度不够,即在水压试验时出现塑性变形甚至破裂而被发现,而不致在使用过程中发生爆炸事故。

2. 水压试验的介质和程序

水压试验的介质是纯净水。试验时水的温度不得低于5℃。

(1)将罐体内部的残留物清除干净。特别是把与水接触后能引起器壁腐蚀的物质彻底除净。

(2)将罐体的人孔、安全阀座孔及其他管孔用盲板封严,留住气相放散阀门和气相管线压力表,便于将罐内空气排出和观察压力。罐体的下部的排污阀或液相管或高压注水管线为进水管。

(3)开启高压注水泵往储罐内注水。无注水管线的储罐要准备合适的试压泵,试压泵可以用手泵或电泵,将试压泵与容器罐体的进水管孔用管道连接好,试压泵的水箱应另接一根进水管,用以连接水源。注水时,打开气相放散阀,待气排完后关闭或加盲板。

(4)水泵和储罐压力表的最大量程应为容器试验压力的1.5~2倍,压力表的精度等级不低于1.5级,表盘直径不得小于100mm,未经检验合格和铅封的压力表均不准使用。

(5)试验时,储罐中应充满水,滞留在储罐内的气体必须排净。储罐外表面应保持干燥,当储罐壁温度与水温接近时,才能缓慢升压至设计压力,确认无泄漏后继续升压到规定的试验压力,保压30min,然后降至规定试验压力的80%,保压足够时间进行检查,检查期间压力应保持不变,不得采用连续加压来维持试验压力不变。

(6)水压试验过程中,如果发现有异常声响、压力下降或加压装置发生故障等不正常现象时,应立即停止试验,并查明原因。在整个试验过程中,被试验的储罐不得有宏观变形和渗漏。

(7)水压试验的压力:对于固定式储罐,试验压力为设计压力的1.25倍;对于钢瓶则为2.36MPa(24kgf/cm²);对移动式压力容器,试验压力为设计压力的1.5倍。

（8）对于罐车检验时的水压试验，一般直接在罐车上进行。由于试压时，罐体中水的质量大于额定液化石油气质量的一倍以上，为防止压坏汽车弹簧，应事先将汽车底盘稳固地支撑起来。

（9）水压试验时液位计的浮球应事先取出，以免浮球承受不了外压而破裂损坏。

（10）水压试验完毕后，检查安装在连接管线上的盲板是否拆除，应将水排尽，并用压缩空气将容器内部吹干。

（二）必须进行耐压试验条件

（1）用焊接方法修理改造或更换受压元件的；
（2）改变使用条件，且超过原设计参数并经强度校验合格的；
（3）需要更换衬里的，在重新更换衬里前应进行耐压试验；
（4）停止使用两年后重新复用的；
（5）使用单位从外单位拆来新安装的或本单位内部移装的；
（6）使用单位对压力容器的安全有怀疑的。

JBB007 储罐必须进行耐压试验的条件

第二节 储罐的投产方法

一、储罐氮气置换投产方法

（1）置换前关闭储罐所有进出口阀门，使置换储罐与其他储罐完全隔绝。
（2）从储罐液相管向储罐充装氮气，充气达到0.2MPa时，停止充氮气，并从气相管进行放散，当储罐内压力为0.01MPa时，停止放散。按此程序反复进行，直到储罐内含氧量小于3%时，认为置换合格。
（3）在充装氮气过程中要随时对储罐内气体进行取样分析。
（4）当储罐内含氧量达到规定指标后，从储罐气相管向储罐内充装气态液化石油气，达到置换时温度的饱和蒸气压以后，再进行液态液化石油气的充装。
（5）充液结束后，储罐液位、压力、温度达到规定指标以后，开启安全阀接管阀座上的阀门，并加铅封。
（6）作好置换投产记录。

JBB008 储罐氮气置换投产方法

二、储罐水置换投产方法

水置换法是用水作为媒介进行液化石油气储罐内空气置换的方法。
（1）进行置换前将储罐与其他储罐隔离，然后将系统全部充满水，使空气排出；
（2）从系统最高位气相管线处，接通罐车气相液化石油气，再从系统最低位排污管向外排水，水在液化石油气气相压力和位置差的作用下，经排污管流出；
（3）随着水位的下降，液化石油气体不断补入水流出的空间，直到水全部排净，从排污管口冒出液化石油气时，立即关闭排污管阀门；
（4）待系统内液化石油气压力升至0.49MPa以上，再关闭连接进气相液化石

JBB009 储罐水置换投产方法

油气的阀门,置换工作完成。

三、储罐抽真空置换投产方法

抽真空置换法是用真空泵将工艺装置内部抽为真空,降低其气体含氧量的置换方法。

(1)抽真空前关闭储罐所有进出口阀门,包括系统上的压力表和安全阀下部的根部阀,使置换储罐与其他储罐及设备完全隔绝,将系统的液相管与真空泵相接,气相管与液化石油气的气相来源相接,切断与无关系统的联系,开启真空泵抽吸系统内的空气,当系统真空度降到 0.0867MPa 以下时,停止抽气,关闭液相管上的操作阀;

(2)开启气相进口阀,从气相管向系统内充进气相液化石油气,并视进气情况开启压力表根部阀,关闭真空表的根部阀;

(3)待压力达到当时条件下的饱和蒸气压后,关闭进气阀,停止充气,按充液操作程序向储罐内充装液态液化石油气;

(4)充液结束后,应及时开启安全阀下部的根部阀,使安全阀处于工作状态;

(5)作好置换投产记录。

技师练习题及答案

一、理论知识试题

(一)单项选择题(每题四个选项,只有一个是正确的,将正确的选项号填入括号内)

1. BB001　无损探伤是为了评定容器的(　)而进行的探测。
　　(A)质量　　　　　(B)规格　　　　　(C)使用期限　　　　(D)材料

2. BB001　液化石油气储罐无损检验的内容不包括(　)。
　　(A)宏观检查　　　(B)致密性试验　　 (C)耐压试验　　　　(D)强度试验

3. BB002　检查容器焊缝的成形质量应该使用(　)。
　　(A)0.5kg左右的手锤　　　　　　　　(B)超声波
　　(C)焊缝测规和样板　　　　　　　　(D)着色剂

4. BB002　检查容器局部变形程度用(　)顺着罐体表面滑动。
　　(A)样板　　　　　　　　　　　　　(B)标准圆弧板和平直尺
　　(C)0.5kg左右的手锤　　　　　　　　(D)5~10倍的放大镜

5. BB003　气密性试验最主要的目的是检查容器的连接部位的密封情况和(　)的泄漏检查。
　　(A)焊缝　　　　　(B)阀门　　　　　(C)法兰　　　　　　(D)以上全是

6. BB003　气密性试验一般采用洁净、干燥的空气或氮气进行,先将容器缓慢升压到(　)时,保压30min。
　　(A)1.6MPa　　　　　　　　　　　　(B)容器的设计压力
　　(C)合适压力　　　　　　　　　　　(D)1.4MPa

7. BB004　气密性试验是将空气或氮气接管在气相阀的法兰上,关闭液相阀和各阀门,打开气相球阀和紧急切断阀,缓慢升压,每升压(　),则保压10min进行检查。
　　(A)0.5MPa　　　　(B)1.0MPa　　　　(C)1.2MPa　　　　　(D)1.5MPa

8. BB004　气密性试验在升压至规定试验压力后保压(　)后,将肥皂液涂在密封部位、法兰连接处及所有焊缝处,检查是否有渗漏。
　　(A)10min　　　　 (B)20min　　　　 (C)30min　　　　　 (D)40min

9. BB005　煤油渗漏试验,试验时将被检查的表面清理干净,涂以白粉浆,待晾干后在焊缝(　)涂以煤油。
　　(A)表面　　　　　(B)背面　　　　　(C)外侧　　　　　　(D)均可

10. BB005　煤油渗漏试验,为了保证煤油有足够的浸润时间,以持续(　)以上不出现印渍为试验合格。
　　(A)10min　　　　 (B)20min　　　　 (C)30min　　　　　 (D)40min

11. BB006　储罐水压试验所用的介质是(　)。
　　(A)河水　　　　　(B)纯净水　　　　(C)适用的液体　　　(D)以上均可

12. BB006　储罐水压试验时,检查储罐各部位是否有泄漏现象时,储罐的压力应(　)。
　　(A)保持不变　　　(B)持续加压　　　(C)缓慢降低　　　　(D)缓慢升高

13. BB007　用焊接方法修理改造或更换受压元件的储罐检验必须进行(　)。
　　(A)气密性试验　　　　　　　　　　(B)无损探伤

(C)耐压试验 (D)煤油渗漏试验
14. BB007 改变使用条件,且超过原设计参数并经强度校验合格的储罐检验必须进行( )。
(A)气密性试验 (B)无损探伤
(C)耐压试验 (D)煤油渗漏试验
15. BB008 氮气置换法是以( )为媒介置换设备内气体的方法。
(A)氮气 (B)空气
(C)水 (D)液化石油气
16. BB008 用氮气置换投产时,先将( )管路与氮气接通,向系统内加入氮气,同时打开储罐上部的放散阀,让气体排出。
(A)气相 (B)液相 (C)底部排污阀 (D)进液
17. BB009 利用水对液化石油气储罐置换投产时,储罐必须先注满( )。
(A)真空 (B)液化石油气 (C)水 (D)以上均可
18. BB009 水置换投产,待系统内液化石油气压力升至( )以上,再关闭连接进气相液化石油气的阀门,置换工作完成。
(A)0.2MPa (B)0.3MPa (C)0.49MPa (D)0.5MPa
19. BB010 液化石油气库站抽真空置换投产时,应将系统的( )与真空泵相接。
(A)气相管 (B)液相管 (C)液位计管 (D)排污管
20. BB010 液化石油气库站抽真空置换投产时,当系统真空度降到0.0866MPa以下时,停止抽气,关闭( )上的操作阀。
(A)储罐放散管 (B)气相管 (C)液相管 (D)排污管

(二)多项选择题(每题四个选项,至少有两个是正确的,将正确的选项号填入括号内)
1. BB001 液化石油气储罐气密性试验时,一般选用的介质为( )。
(A)液化石油气 (B)氮气 (C)空气 (D)真空
2. BB006 关于水压试验的程序的描述,下列说法正确的是( )。
(A)储罐进水时应从罐体上部的安全阀接口进入
(B)储罐进水时应从罐体下部的排污阀或液相管或高压注水管线进入
(C)水泵和储罐压力表的最大量程应为容器试验压力的1.5～2倍
(D)试验时,储罐中应充满水,滞留在储罐内的气体必须排净
3. BB002 宏观检查可以发现( )等缺陷。
(A)壳体局部变形 (B)容器内外磨损、腐蚀
(C)容器表面裂纹 (D)焊缝尺寸是否符合要求
4. BB004 气密性试验最主要的目的是检查容器的( )的泄漏检查。
(A)焊缝 (B)阀门
(C)法兰 (D)连接部位
5. BB008 液化石油气储罐及工艺管线安装或检修完毕并验收合格后,可进行置换,置换方法可分为( )。
(A)氮气置换法 (B)水置换法
(C)抽真空置换法 (D)空气置换法

(三)判断题(对的画"√",错的画"×")
( )1. BB001 无损探伤是在不损坏被检容器的条件下,用各种方法探测容器金属层内部所

存在的缺陷。
( )2. BB002 宏观检查使用肉眼、放大镜和样板尺对罐体内外表进行检查。
( )3. BB003 气密性试验一般试验介质为干燥洁净的氮气或空气。
( )4. BB004 气密性试验试漏期间不得开启安全阀下部的根部阀。
( )5. BB005 为了保证煤油有足够的浸润时间,以持续30min以上不出现印渍为合格。
( )6. BB006 储罐进行水压试验,试验时水的温度不得低于15℃。
( )7. BB007 使用单位对压力容器的安全有怀疑的必须进行耐压试验。
( )8. BB008 氮气置换时,从储罐气相管向储罐充装氮气,充气达到0.2MPa时,停止充氮气。
( )9. BB009 水置换法是用水作为媒介进行液化石油气储罐内氮气置换的方法。
( )10. BB010 用抽真空法置换时,应先将系统上的压力表和安全阀下部的根部阀关闭,使其与置换系统隔离。
( )11. BB010 抽真空置换法是用压缩机将工艺装置内部抽为真空,降低其气体含氧量的置换方法。

二、技能操作试题

(一) AB001 压力容器及管道投产前的置换工作

1. 考核要求

(1)必须穿戴劳动保护用品。
(2)工具、量具、用具准备齐全,正确使用。
(3)操作程序符合安全文明操作。
(4)按规定完成操作项目,质量达到技术要求。
(5)操作完毕,做到工完、料净、场地清。

2. 准备要求

工具、材料、设备准备。

序号	名称	规格	数量	备注
1	储罐工艺		2套	考试专用
2	连接导管		1根	
3	氮气瓶		10个	
4	扳手		1把	
5	螺丝刀		1把	
6	毛刷		1个	

3. 操作程序说明

(1)正确选用工具、用具和使用材料。
(2)检查投产储罐阀门。
(3)连接氮气瓶与投产储罐。
(4)充氮气。
(5)检查压力。

(6)停止送气。

(7)投产储罐气相放散。

(8)重复操作(4)、(5)两步骤。

(9)拆除氮气瓶。

(10)投产储罐充入气相。

(11)检查投产储罐。

(12)投产储罐充入液相。

(13)清洁收回工具。

(14)穿戴劳保,按规程操作。

4. 考核规定说明

(1)如操作违章或未按操作程序执行操作,将停止考核。

(2)考核采用百分制,考核项目得分按鉴定比重进行折算。

(3)考核方式说明:该项目为实际操作,考核过程按评分标准及操作过程进行评分。

(4)测量技能说明:本项目主要测量考生对压力容器及管道投产前的置换工作掌握的熟练程度。

5. 考核时限

(1)考核时间:15min。

(2)计时从领取工具、材料开始,至交回工具、材料为止。

(3)规定时间完成,超时停止工作。

(4)违章操作或发生事故停止工作。

6. 评分记录表

序号	考核内容	考核要求	配分	评分标准	检测结果	得分	扣分	备注
1	工具材料准备	正确选用工具、用具和使用材料	5	工具、用具少选一件扣2分,选错一件扣2分				
				材料少选一件扣2分				
2	检查投产储罐阀门	检查关闭投产储罐所有气相、液相的进、出口阀门	5	未检查扣5分				
				少关或漏关一个阀门扣2分				
3	连接氮气瓶与投产储罐	打开投产储罐压力表下阀门,打开投产储罐液位计阀门	5	每少打开一个阀门扣2分				
		把氮气瓶用连接导管与投产储罐的液相进口管线连通	5	未连接扣5分				
4	充氮气	先打开抽产储罐液相进口阀门,然后慢慢打开氮气瓶角阀,向投产储罐充氮气	10	未打开液相进口阀门的2分				
				未打开氮气瓶阀扣2分				
				打开氮气瓶角阀速度过快扣2分				
				开阀顺序不正确扣4分				

续表

序号	考核内容	考核要求	配分	评分标准	检测结果	得分	扣分	备注
5	检查压力	当投产储罐压力未达到0.2MPa,氮气已用完时,关闭相关阀门停止送氮气,更换新氮气瓶送气	5	不更换氮气瓶扣5分				
				更换氮气瓶操作不正确扣2分				
6	停止送气	氮气压力充至0.2MPa时,依次关闭投产储罐液相进口阀门,关闭氮气瓶角阀,停止充氮气	10	压力未充至0.2MPa便停止充氮气扣10分				
				压力充至0.2MPa时,漏关一处阀门扣2分				
				阀门关闭顺序错误扣5分				
7	投产储罐气相放散	打开气相放空管线阀门进行放散,放散至投产储罐压力0.01MPa时,关闭全部放空管线阀门,停止放散	10	未进行放散操作扣10分				
				放散后未关闭投产储罐气相放空管线阀门扣10分				
				放散后投产储罐压力小于0.01MPa扣5分				
				放散后投产储罐压力大于0.01MPa扣2分				
8	重复操作	重复上述充氮气、检查压力两步操作	5	不重复扣5分				
				重复操作过程中操作错误扣2分				
9	拆除氮气瓶	把连接导管和氮气瓶从投产储罐的液相进口管线上拆下	5	未拆除扣5分				
10	投产储罐充入气相	接通投产储罐与有液储罐的气相平衡管线,打开投产储罐和有液储罐的气相平衡管线阀门,向投产储罐充气相液化石油气	10	管线未接通扣10分				
				每少打开一个阀门扣2分				
11	检查投产储罐	当表压升至0.01MPa时,全面检查投产储罐各部位有无泄漏	10	当表压升至0.01MPa后,未全面检查投产储罐扣10分				
				存在泄漏不处理扣5分				
12	投产储罐充入液相	在储罐压力达到当时条件下的饱和蒸气压时,将投产储罐的液相回流管线与有液储罐液相出口接通,打开回流阀门,打开液相出口阀门,向投产储罐充入液相液化石油气	10	管线未接通扣10分				
				每少开一个阀门扣2分				
				开始充液时投产储罐压力未达到当时条件下的饱和蒸气压扣5分				
13	工具用具收回	清洁收回工具	5	不清洁工具扣5分,不收回扣2分				
				回收工具用具,少一件扣2分				

续表

序号	考核内容	考核要求	配分	评分标准	检测结果	得分	扣分	备注
14	安全生产	穿戴劳保,按规程操作		不穿戴劳保扣10分,少一件扣3分				从总分中扣除
				操作中违反安全规定,取消考试资格				
合计			100					

(二) AB002 储罐水压试验操作

1. 考核要求

(1)必须穿戴劳动保护用品。

(2)工具、量具、用具准备齐全,正确使用。

(3)操作程序符合安全文明操作。

(4)按规定完成操作项目,质量达到技术要求。

(5)操作完毕,做到工完、料净、场地清。

2. 准备要求

工具、材料、设备准备。

序号	名称	规格	数量	备注
1	储罐工艺流程		1套	考试专用
2	上水管线		1根	
3	水泵		1个	
4	扳手		1把	
5	螺丝刀		2把	十字、一字各1把
6	压力表		1个	
7	钳子		1把	

3. 操作程序说明

(1)正确选用工具、用具和使用材料。

(2)隔离储罐。

(3)安装压力表。

(4)连接上水管线与储罐。

(5)向储罐内充水。

(6)拆卸上水管线。

(7)连接水泵与上水管线。

(8)连接水泵与储罐。

(9)储罐打压。

(10)储罐保压。

(11)储罐泄压。

(12)拆除水泵。

(13)清洁收回工具。
(14)穿戴劳保,按规程操作。

4. 考核规定说明

(1)如操作违章或未按操作程序执行操作,将停止考核。
(2)考核采用百分制,考核项目得分按鉴定比重进行折算。
(3)考核方式说明:该项目为实际操作,考核过程按评分标准及操作过程进行评分。
(4)测量技能说明:本项目主要测量考生对储罐水压试验操作掌握的熟练程度。

5. 考核时限

(1)考核时间:15min。
(2)计时从领取工具、材料开始,至交回工具、材料为止。
(3)规定时间完成,超时停止工作。
(4)违章操作或发生事故停止工作。

6. 评分记录表

序号	考核内容	考核要求	配分	评分标准	检测结果	得分	扣分	备注
1	工具材料准备	正确选用工具、用具和使用材料	5	工具、用具少选一件扣2分,选错一件扣2分				
				材料少选一件扣2分				
2	隔离储罐	关闭储罐阀门,打开液相门,管线加盲板	5	管线断处未加盲板扣3分				
				未打开液相管线扣2分				
3	安装压力表、连接上水管线	安装压力表并打开表下阀门,连接上水管线	10	未安装压力表扣3分				
				未打开压力表下阀门扣2分				
				未连接上水管线扣5分				
4	罐内充水	开水,通过液向管线,打开一处加盲板处气相阀门,为罐内充水	5	允水时未打开储罐气相加盲板处阀门扣3分				
				少打开一处阀门扣2分				
5	拆卸上水管线	水位充至从气相盲板打开处流出,关闭送水阀门,恢复盲板,拆下水管	10	未恢复盲板扣5分				
				上水阀门、储罐阀门少关闭一处扣2分				
				未拆下上水管扣2分				
6	连接水泵至储罐	上水管线与水泵进口紧固连接后,与储罐液相入水口阀门连接	10	连接不紧固扣5分				
				一处连接不正确扣2分				
7	开泵	打开上水管线阀门,启动水泵,打开水泵出口排空,正常后打开储罐液相阀门,再关闭泵的出口阀	10	未排空泵扣5分				
				启泵未观察水泵压力是否正常扣2分				
				阀门开关错一处扣2分				

续表

序号	考核内容	考核要求	配分	评分标准	检测结果	得分	扣分	备注
8	停泵	储罐达到试验压力时,立即停泵,关闭罐液相阀门,关闭上水阀门	10	试验压力不到就关泵扣5分				
				阀门漏关一处扣2分				
9	储罐保压	保持试验压力3min后有压降为不合格,立即泄压处理;无压降,泄压至储罐设计压力保持10～15min无压降为合格,有压降泄压处理	10	未观察压力表扣10分				
				保压时间不准确扣5分				
				保压操作不正确扣5分				
10	储罐泄压	打开储罐的排污阀排水泄压	10	储罐不泄压扣10分				
				泄压操作不正确扣5分				
11	拆除水泵	将水泵从储罐液相入水口阀门上拆除	10	拆除损坏部件扣5分				
				未拆除扣10分				
12	工具用具收回	清洁收回工具	5	不清洁工具扣5分,不收回扣2分				
				回收工具用具,少一件扣2分				
13	安全生产	穿戴劳保,按规程操作		不穿戴劳保扣10分,少一件扣3分				从总分中扣除
				操作中违反安全规定,取消考试资格				
合计			100					

(三) AB003 储罐气压试验操作

1. 考核要求

(1)必须穿戴劳动保护用品。
(2)工具、量具、用具准备齐全,正确使用。
(3)操作程序符合安全文明操作。
(4)按规定完成操作项目,质量达到技术要求。
(5)操作完毕,做到工完、料净、场地清。

2. 准备要求

工具、材料、设备准备。

序号	名称	规格	数量	备注
1	储罐工艺流程		1套	考试专用
2	肥皂水		1壶	
3	高压胶管		1根	
4	氮气瓶		1个	
5	空气压缩机		1台	
6	扳手		1把	

续表

序号	名称	规格	数量	备注
7	螺丝刀		1把	
8	盲板		若干	
9	压力表		1块	
10	毛刷		1支	

3. 操作程序说明

(1)正确选用工具、用具和使用材料。

(2)加盲板与储罐出口断开,用高压胶管连接储罐与气源管路。

(3)试验前检查。

(4)启动空气压缩机,给试压储罐升压。

(5)观察储罐压力表。

(6)刷肥皂水检查试漏。

(7)耐压试验。

(8)合格后降压。

(9)判断试验结果。

(10)放气泄压。

(11)拆除气源管路。

(12)清洁收回工具。

(13)穿戴劳保,按规程操作。

4. 考核规定说明

(1)如操作违章或未按操作程序执行操作,将停止考核。

(2)考核采用百分制,考核项目得分按鉴定比重进行折算。

(3)考核方式说明:该项目为实际操作,考核过程按评分标准及操作过程进行评分。

(4)测量技能说明:本项目主要测量考生对储罐气压试验操作掌握的熟练程度。

5. 考核时限

(1)考核时间:15min。

(2)计时从领取工具、材料开始,至交回工具、材料为止。

(3)规定时间完成,超时停止工作。

(4)违章操作或发生事故停止工作。

6. 评分记录表

序号	考核内容	考核要求	配分	评分标准	检测结果	得分	扣分	备注
1	工具材料准备	正确选用工具、用具和使用材料	5	工具、用具少选一件扣2分,选错一件扣2分				
				材料少选一件扣2分				

续表

序号	考核内容	考核要求	配分	评分标准	检测结果	得分	扣分	备注
2	隔离储罐，连接气源	加盲板与储罐出口断开，用高压胶管连接储罐与气源管路	15	未用盲板断开储罐扣5分				
				未将储罐与气源管路连接扣5分				
				管路采用材质不正确扣5分				
3	安装压力表做试验前检查	罐顶安装压力表，检查试验介质不低于5℃，管路、阀门是否畅通，无关人员离开试压区	10	压力表选择规格不在试验压力的1.5~2倍扣5分				
				未检查试验介质温度扣2分				
				未检查管路及阀门扣2分				
				未检查无关人员是否离开扣2分				
4	启动空气压缩机	启动空气压缩机，给试压储罐升压	5	启动空气压缩机不正确扣5分				
5	观察储罐压力表	观察压力，检查有无泄漏，压力升到0.3MPa以上泄漏时严禁紧固处理，等降到0.3MPa以下再紧固处理	10	不观察压力扣3分				
				不检查有无泄漏扣2分				
				处理不正确扣5分				
6	刷肥皂水检查试漏	压力升到0.3MPa、0.8MPa、1.3MPa（可不设1.3MPa）时，各用肥皂水将焊缝及连接部位刷一遍	5	试漏时压力每错一次扣2分				
				试漏位置不正确一次扣2分				
7	耐压试验	储罐升压到试验压力时停止升压，关闭气路，试漏一次，保持试验压力10~20min观察无压降无泄漏为合格	15	未升至试验压力扣5分				
				试漏少一次扣2分				
				升至试验压力未关闭气路扣5分				
				发现泄漏未正确处理扣5分				
8	合格后降压	试验压力合格后，将压力降到工作压力	5	不降至工作压力扣5分				
9	判断试验结果	保持工作压力10~15min观测，并试漏一遍，无压降、无泄漏则试压成功	10	观察时间不到3min扣2分				
				不试漏扣3分				
				试压是否成功判断不正确扣5分				
10	放气泄压	试验成功后放气泄压	5	不放气泄压扣5分				
11	拆除气源管路	泄压结束后拆除气源管路	5	拆除造成损坏扣2分				
				不拆除扣5分				
12	工具用具收回	清洁收回工具	10	不清洁工具扣5分，不收回扣2分				
				回收工具用具，少一件扣2分				

续表

序号	考核内容	考核要求	配分	评分标准	检测结果	得分	扣分	备注
13	安全生产	穿戴劳保,按规程操作		不穿戴劳保扣10分,少一件扣3分				从总分中扣除
				操作中违反安全规定,取消考试资格				
合计			100					

三、答案

(一) 单项选择题

1. C 2. D 3. C 4. B 5. A 6. B 7. A 8. C 9. B 10. C 11. B
12. A 13. C 14. C 15. A 16. B 17. C 18. C 19. B 20. C

(二) 多项选择题

1. BC 2. BCD 3. ABCD 4. AD 5. ABC

(三) 判断题

1. × 无损探伤是在不损坏被检容器的条件下,用各种方法探测容器金属层内部或表面所存在的缺陷。 2. √ 3. √ 4. √ 5. √ 6. × 储罐进行水压试验,试验时水的温度不得低于5℃。 7. √ 8. × 氮气置换时,从储罐液相管向储罐充装氮气,充气达到0.2MPa时,停止充氮气。 9. × 水置换法是用水作为媒介进行液化石油气储罐内空气置换的方法。 10. √ 11. × 抽真空置换法是用真空泵将工艺装置内部抽为真空,降低其气体含氧量的置换方法。

第十一章 机泵的安装及管理

第一节 泵

JBC001 泵的使用要求

一、泵的使用要求

(1) 泵进口安装高度、长度、管径应满足计算值,力求简短,尽量减少不必要的损失(如弯头等),并保证泵工作时不超过其允许汽蚀余量。

(2) 泵进、出口管路应有支架,泵不允许承受管路的重量。

(3) 泵安装在罐区时,应尽量设置在两罐之间,或罐与管网之间,泵的四周应有足够的场地,以便于操作和检修。

(4) 泵前应安装过滤器,过滤器的有效截面应大于吸入管截面的 2~3 倍。

二、泵的安装与调试

泵安装前,基础混凝土的强度应符合设计要求,并要经过混凝土试件的试验结果来检验,强度应达到设计强度的 80% 以上,机泵才能就位安装。

JBC002 泵安装前开箱验收内容

(一) 泵安装前开箱验收内容

(1) 泵的开箱验收需施工承包商、监理、业主、供货商等相关人员参与。

(2) 核对机器的名称、型号、规格、包装箱号、箱数并检查质量情况。

(3) 检查随机技术资料及专用工具是否齐全。

(4) 对主机、附属设备及零部件进行外观检查。

(5) 核实零部件的品种、规格、数量。

JBC003 泵安装就位前的复查内容

(二) 泵安装就位前的复查

(1) 检查基础的尺寸、位置、标高是否符合设计要求。

(2) 底座是否找正合格,地脚螺栓是否合适。

(3) 设备是否有缺件、损坏、锈蚀,管口保护物和堵盖是否完好。

(4) 泵盘车是否灵活,是否有阻滞、卡住现象和异常声音。

(5) 底盘与泵体及电动机的连接处不应有影响两者平稳接触的异物。

JBC004 新投产及大修后的泵试车方法

(三) 新投产及检修后的泵试车方法

(1) 解离传动皮带,单独启动电动机检查其转向是否正确,经确认无误后再挂接皮带。

(2) 检查各固定和连接部位是否松动,皮带防护罩放置是否牢固、准确,各零部件是否配备齐全。

(3) 确认安全阀、压力表灵敏可靠,接地装置测试合格。

(4) 检查泵的润滑油是否充足,油的规格、质量是否符合技术要求。

(5) 打开进口管路上的各阀门向泵内充入液体,若系统内有气体,可拆下出口压力表,通过根部阀排尽气体,排尽后安装压力表,打开压力表根部阀。

(6) 盘车 6~10 圈,检查泵运转是否正常。

(7) 打开出口管路、回流管路上的各阀门,启动电动机,使泵运行 20~30min,若泵无异常,将出口压力差控制在 0.3~0.5MPa 之间运行。

三、泵的配管注意事项

JBC005 泵的配管注意事项

(1) 为了提高泵的吸入性能,泵吸入管路应尽可能缩短,尽量少拐弯(弯头最好用大曲率半径),以减少管道阻力损失。

(2) 为防止泵产生汽蚀,泵吸入管路应尽可能避免积聚气体的囊形部位,不能避免时,应在囊形部位设 DN15 或 DN20 的排气阀。

(3) 当泵的吸入管为垂直方向时,吸入管上若配置异径管,则应配置偏心异径管,以免形成气囊。

(4) 输送液化石油气、液氨等的泵,吸入管道应有 1/10~1/100 的坡度坡向泵,使汽化产生的气体返回吸入罐内,以避免泵产生汽蚀。

(5) 单吸泵的进口处,最好配置一段约 3 倍进口直径的直管。

(6) 对于双吸入泵,为了避免双向吸入水平离心泵的汽蚀,双吸入管要对称布置,以保证两边流量分配均匀。垂直管道通过弯头直接连接,但泵的轴线一定要垂直于弯头所在的平面。此时,进口配管要求尽量短,弯头接异径管,再接进口法兰。在其他条件下,泵进口前应有不小于 3 倍管径的直管段。

(7) 泵出口的切断阀和止回阀之间用泄液阀放净。管径大于 DN50 时,也可在止回阀的阀盖上开孔装放净阀。同规格泵的进出口阀门尽量采用同一标高。

第二节 压 缩 机

一、压缩机的安装

压缩机的安装应符合安装工程的通用技术要求。

(一) 压缩机安装前开箱验收内容

JBC006 压缩机验收内容

(1) 压缩机的开箱验收需施工承包商、监理、业主、供货商等相关人员参与;

(2) 核对机器的名称、型号、规格、包装箱号、箱数并检查质量情况;

(3) 检查随机技术资料(产品证明书、使用说明书)及专用工具是否齐全;

(4) 对主机、附属设备及零部件进行外观检查;

(5) 核实零部件的名称、品种、规格、数量是否相符。

(二) 安装就位前的检查

JBC007 压缩机安装就位前应检查内容

(1) 检查基础的尺寸、位置、标高是否符合设计要求;

(2) 底座是否找正合格,地脚螺栓是否合适;

(3) 设备是否有缺件、损坏、锈蚀,管口保护物和堵盖是否完好;

(4) 电动机转动是否灵活,是否有阻滞、卡住现象和异常声音;

(5) 底盘与机体及电动机的连接处不应有影响两者平稳接触的异物。

| JBC008 整体安装和解体压缩机要检查内容 | **(三)整体安装的压缩机**
（1）拆卸活塞、连杆、气阀和填料，并将机械表面和拆下的零部件清洗干净，气阀、填料不允许用蒸汽清洗；
（2）用油封润滑油封存的往复活塞式压缩机，在设备技术文件规定的油封期限内安装时只清洗气阀。

(四)解体安装的压缩机
（1）严格清洗主机零部件和填料及其他密封元件，不应用蒸汽清洗；
（2）清洗后应将水分或清洗剂除净，并检查零部件和设备表面有无损伤等缺陷，合格后应涂上一层润滑油（无油润滑压缩机与介质接触的零部件不涂油）。

二、安装后的试运行 |

| JBC009 压缩机安装后的试运行 | **(一)试运行前准备工作**
（1）气缸盖、气缸、机身、十字头、连杆、轴承盖等的紧固件，应全面复查是否紧固；
（2）仪表和电气设备应调整正确，电动机的转向应符合压缩机的要求；
（3）润滑油、脂的规格数量，应符合设备技术文件的规定，供油情况应正常；
（4）进气管路应清洁；
（5）盘动压缩机7~10圈，应灵活无阻滞现象；
（6）安全阀应灵敏。|

| JBC010 压缩机安装后无负荷试运行 | **(二)压缩机无负荷试运行要求**
（1）将吸、排气阀拆下；
（2）点动压缩机随即停止运转，检查各部位有无异常现象；
（3）以上正常，启动电动机，运转3~5min停机检查摩擦部件温度及油温和水温等，并观察停车是否平稳；
（4）两次启动无问题，可开车运行30min，再停机检查；
（5）若仍无异常，可运转4~8h后再停机检查；
（6）每次运转前，均应检查压缩机的润滑情况是否正常；
（7）运转中油压、高温和各摩擦部位的温升均应符合设备技术文件的规定；
（8）运转中各运动部件应无异常响声，各紧固件应无松动。
无负荷试运行正常后，可逐步带压试验，试验过程中要定时检查压缩机的运行参数是否正常，若有异常必须立即停机检查。|

| JBC011 压缩机试运行后的检查内容 | **(三)压缩机试运行中及运行后的检查**
（1）试运行中要加强对电动机、压缩机运行参数的现场检查，发现问题及时处理并做好记录；
（2）试运行后根据试运行情况，检查轴承、密封、连接对中等情况，检查试运行中的异常部位；
（3）检查控制联锁是否灵敏可靠；
（4）对主电动机进行检查。|

(5)检查完后,进行再次负荷试运行,稳定性试运行,试运行时间要达到规程的要求,经有关人员认定合格后交付使用。

三、压缩机的管理

JBC012 压缩机的管理

(1)建立压缩机主辅机的设备档案,主要包括:

① 压缩机主辅机的规格、型号、制造厂家、出厂编号及日期、设备重量及价格;

② 设备主要系统的结构、零部件图纸;

③ 主要技术参数及性能曲线;

④ 主要部件的材料号、成分、机械性能、耐热、耐腐蚀性能;

⑤ 安装前质量检查、安装记录、日期和验收记录;

⑥ 试运行记录、次数和运行时间;

⑦ 开车投产记录及日期;

⑧ 设备安全操作规程;

⑨ 润滑记录;

⑩ 设备检修方案及记录等。

(2)设备备品和备件管理情况。

编制设备的备品定额及消耗情况,加强分类管理、防止变形和锈蚀。

(3)设备技术改造情况。

(4)设备故障及事故总结。

技师练习题及答案

一、理论知识试题

(一)单项选择题(每题四个选项,只有一个是正确的,将正确的选项号填入括号内)

1. BC001 泵前应安装过滤器,过滤器的有效截面应大于吸入管截面的( )倍。
   (A)1~2 (B)2~3 (C)3~4 (D)4~5

2. BC001 烃泵安装在罐区时,应尽量设置在( ),泵不允许承受管路的重量。
   (A)两罐之间 (B)机泵房内 (C)露天场所 (D)远离储罐

3. BC002 机泵安装前,基础混凝土的强度应符合设计要求,并要经过( )的实验结果来检验。
   (A)水泥 (B)混凝土试件 (C)沙石 (D)混凝土

4. BC002 机泵的开箱验收需要施工承包商在监理、业主及供货商等人员的参与下,按照( )进行。
   (A)装箱清单 (B)购机合同 (C)业主的要求 (D)以上全是

5. BC003 机泵安装就位前应复查( )。
   (A)基础的尺寸、位置、标高是否符合设计要求
   (B)底座是否找正合格,地脚螺栓是否合适
   (C)设备是否有缺件、损坏、锈蚀,管口保护物和堵盖是否完好
   (D)以上全是

6. BC003 机泵安装就位前应检查底座( ),地脚螺栓是否合适。
   (A)垂直度是否合格 (B)是否光滑
   (C)是否找正合格 (D)粗糙度是否合格

7. BC004 新投产烃泵试车应先解离( ),单独启动电动机检查其转向是否正确。
   (A)安全阀 (B)传动皮带 (C)气缸 (D)压力表

8. BC004 不属于泵试运转前要检查的内容( )。
   (A)电动机的转向 (B)各固定连接部位应无松动
   (C)机械密封是否泄漏 (D)各润滑部位加注润滑剂的规格

9. BC005 为了提高泵的吸入性能,泵吸入管路应尽可能( ),尽量少拐弯(弯头最好用大曲率半径),以减少管道阻力损失。
   (A)缩短 (B)延长 (C)粗 (D)细

10. BC005 为防止泵产生汽蚀,泵吸入管路应尽可能避免积聚气体的囊形部位,不能避免时,应在囊形部位设 DN15 或 DN20 的( )。
    (A)排气阀 (B)安全阀 (C)法兰 (D)三通

11. BC006 对压缩机进行验收,应按照( )检查零部件的名称、规格及数量是否相符。
    (A)名称 (B)随机装箱清单
    (C)数量 (D)要求

12. BC006 对压缩机进行验收过程中,如有缺件或缺陷应及时向( )反映、处理。
    (A)供货单位 (B)施工单位 (C)物流单位 (D)建设单位

13. BC007　压缩机安装就位前应检查基础的( )、位置、标高是否符合设计要求。
　　　　　(A)形状　　　　(B)材质　　　　(C)尺寸　　　　(D)卫生

14. BC007　压缩机安装就位前应检查( )是否灵活,是否有阻滞、卡住现象和异常声音。
　　　　　(A)电动机转动　(B)法兰　　　　(C)底座　　　　(D)四通阀

15. BC008　整体安装压缩机时,用油封润滑油封存的往复活塞式压缩机,在设备技术文件规定的油封期限内安装时只清洗( )。
　　　　　(A)外表　　　　(B)活塞　　　　(C)气阀　　　　(D)零件

16. BC008　整体安装的压缩机应拆卸下活塞、连杆、气阀和填料,进行( )。
　　　　　(A)清洗　　　　(B)安装　　　　(C)组装　　　　(D)以上全是

17. BC009　压缩机试车前的准备工作有( )。
　　　　　(A)检查电动机的正反转
　　　　　(B)检查压缩机各运动及静止机件的紧固和防松情况
　　　　　(C)润滑油、脂的规格数量,应符合设备技术文件的规定
　　　　　(D)以上都是

18. BC009　压缩机试车前应盘车( )圈,检查有无异常等。
　　　　　(A)1~2　　　　(B)2~3　　　　(C)7~10　　　　(D)11~50

19. BC010　压缩机安装后无负荷试运转,启动电动机,运行( ),停机检查摩擦部件温度及油温和水温等,并观察停车是否平稳。
　　　　　(A)1~2min　　(B)2~3min　　(C)3~5min　　(D)10~50min

20. BC010　安装后无负荷试运转,若两次启动无问题,可开车运行( )再停机检查。
　　　　　(A)10min　　　(B)20min　　　(C)30min　　　(D)60min

21. BC011　压缩机试运后根据试车情况检查轴承、密封及( )等情况。
　　　　　(A)吸气阀　　　(B)排气阀　　　(C)油压　　　　(D)连接对中

22. BC011　压缩机试运后的检查完成后,应再次对压缩机进行( )。
　　　　　(A)控制联锁是否灵敏可靠的检查　　(B)主电动机的检查
　　　　　(C)负荷试车　　　　　　　　　　　(D)以上都是

23. BC012　压缩机的管理包括( )。
　　　　　(A)建立压缩机主辅机的设备档案
　　　　　(B)设备备品和备件管理情况
　　　　　(C)设备技术改造情况
　　　　　(D)以上都是

24. BC012　下列哪项不是压缩机主辅机的设备档案( )。
　　　　　(A)设备主要系统的结构、零部件图纸
　　　　　(B)设备故障总结
　　　　　(C)主要技术参数及性能曲线
　　　　　(D)压缩机主辅机的规格

(二)多项选择题(每题四个选项,至少有两个是正确的,将正确的选项号填入括号内)

1. BC002　下列哪项属于机泵安装前开箱验收内容( )。
　　　　　(A)泵的开箱验收需施工承包商、监理、业主、供货商等相关人员参与
　　　　　(B)核对机器的名称、型号、规格、包装箱号、箱数并检查质量情况

(C)检查随机技术资料及专用工具是否齐全

(D)对主机、附属设备及零部件进行外观检查

2. BC004　新投产或大修后的泵的试车方法是(　　)。

(A)解离传动皮带,单独启动电动机检查其转向是否正确,经确认无误后再挂接皮带

(B)检查各固定和连接部位是否松动,确认安全阀、压力表灵敏可靠,接地装置测试合格

(C)检查泵的润滑油是否充足,油的规格、质量是否符合技术要求

(D)打开进口管路上的各阀门向泵内充入液体,若系统内有气体,可拆下出口压力表,通过根部阀排尽气体,排尽后安装压力表,打开压力表根部阀

(三)判断题(对的画"√",错的画"×")

(　)1. BC001　泵进、出口管路应有支架,泵不允许承受管路的重量。

(　)2. BC002　机泵安装前开箱验收对需主机、附属设备及零部件进行外观检查。

(　)3. BC003　烃泵安装就位前应复查底座是否找正合格,地脚螺栓是否合适。

(　)4. BC004　新投产及检修后的烃泵试车时,向泵内充入液体后,若系统内有气体,可拆下出口压力表,通过根部阀排尽气体,排尽后安装压力表,打开压力表根部阀。

(　)5. BC005　当泵的吸入管为垂直方向时,吸入管上若配置异径管,则应配置同心异径管,以免形成气囊。

(　)6. BC006　压缩机验收应检查随机技术资料及专用工具是否齐全。

(　)7. BC007　压缩机安装就位前应检查底盘与机体及电动机的连接处不应有影响两者平稳接触的异物。

(　)8. BC008　整体安装压缩机,气阀、填料可以用蒸汽清洗。

(　)9. BC009　压缩机试运行前应给机器各润滑部位加注油。

(　)10. BC010　无负荷试运行不能将吸、排气阀拆下。

(　)11. BC011　压缩机试运行中要加强对电动机、压缩机运行参数的现场检查,发现问题及时处理并做好记录。

(　)12. BC012　压缩机主辅机档案中应包括设备主要系统的结构、零部件图纸。

二、技能操作试题

(一) AC001 排除压缩机运行故障

1. 考核要求

(1)必须穿戴劳动保护用品。

(2)工具、量具、用具准备齐全,正确使用。

(3)操作程序符合安全文明操作。

(4)按规定完成操作项目,质量达到技术要求。

(5)操作完毕,做到工完、料净、场地清。

2. 准备要求

工具、材料、设备准备。

序号	名称	规格	数量	备注
1	压缩机		1台	考试专用
2	手锤		1把	
3	钳子		1把	
4	螺丝刀		1把	
5	抹布		1块	
6	机油		若干	
7	套筒		1个	
8	拉出器		1个	
9	扳手		1把	
10	听诊器		1个	

3. 操作程序说明

(1)正确选用工具、用具和使用材料。

(2)按操作规程启动压缩机。

(3)检查部件固件有无松动或缺件,传动轴、阀片是否损坏异常。

(4)检查集液分离器是否异常。

(5)检查油压泵是否异常。

(6)检查回流阀油路有无异常、堵塞。

(7)调试调压螺丝使机油压力恢复正常。

(8)检查浮球、过滤网有无异常,阀门是否脱落。

(9)清洁收回工具。

(10)穿戴劳保,按规程操作。

4. 考核规定说明

(1)如操作违章或未按操作程序执行操作,将停止考核。

(2)考核采用百分制,考核项目得分按鉴定比重进行折算。

(3)考核方式说明:该项目为实际操作,考核过程按评分标准及操作过程进行评分。

(4)测量技能说明:本项目主要测量考生对排除压缩机运行故障掌握的熟练程度。

5. 考核时限

(1)考核时间:30min。

(2)计时从领取工具、材料开始,至交回工具、材料为止。

(3)规定时间完成,超时停止工作。

(4)违章操作或发生事故停止工作。

6. 评分记录表

序号	考核内容	考核要求	配分	评分标准	检测结果	得分	扣分	备注
1	工具材料准备	正确选用工具、用具和使用材料	5	工具、用具少选一件扣2分,选错一件扣2分				
				材料少选一件扣2分				
2	正确开启压缩机	按操作规程启动压缩机	5	错误启动压缩机扣5分				
3	运行发生异响,检查部件	检查部件固件有无松动或缺件,传动轴、阀片是否损坏	20	判断不了部件是否损坏扣5分				
				未检查部件有无松动或缺件扣5分				
				检查部件漏查一处扣2分				
4	进出口压力不平衡,检查集液分离器	检查集液分离器是否异常	15	未检查集液分离器扣10分				
				判断不了集液分离器损坏扣5分				
5	机油压力过低过高	检查油压泵是否异常	10	未检查油压泵扣10分				
		检查回流阀油路有无异常、堵塞	10	检查不到位扣5分				
				判断不了有无异常扣5分				
		调试调压螺丝使其恢复正常	15	未调整调压螺丝扣10分				
				不会调整扣5分				
6	压缩机不出液,检查浮球、过滤网、阀门	检查浮球、过滤网有无异常,阀门是否脱落	15	每漏查一项扣5分				
				判断不了部件是否损坏扣5分				
7	工具用具收回	清洁收回工具	5	不清洁工具扣5分,不收回扣2分				
				回收工具用具,少一件扣2分				
8	安全生产	穿戴劳保,按规程操作		不穿戴劳保扣10分,少一件扣3分				从总分中扣除
				操作中违反安全规定,取消考试资格				
合计			100					

(二) AC002 安装压缩机

1. 考核要求

(1)必须穿戴劳动保护用品。

(2)工具、量具、用具准备齐全,正确使用。

(3)操作程序符合安全文明操作。

(4)按规定完成操作项目,质量达到技术要求。

(5)操作完毕,做到工完、料净、场地清。

2. 准备要求

工具、材料、设备准备。

序号	名称	规格	数量	备注
1	压缩机		1台	考试专用
2	手锤		1把	
3	钳子		1把	
4	螺丝刀		1把	
5	抹布		1块	
6	机油		若干	
7	套筒		1个	
8	扳手		1把	
9	水平仪		1个	
10	斜铁、平铁		若干	
11	撬棍		1根	

3. 操作程序说明

(1) 正确选用工具、用具和使用材料。

(2) 安装两侧轴承,轻拿轻放。

(3) 安装侧油泵上机体侧盖。

(4) 安装转动轴对轮,要求到位稳固。

(5) 检查安装轴瓦正确,填料不得损坏。

(6) 安装十字头,部件不得损坏。

(7) 安装机体盖。

(8) 安装阀组上盖。

(9) 检查各部件安装是否牢固、无异常。

(10) 检查压缩机开机状态完好,人员远离,按操作规程试机。

(11) 清洁收回工具。

(12) 穿戴劳保,按规程操作。

4. 考核规定说明

(1) 如操作违章或未按操作程序执行操作,将停止考核。

(2) 考核采用百分制,考核项目得分按鉴定比重进行折算。

(3) 考核方式说明:该项目为实际操作,考核过程按评分标准及操作过程进行评分。

(4) 测量技能说明:本项目主要测量考生对安装压缩机掌握的熟练程度。

5. 考核时限

(1) 考核时间:30min。

(2) 计时从领取工具、材料开始,至交回工具、材料为止。

(3) 规定时间完成,超时停止工作。

(4) 违章操作或发生事故停止工作。

6. 评分记录表

序号	考核内容	考核要求	配分	评分标准	检测结果	得分	扣分	备注
1	工具材料准备	正确选用工具、用具和使用材料	5	工具、用具少选一件扣2分,选错一件扣2分				
				材料少选一件扣2分				
2	安装两侧轴承	安装两侧轴承轻拿轻放	10	安装未轻拿轻放扣5分				
				选错工具扣5分				
3	安装侧油泵	正确安装侧油泵上机体侧盖	5	安装未轻拿轻放扣2分				
				上机体侧盖不到位扣5分				
4	安装对轮	正确安装转动轴对轮,要求到位稳固	15	安装时未轻拿轻放扣5分				
				选错工具扣5分				
				因安装损坏对轮扣5分				
5	安装轴瓦	检查安装轴瓦正确,填料不得损坏	10	填料安装不正确扣5分				
				安装轴瓦螺丝损坏轴瓦扣5分				
6	安装十字头	轻拿轻放安装十字头,部件不得损坏	10	选错使用工具扣5分				
				安装十字头不到位扣5分				
7	安装机体盖	对角上螺栓,安装机体盖	5	安装螺栓未对角拆卸扣2分				
				安装时损坏机体盖扣3分				
8	安装阀组	正确安装阀组上盖	10	安装上盖螺栓松动一处扣2分				
				安装时损坏阀组扣5分				
9	检查各部件安装	检查各部件安装是否牢固、无异常	15	未全面检查部件有无松动异常扣10分				
				未检查有无漏装部分扣5分				
10	检查压缩机开机	检查压缩机开机状态完好,人员远离,按操作规程试机	5	初次试机人员未远离扣5分				
				检查监护不到位扣5分				
11	工具用具收回	清洁收回工具	5	清洁工具扣5分,不收回扣2分				
				回收工具用具,少一件扣2分				
12	安全生产	穿戴劳保,按规程操作		不穿戴劳保扣10分,少一件扣3分				从总分中扣除
				操作中违反安全规定,取消考试资格				
合计			100					

(三) AC003 排除泵的故障

1. 考核要求

(1)必须穿戴劳动保护用品。

(2)工具、量具、用具准备齐全,正确使用。

(3)操作程序符合安全文明操作。

(4)按规定完成操作项目,质量达到技术要求。

(5)操作完毕,做到工完、料净、场地清。

2. 准备要求

工具、材料、设备准备。

序号	名称	规格	数量	备注
1	烃泵工艺		1套	考试专用
2	手锤		1把	
3	钳子		1把	
4	螺丝刀		1把	
5	抹布		1块	
6	机油		若干	
7	套筒		1个	
8	拉出器		1个	
9	扳手		1把	
10	听诊器		1个	

3. 操作程序说明

(1)正确选用工具、用具和使用材料。

(2)按操作规程启动烃泵。

(3)烃泵轴承温度过高,需加注润滑油。

(4)烃泵轴承温度过高,需清洗轴承。

(5)烃泵轴承磨损,需清洗过滤器。

(6)烃泵叶片磨损,需清洗过滤器。

(7)烃泵轴承叶片严重磨损,需更换备件。

(8)泵内发生异响应立即停泵,检查部件固件有无松动或缺件。

(9)发生汽蚀时检查管路附件及阀门开闭情况。

(10)检查电动机转向,过滤器是否堵塞。

(11)检查传动带是否过松,机械密封是否完好,泵内有无泄漏。

(12)检查泵内是否有气,轴承磨损度,回流阀或出口阀有无损坏。

(13)检查泵内是否有气,轴承是否损坏,装配是否不当。

(14)清洁收回工具。

(15)穿戴劳保,按规程操作。

4. 考核规定说明

(1)如操作违章或未按操作程序执行操作,将停止考核。

(2)考核采用百分制,考核项目得分按鉴定比重进行折算。

(3)考核方式说明:该项目为实际操作,考核过程按评分标准及操作过程进行评分。

(4)测量技能说明:本项目主要测量考生对排除泵的故障掌握的熟练程度。

5. 考核时限

(1)考核时间:30min。

(2)计时从领取工具、材料开始,至交回工具、材料为止。

(3)规定时间完成,超时停止工作。

(4)违章操作或发生事故停止工作。

6. 评分记录表

序号	考核内容	考核要求	配分	评分标准	检测结果	得分	扣分	备注
1	工具材料准备	正确选用工具、用具和使用材料	5	工具、用具少选一件扣2分,选错一件扣2分				
				材料少选一件扣2分				
2	正确开启烃泵	按操作规程启动烃泵	5	错误启动烃泵扣5分				
3	轴承加润滑油	烃泵轴承温度过高,需加注润滑油	5	未加润滑油扣5分				
				加润滑油不正确扣2分				
4	轴承清洗	烃泵轴承温度过高,需清洗轴承	5	未清洗轴承扣5分				
				清洗不干净扣2分				
5	轴承磨损	烃泵轴承磨损,需清洗过滤器	5	未清洗过滤器扣5分				
				清洗不干净扣2分				
6	叶片磨损	烃泵叶片磨损,需清洗过滤器	5	未清洗过滤器扣5分				
				清洗不干净扣2分				
7	轴承叶片严重磨损	烃泵轴承叶片严重磨损,需更换备件	10	出现严重磨损未更换备件扣5分				
				判断不了磨损程度扣5分				
8	泵内发生异响	泵内发生异响应立即停泵,检查部件固件有无松动或缺件	10	发现异响未停泵处理扣5分				
				检查部件漏查一处扣2分				
9	烃泵发生汽蚀	发生汽蚀时检查管路附件及阀门开闭情况	5	未检查管路附件扣3分				
				未检查阀门状态扣2分				
10	无压差	检查电动机转向,过滤器是否堵塞	10	未检查电动机转向扣5分				
				未检查过滤器扣5分				
11	压差不到0.5MPa	检查传动带是否过松,机械密封是否完好,泵内有无泄漏	10	未检查传动带扣3分				
				未检查机械密封是否完好扣3分				
				未检查泵内有无泄漏扣3分				

续表

序号	考核内容	考核要求	配分	评分标准	检测结果	得分	扣分	备注
12	振动噪声过大	检查泵内是否有气,轴承磨损度,回流阀或出口阀有无损坏	10	每漏检查一项扣2分				
				检查判断不到位扣5分				
13	密封装置泄漏	检查泵内是否有气,轴承是否损坏,装配是否不当	10	每漏检查一项扣2分				
				检查判断不到位扣5分				
14	工具用具收回	清洁收回工具	5	不清洁工具扣5分,不收回扣2分				
				回收工具用具,少一件扣2分				
15	安全生产	穿戴劳保,按规程操作		不穿戴劳保扣10分,少一件扣3分				从总分中扣除
				操作中违反安全规定,取消考试资格				
合计			100					

(四) AC004 拆卸压缩机

1. 考核要求

(1)必须穿戴劳动保护用品。

(2)工具、量具、用具准备齐全,正确使用。

(3)操作程序符合安全文明操作。

(4)按规定完成操作项目,质量达到技术要求。

(5)操作完毕,做到工完、料净、场地清。

2. 准备要求

工具、材料、设备准备。

序号	名称	规格	数量	备注
1	压缩机		1台	考试专用
2	手锤		1把	
3	钳子		1把	
4	螺丝刀		1把	
5	抹布		1块	
6	机油		若干	
7	套筒		1个	
8	拉轴器		1个	
9	扳手		1把	

3. 操作程序说明

(1)正确选用工具、用具和使用材料。

(2)切断压缩机电源。

(3)关闭压缩机进口阀门。

(4)排空泄压。

(5)拆卸进排气阀。

(6)拆卸机体上盖。

(7)拆卸活塞、填料。

(8)拆卸轴瓦、连杆。

(9)拆卸转动轴对轮。

(10)拆卸油泵。

(11)拆卸两侧轴承。

(12)检查拆卸部件。

(13)清洁收回工具。

(14)穿戴劳保,按规程操作。

4. 考核规定说明

(1)如操作违章或未按操作程序执行操作,将停止考核。

(2)考核采用百分制,考核项目得分按鉴定比重进行折算。

(3)考核方式说明:该项目为实际操作,考核过程按评分标准及操作过程进行评分。

(4)测量技能说明:本项目主要测量考生对拆卸压缩机掌握的熟练程度。

5. 考核时限

(1)考核时间:15min。

(2)计时从领取工具、材料开始,至交回工具、材料为止。

(3)规定时间完成,超时停止工作。

(4)违章操作或发生事故停止工作。

6. 评分记录表

序号	考核内容	考核要求	配分	评分标准	检测结果	得分	扣分	备注
1	工具材料准备	正确选用工具、用具和使用材料	10	工具、用具少选一件扣2分,选错一件扣2分				
				材料少选一件扣2分				
2	切断电源	切断压缩机电源	5	切断电源未挂指示牌扣2分				
				未断电源扣5分				
3	关闭阀门	关闭压缩机进口阀门	5	未关闭进口阀门扣5分				
				阀门漏关一处扣2分				

续表

序号	考核内容	考核要求	配分	评分标准	检测结果	得分	扣分	备注
4	排空泄压	打开排气阀门,排空泄压	10	未检查压力是否归零扣5分				
				拆卸过程中有气流冲出扣5分				
				未排空扣10分				
5	拆卸进排气阀	打开阀盖,取出进排气阀	10	不会打开扣10分				
				拆卸顺序错扣5分				
				拆卸时损坏阀座扣5分				
6	拆卸机体上盖	松开螺栓,拆卸机体上盖	5	拆卸螺栓,未对角拆卸扣2分				
				拆卸时损坏机体盖扣2分				
7	拆卸活塞、填料	拆下活塞,取出活塞和填料	5	不会操作扣5分				
				未检查填料是否完好扣5分				
8	拆卸连杆、轴瓦	拆下连杆,取下轴瓦	10	拆卸轴瓦螺栓损坏轴瓦扣10分				
9	拆卸转动轴对轮	用拉轴器拆卸转动轴对轮	10	不会拆卸扣10分				
				不按顺序拆卸扣5分				
				因拆卸损坏对轮扣5分				
10	拆卸油泵	卸下机体侧盖,卸下油泵	5	拆卸时操作顺序错误扣5分				
11	拆卸两侧轴承	拆卸两侧轴承	10	不会拆,生拉硬拆扣5分				
				拆卸时损坏轴承扣5分				
				不会用专用工具扣5分				
12	检查部件	检查拆卸部件	10	拆卸下部件摆放零乱扣5分				
				未做清洁扣5分				
13	工具用具收回	清洁收回工具	5	不清洁工具扣5分,不收回扣2分				
				回收工具用具,少一件扣2分				
14	安全生产	穿戴劳保,按规程操作		不穿戴劳保扣10分,少一件扣3分				从总分中扣除
				操作中违反安全规定,取消考试资格				
合计			100					

三、答案

(一) 单项选择题

1. B 2. A 3. B 4. A 5. D 6. C 7. B 8. C 9. A 10. A 11. B
12. A 13. C 14. A 15. C 16. A 17. C 18. C 19. C 20. C 21. D 22. C
23. D 24. D

(二)多项选择题

1. ABCD   2. ABCD

(三)判断题

1. √ 2. √ 3. √ 4. √ 5. × 当泵的吸入管为垂直方向时,吸入管上若配置异径管,则应配置偏心异径管,以免形成气囊。 6. √ 7. √ 8. × 整体安装压缩机,气阀、填料不允许用蒸汽清洗。 9. √ 10. × 无负荷试运转应将吸、排气阀拆下。 11. √ 12. √

第十二章 台 秤

第一节 台秤的安装

一、基本要求

进行总装配的零部件必须符合以下几个要求：

(1) 台秤必须符合 GB/T 335—2002《非自行指示秤》及原轻工业部批准的图纸。

(2) 外观以及主要零部件质量必须符合 GB/T 335—2002 的要求。

(3) 在秤的规定部位应标明制造厂名或商标、产品型号、秤的准确度等级符号、最小称量、最大称量、分度值、臂比、出厂编号、制造日期（年月）等，并备有加盖检定印记的部件，还需有计量器具制造许可证标志及编号。

JBD001 台秤安装的基本要求

二、台秤安装的步骤

(一) 部件组装

1. 支、重点吊环的装配

将刀承分别套入支、重点吊环的两侧，用开口销穿入固定孔将刀承定位，注意销子长度不要擦靠计量杠杆。组装后的夹角与斜面吻合，中间允许有不大于 0.2mm 的间隙。

2. 游铊的装配

将游铊顶丝拧入游铊底部的螺孔中，按技术要求和基本参数检测合格后将顶丝的顶端铆平，防止脱落。

3. 计量杠杆的装配

将支、重、力点刀子分别装入计量杠杆的刀孔中，同时安装减速摩片，检查杠杆臂比是否合格，合格后敲紧刀子。将刻度片装入杠杆体的两侧面，两侧刻度片的零点需对齐，偏差不大于 0.3mm，校正后用铆钉铆进或用胶粘贴紧。把调整螺杆穿入调整铊架末端孔中，将调整铊装入调整螺杆，旋转螺杆使调整铊在调整铊架中心位置。再将调整螺杆穿入另一端孔中，装上弹簧等零件，用开口销紧固。将支、重点吊环分别装在计量杠杆的相应的刀子上，将游铊在底座拧开，游铊槽插在杠杆体上，再将底座套上拧紧。组装完毕应按技术要求进行检查。

4. 增铊盘的装配

将增铊盘钩拧入增托盘盖，再将底盘孔套入盘钩用螺母拧紧。

5. 连杆的装配

将刀承装入连接钩内，两面夹角吻合，允许中间有不大于 0.2mm 的间隙，装

JBD002 台秤安装时各部件的组装要求

上开口销将刀承位置固定,再将装好刀承的连接钩装入连杆弯头内,用手锤将连杆弯头打合。

6. 长、短承重杠杆的装配

将支、重点刀子分别套入长、短承重杠杆体的相应刀孔中,按基本参数要求调整好距离后,用手锤将刀子打紧,再将合成重点刀和力点刀分别套入合成重点刀孔和力点刀孔,按基本参数要求调整好距离后用手锤将刀子打紧,安装好后按技术要求检测。

7. 承重板的装配

将刀承装入承重脚内,并用开口销穿入承重脚小孔中固定刀承位置。

8. 秤体的装配

将轮轴穿入底座轴孔中,两头外露要均匀,拧紧螺钉、螺母固定轮轴,在轮轴两头装轮子、垫圈、开口销。

将立柱置于秤座相应的孔的位置,穿入螺钉,校准立柱垂直度,将螺钉拧紧固定立柱。

将杆挂放于立柱的顶面上,再将顶板套在上面,穿入螺钉,调整水平位置后将螺钉拧紧固紧顶板。

将示准器用螺钉固紧在顶板的一端,使示准器上面垂直于顶板中心线,允许误差不大于1mm。

JBD003 台秤总装配步骤

(二)总装配

(1)将秤座抬起,把连杆放入立柱,不带刀承的一端向上。

(2)将短承重杠杆放进秤体底座内,先安装好一个角的支点吊环和销子,然后将短承重杠杆支点刀套入已装好的吊环刀承上,将另一支点吊环套在短承重杠杆的另一支点刀上,再将支点刀与支点吊环一起插入定位缺口内,将销穿入底座销孔放入支点吊环内用锤打紧。

(3)按照装短承重杠杆的方法安装好长承重杠杆。

(4)将连接环挂在合成重点刀上,使刀承圆弧槽落在刀刃上,抬起短承重杠杆力点端,使短承重杠杆力点刀刃落入连接刀承圆弧槽内。

(5)将计量杠杆力点端放进示准器内,重点端放进立柱缺口,然后用连杆挂钩勾住计量杠杆重点吊环,连杆钩刀承与长承重杠杆合成力点刀连接,双手将计量杠杆重臂端托起,把支点吊环挂在杆钩上,并调整计量杠杆至示准器中心位置。

(6)将承重台板放在秤体上,使其四个承重脚座上的刀承与长、短承重杠杆上的四把刀重点刀子刃口同时接触,不得翘起。

(7)将秤推移到地面或平台上,在计量杠杆力点吊环上挂增铊盘,调整空秤平衡,检查各零部件是否灵活自如,不得有碰靠、卡死等现象。

JBD004 台秤的拆卸步骤

(三)台秤的拆卸

台秤的拆卸按下列顺序进行,卸下的零部件要系统地放置,以免影响操作。

(1)卸下增铊和增铊盘;

(2)卸下计量杠杆;

(3)翻转秤体,取出连杆和拔出承重板上挡销上的开口销,再将秤体翻回原位,拔去挡销;

(4)拿下承重板;

(5)拆下中心连接环;

(6)用手锤打出秤座上支承四角吊环的四个销钉,取下四角吊环;

(7)先取出长承重杠杆,后取出短承重杠杆;

(8)拆卸秤座时,先拧掉顶板螺钉,取下顶板和计量杠杆支点环挂钩,然后再拧掉立柱螺钉,取下立柱;

(9)最后将台框翻转,卸下轮子和轮轴。

第二节 台秤的调试

在对台秤进行计量性能调试前,首先进行外观检查,排除外部所反应的异常现象,这些现象直接影响台秤的计量性能或影响台秤计量性能的调整。

一、外观检查

外观检查分初步检查与系统检查。

(一)初步检查

初步检查主要是指对台秤的外部零部件的安装以及运行情况做初步的检查。

初步检查是对台秤进行系统检查、拆卸、修理工作中必不可少的程序,初步检查的内容通常包括两个方面:

(1)检查零部件是否短缺、损坏。不拆卸台秤部件,对可以观察的零部件的情况进行仔细检查,如计量杠杆是否弯曲、变形、有裂纹,游铊顶丝是否丢失,刀子、刀承是否损裂、残缺,平衡铊是否松动,承重板是否有裂纹、损坏等。

(2)检查各部件的安装、配合、紧固连接情况。检查各零部件的位置和方向是否正确,有无装错、装倒、反装及安装不正的情况,如秤顶板与立柱、秤座与立柱是否垂直,计量杠杆减摩片与刀承是否阻碍。在做此项检查时,可以打开承重板,检查长承重杠杆与连杆的连接情况,四个吊耳与四角刀承的安装情况、长承重杠杆与短承重杠杆的连接情况,有无造成阻碍等。

(二)系统检查

在拆卸前应对台秤做系统检查,切忌不做系统检查就乱拆乱卸,盲目修理,以免造成不必要的返工。系统检查主要是检查台秤的计量性能是否符合技术标准和规程,在校验过程中将发现的问题记录下来,并标明具体的数据,作为修理时的依据。

系统检查的内容包括:

(1)空秤变动性校验;

(2)四角误差的校验;

(3)标尺分度值和游铊质量的校验;

(4)全称量校验,包括准确度校验和灵敏度校验;

(5)回检空秤。

以上五个程序是拆卸秤时不可缺少的程序。通过系统检查,可以判断故障原因,采取有效的措施。

二、调试程序

JBD006 台秤的调试程序

台秤的调试程序主要包括:

(1)外观检查,排除影响计量杠杆正常摆动和停滞的故障;

(2)按检定规程要求对计量性能进行全面检定,判断是否存在问题;

(3)调试台秤的稳定性和灵敏度;

(4)调试示值不变性;

(5)调试四角一致性;

(6)调试臂比正确性;

(7)调试游铊。

上述步骤的检查要有记录,按顺序排除,也可2~3个顺序同时进行。检查完成后,进行最后的调整、检定。

三、稳定性的调试

JBD007 台秤的稳定性调试

台秤稳定性的好坏主要取决于杠杆重心的位置。当重心位于支点下方越远时,稳定性越好,但灵敏度越差,这是不符合要求的,必须保证灵敏度在符合要求的前提下提高衡器的稳定性。因此,台秤稳定性的好坏不仅取决于杠杆重心的位置,还取决于支点与重、力点连线的距离。

最大称量时稳定性良好而空秤的稳定性不好,或者空秤时稳定性良好而最大称量时灵敏度很低,这两种故障都是出自一种原因,就是某个杠杆机械强度不够,在重载情况下出现弯曲,从而使力点、支点、重点刀刃不在同一水平面上,造成离线现象,使整个系统的重心发生变化。

(一)最大称量时稳定性良好,而空秤时稳定性不好

1. 产生原因

这是由于某个杠杆(尤其是计量杠杆)换了不合格的刀子,使杠杆处于吃线状态。当空秤时,整个系统处于不太稳定状态,随着称量的增加,杠杆逐渐弯曲,使力点、支点、重点三刀刃处在一个水平面上,整个系统的重心在稳定平衡位置,因此计量杠杆摆动较好。如果把这种秤的空秤调整到稳定平衡状态,那么加上载荷后杠杆弯曲,三个刀刃严重离线,就会使最大称量时灵敏度不合格。

2. 调试方法

首先调换一把较小的计量杠杆支点刀,使其系统重心下降一些,让空秤处于稳定平衡,然后确定最大称量时的灵敏度。原则是当最大称量时灵敏度处于上限边缘,如允差是500g,那么就让这种秤的分度值在490~500g范围内。如果卸下砝码空秤摆动良好,说明调整成功;如果仍然处于不稳定状态,说明该秤某杠杆强度太低,应换新的计量杠杆或长杠杆(短杠杆很少出现这种情况)。

（二）空秤时稳定性很好，而最大称量时灵敏度低

1. 产生原因

这是由于各杠杆的力点、支点、重点三把刀子都处在平衡位置上，但加上载荷后杠杆受力弯曲，使三把刀子离线，重心远离支点，灵敏度下降而超差，严重时计量杠杆摆不起来。

2. 调试方法

调换一个大一点的计量杠杆支点刀，使其系统重心提高一些，让空秤趋于不稳定平衡状态（但必须合格）。

将所有的刀子磨锋利，所有刀垫用细纱布磨光，使工作部位达到光洁平滑，然后直接加上最大称量的砝码，测试灵敏度。采取这些措施后若仍不合格，只有更换计量杠杆或长承重杠杆（一般短承重杠杆很少出现这种故障）。

四、灵敏度的调试

JBD008 台秤的灵敏度调试

（一）空秤时灵敏度适当，但最大称量时不灵敏

1. 产生原因

空秤灵敏度适当，即支点高度适当，最大称量时不灵敏，即重点、力点刀刃过低。

2. 调试方法

首先提高重点、力点刀刃（不能用下降支点刀办法加以解决），再做试验。由于这种提高会给空秤带来微小不稳定，如果修理后发现空秤时稳定性稍差，可略微上升支点刀刃。

（二）最大称量时灵敏度适当，但空秤时不灵敏

1. 产生原因

空秤时不灵敏是因为支点刀刃太高，处于杠杆系统重心上方，呈过于稳定平衡，灵敏度低。在最大称量时灵敏度的高低主要取决于支点、力点、重点刀刃是否在同一水平线上，杠杆自身重心的影响就显不出来了，所以，只要三个刀刃处在同一水平线上，最大灵敏度就适当。

2. 调试方法

下降支点、力点、重点三刀刃，其中重点刀刃与力点刀刃的下降量应大于支点刀刃的下降量。

（三）空秤和最大称量时都不灵敏

1. 产生原因

第一种情况是支点刀刃位置高于计量杠杆自身重心的位置，且支点刀刃位置又高于力点、重点连线（离线）。

第二种情况是支点刀刃位置高于计量杠杆自身重心的位置，但支点刀刃位置略高于（或等于）力点、重点连线，当杠杆受力时弯曲出现挠度，使支点刀刃变

成离线。

对于上述两种原因可以这样区分,如果随着称量的增加,不灵敏的程度并不迅速增加,说明由第二种引起;反之,如果随着称量的增加,不灵敏的程度也迅速增加,说明由第一种情况引起。两种原因引起的故障的调试方法大同小异。

2. 调试方法

首先下降支点刀刃,测试灵敏度,假如下降支点刀刃后出现了空秤时变化不明显,而最大称量时平衡有些不稳定,这说明支点刀下降得有些多了。如果出现这种情况,只要将力点刀、重点刀也略微下降一点就迎刃而解了。

应该指出的是,国际台秤都是标准件,由于刀孔误差所造成的重心变化的故障较少。如果空秤和最大称量和灵敏度都不好,并且随着称量的增加呈线性变化,多数是由于计量杠杆的三个刀子,尤其是支点刀、重点刀磨损严重或者不锐利造成的,只要换上新刀子马上就会变得正常。因此,解决灵敏度问题主要是要解决计量杠杆上的问题。

五、准确度的调试

(一)四角误差不一致

台秤四角误差产生的原因主要是长、短承重杠杆的支重距不相等,概括起来有六种基本类型。

1. 第一种四角误差

四个角中有三个误差数值接近,另一个角误差不相等。

测试方法:调修不相等的那个角的重臂长,修成四角误差都相等,然后再调整长承重杠杆的力点刀。

2. 第二种四角误差

两个前角接近相等,两个后角也接近相等,但两前角与两后角不相等。

调试方法:如果调修重点刀子,就需要两个一起调修。可调修长承重杠杆的合成重点刀或短承重杠杆的力点刀。

3. 第三种四角误差

两对角误差接近或相等,但彼此不相等。

调试方法:首先设法使两前角或两后角接近一致,再调整合成重点刀使前两角和后两角趋于一致,然后调整长承重杠杆力点刀或磨计量杠杆重点刀。

4. 第四种四角误差

角1或角4一侧相等或接近,角2和角3一侧相等或接近,而两侧又不相等。

调试方法:首先设法使前两角或后两角接近一致,再调修长承重杠杆的力点刀。

5. 第五种四角误差

任意两个角误差接近相等,另外四角的误差既不与这两个角相等,彼此也不相等。

调试方法:调整误差最大的那个角,使前两角相等、后两角相等,然后调整合成重点刀使四角相等,再调整长承重杠杆力点刀使臂比正确。

6. 第六种四角误差

四个角的误差都不相等。

调试方法:在四个角中选出一个误差比较适中的角作参考角,调整其他三个角的重臂,使三个角的示值都与参考角相等,然后再调整长承重杠杆力点刀。

当秤的某角出现误差时,一般需要调整重点刀,以扩大或缩小重支距。调整规律是正差缩小重支距,负差扩大重支距。所谓扩大或缩小重支距,就是把重点刀刃逆着支点刀方向移动或向着支点刀方向移动,以改变臂比,达到平衡目的。为了使重支距能扩大或缩小,误差小的可用油石磨削,误差较大的要用锤子将重点刀打松,但不能掉下来,与杠杆孔成过渡配合状态,用扳手轻轻地扳,使重点刀刃移过去,然后拧紧。

(二)称量不准确

台秤称量不准确的主要原因是臂比不准确。随着重物的增加,误差数值也增加。

调试方法:超差较大时用调修长承重杠杆的合成力点刀来解决,负偏差时缩短支力矩,正偏差时扩大支力矩。首先记下原来刀刃的方位,用锤轻轻敲击刀子,然后用扳手扳动刀子位置,或用合成力点刀专用扳手进行调整。超差较小时通过调整计量杠杆臂比来解决,即通过改变支点刀的位置进行调整。

六、示值变动性的调试

JBD010 台秤的示值变动性调试

(一)计量杠杆前后左右轻轻推移或秤推到异地使用,空秤出现变动性

1. 产生原因

(1)刀承内的槽子过宽、过平,或有两个以上的压痕,致使刃不能经常保持在一定位置上。

(2)减摩片过尖、过钝和刀承间隙小,或减摩片与刀承接触不光滑,与刀刃接触不紧密,松动等。

2. 调试方法

(1)根据检定结果,将有问题的零件取下淬火,再重新加工处理或更换新的零件。

(2)对接触不紧密、松动等予以调整,使之达到紧密、不松动。

(二)计量杠杆沿刀承纵向推移,台秤产生变动性

1. 产生原因

(1)支点、重点两边刀刃距离不等;

(2)刀子磨损、钝化;

(3)减摩片与刀刃不对正;

(4)减摩片松动、折断在尺体内;

(5)减摩片与刀承的工作面边缘摩擦;

(6)刀刃、刀承、减摩片硬度不符合要求。

2. 调试方法

(1) 将计量杠杆上的支、重、力点刀敲下重新安装,使刀子与计量杠杆轴线相垂直,并做到刀子大小头方向一致;

(2) 更换磨损严重的刀子;

(3) 调整减摩片与刀刃对正;

(4) 紧固减摩片,或将折断的减摩片更换;

(5) 调整减摩片与刀承位置;

(6) 对不符合要求的刀刃、刀承、减摩片,更换成合格品。

(三) 调整空秤平衡时台秤产生变动性

1. 产生原因

支重环与顶板挂钩的接触点不垂直,支重环挂钩的靠背没靠实。

平衡铊螺丝松动,弹簧脱落不紧,以致调整时产生滑动。

2. 调试方法

取下有关零件锉平或重新加工,然后重新装上、拧紧。

第三节 台秤的故障处理

JBD011 台秤的故障及处理方法

一、计量杠杆不摆动

(一) 故障产生原因

(1) 平衡调整铊未调整好;

(2) 计量杠杆刀系配置不当;

(3) 系统阻滞过大,示准器下部有黏性物质或产生磁性;

(4) 承重板及其他零件错位。

(二) 处理方法

(1) 空秤时计量杠杆不平衡,可用平衡调整铊调整。若计量杠杆上翘,将平衡调整铊朝支点刀方向旋转;若计量杠杆下垂,应将平衡调整铊朝支点刀方向旋转,指导计量杠杆在示准器内均匀摆动或在示准器内呈水平平衡。

(2) 调整刀系,使之配置正确合理。

(3) 清洗有关零部件,如有磁性,可将计量杠杆卸下,把力点端零件卸下,用退磁机退磁。

(4) 将错位的零件归位。

二、计量杠杆在平衡位置上颤动

(一) 故障产生原因

(1) 在立柱筒内有异物阻碍连杆上下运动,或立柱筒有毛刺、清砂不净;

(2)减摩片过长,卡在刀承上,或硬度不够,或触尖太尖;
(3)连杆挂钩不垂直;
(4)销钉没敲紧,与承重板接触;
(5)长、短承重杠杆支点刀外露太长,承重板刀承卡在刀根的减摩片上。

(二)处理方法

(1)清除立柱筒内异物和毛刺等;
(2)将减摩片打下、磨短或更换新减摩片;
(3)拆下连杆调整挂钩,重新装配;
(4)敲紧销钉;
(5)将支点刀太长的工作部分磨短,或更换更短一些的刀子。

三、计量杠杆摆动时走不到底

(一)故障产生原因

(1)台秤零件之间有非正常靠擦,如计量杠杆的支点刀减摩片和刀承之间产生摩阻;
(2)刀刃与刀承的接触不是线接触而成面接触;
(3)计量杠杆支点、重点刀承起槽,刀子与刀承产生较大的滑动摩擦;
(4)计量杠杆上的减摩片磨损、松动、遗失或安装不正;
(5)计量杠杆支点刀刃有毛刺,光洁度差;
(6)台秤灵敏度过高;
(7)连杆过长;
(8)连杆下钩刀承与承重杠杆合成力点刀刃成面接触。

(二)处理方法

(1)检查零件之间的工作状态,找出摩阻因素进行排除;
(2)重新磨削刀子的夹面,使刀子与刀承由面接触变成线接触;
(3)更换新刀承;
(4)更换减摩片,安装减摩片时两端外露的距离应一样长,并紧固不得松动,减摩片与刀刃之间不得有间隙;
(5)用油石将有毛刺的刀和减摩片打光;
(6)调整秤的灵敏度;
(7)调整连杆长度或更换合适的连杆;
(8)承重杠杆合成力点刀偏歪,重新调整安装。

四、计量杠杆摆幅衰减快

(一)故障产生原因

(1)系统阻滞过大;
(2)刀刃夹角不符合技术要求;
(3)计量杠杆减摩片或长、短承重杠杆支点、重点刀刀根减摩片功能失效;

(4)秤座四角吊环和销钉连接处磨损或因挤压而发毛,活动不自如。

(二)处理方法

(1)清除有关零部件,消除阻尼;

(2)修磨刀子的夹角或更换新刀子;

(3)把减摩片或四角支点、重点刀子取下修磨后重新安装,或更换减摩片及刀子;

(4)锉去吊环发毛的毛边,修复或更换吊环和销子。

技师练习题及答案

一、理论知识试题

(一) 单项选择题(每题四个选项,只有一个是正确的,将正确的选项号填入括号内)

1. BD001 台秤安装必须有 GB 335—2002《非自行指示秤》与原轻工业部批准的( )。
   (A)图纸　　　　(B)文件　　　　(C)基础　　　　(D)以上全错

2. BD001 台秤应在规定部位标明制造厂名或商标、产品型号、秤的准确度等级符号、最小称量、最大称量、分度值、臂比、出厂编号、制造日期等外,还需要( )。
   (A)使用条件　　　　　　　　(B)设计者
   (C)计量器具制造许可证标志　　(D)以上全是

3. BD002 以下关于台秤安装的步骤,叙述正确的是( )。
   (A)短承重杆装好后再安装长承重杆
   (B)承重台板放在秤体上,使其4个承重脚座上的刀承与长、短承重杠杆上的4把刀重点刀子刃口同时接触,不得翘起
   (C)计量杠杆应安装在示准器的中心位置
   (D)以上全对

4. BD002 台秤部件组装时,首先安装( )。
   (A)支、重点吊环　(B)游铊　(C)计量杠杆　(D)长、短承重杠杆

5. BD003 台秤各部件组装完成后,进行总装配时,要先将( )。
   (A)将承重台板放在秤体上　　　　(B)将短承重杠杆放进秤体底座内
   (C)将计量杠杆力点端放进示准器内　(D)将秤座抬起,把连杆放入立柱

6. BD003 台秤在进行总装配时,将短承重杠杆放进秤体底座内,先安装好( ),然后将短承重杠杆支点刀套入已装好的吊环刀承上,将另一支点吊环套在短承重杠杆的另一支点刀上。
   (A)吊环刀承　　　　　　　　(B)一个角的支点吊环和销子
   (C)长承重杠杆　　　　　　　(D)一个支点刀承

7. BD004 台秤的拆卸应按下列顺序进行:( )、卸下计量杠杆、翻转秤体,取出连杆和拔出承重板上挡销上的开口销,再将秤体翻回原位,拔去挡销、拿下承重板。
   (A)卸下增铊和增铊盘
   (B)拆下中心连接环
   (C)用手锤打出秤座上支承四角吊环的四个销钉,取下四角吊环
   (D)先取出长承重杠杆,后取出短承重杠杆

8. BD004 台秤在拆卸秤座时,先拧掉顶板螺钉,取下顶板和计量杠杆支点环挂钩,然后再拧掉立柱螺钉,取下( )。
   (A)承重板　　(B)中心连接环　(C)轮轴　　(D)立柱

9. BD005 台秤安装后初步检查是指对台秤的外部零件的安装及( )的检查。
   (A)零件是否短缺　　　　　　(B)各部件的连接与紧固情况

(C)各部件的运行情况　　　　　　(D)空秤校验

10. BD005　台秤的系统检查主要是检查台秤的(　)，在校验过程中将发现的问题记录下来，并标明具体的数据，作为修理时的依据。

(A)各部件的运行情况　　　　　　(B)计量性能是否符合技术标准和规程
(C)计量杠杆的工作情况　　　　　(D)台秤的零部件是否短缺

11. BD006　台秤的调试程序不包括(　)。

(A)外观检查　　　　　　　　　　(B)稳定性和灵敏性
(C)各零部件是否齐全　　　　　　(D)调试游铊

12. BD006　台秤调试的内容主要包括外观检查、全面检定、稳定性、灵敏性及(　)等。

(A)秤的准确度等级符号　　　　　(B)臂比的正确性
(C)空秤检查　　　　　　　　　　(D)以上均是

13. BD007　台秤稳定性的好坏取决于杠杆重心的位置和(　)。

(A)计量杠杆的位置　　　　　　　(B)力点、支点和重点的距离
(C)力点、支点和重点水平面　　　(D)杠杆的机械强度

14. BD007　台秤最大称量稳定，空秤不稳定时，处理方法是更换(　)，然后用砝码调试。

(A)计量杠杆的位置　　　　　　　(B)重点的刀刃
(C)一把较小的计量杠杆支点刀　　(D)一把较大的计量杠杆支点刀

15. BD008　台秤空秤时灵敏度适当，最大称重时灵敏度下降主要原因是(　)。

(A)重点、力点的刀刃过低　　　　(B)重点、力点的刀刃过高
(C)支点刀高度过高　　　　　　　(D)重点刀高度过高

16. BD008　如果台秤空秤和最大称重的灵敏度都不好，并且呈线性变化的话，很可能的故障原因是(　)。

(A)计量杠杆老化　　　　　　　　(B)支点、重点和力点刀刃老化
(C)支点刀高度高过杠杆重心位置　(D)支点刀高度过高

17. BD009　台秤四个角的误差都不相等的调试方法是(　)。

(A)首先设法使两前角或两后角接近一致，再调整合成重点刀使前两角和后两角趋于一致，然后调整长承重杠杆力点刀或磨计量杠杆重点刀
(B)首先设法使前两角或后两角接近一致，再调修长承重杠杆的力点刀
(C)在四个角中选出一个误差比较适中的角作参考角，调整其他三个角的重臂，使三个角的示值都与参考角相等，然后再调整长承重杠杆力点刀
(D)调整误差最大的那个角，使前两角相等、后两角相等，然后调整合成重点刀使四角相等，再调整长承重杠杆力点刀使臂比正确

18. BD009　台秤称量不准确的主要原因是(　)，随着重物的增加，误差数值也会增加。

(A)臂比不准确　　　　　　　　　(B)计量不准确
(C)承重杠杆力点不准确　　　　　(D)支点、力点、重点三刀刃不合适

19. BD010　台秤空秤出现变动性的原因(　)。

(A)将计量杠杆前后左右轻轻推移或秤推到异地使用
(B)将计量杠杆沿刀承纵向推移
(C)调整空秤平衡
(D)以上都是

20. BD010 调整空秤平衡时台秤产生变动性的故障处理方法是( )。
  (A)取下支重环、平衡铊及弹簧等零件,重新装上、拧紧,对不合格的锉平或重新加工
  (B)更换减摩片
  (C)调整计量杠杆的刀承
  (D)将计量杠杆沿刀承纵向推移

21. BD011 台秤常见故障现象有计量杠杆不摆动和( )。
  (A)秤体晃动 (B)计量杠杆在平衡位置上颤动
  (C)连杆断 (D)以上全是

22. BD011 台秤立柱筒中有异物阻碍连杆上下移动可能会造成台秤( )。
  (A)秤体晃动 (B)称量不准
  (C)计量杠杆在平衡位置上 (D)以上全是

(二)多项选择题(每题四个选项,至少有两个是正确的,将正确的选项号填入括号内)

1. BD005 台秤调试的内容主要包括( )等。
  (A)稳定性和灵敏性 (B)臂比的正确性
  (C)游铊的重量 (D)外观检查

2. BD011 下列哪项属于台秤计量杠杆在平衡位置上颤动的故障原因( )。
  (A)在立柱筒内有异物阻碍连杆上下运动,或立柱筒有毛刺、清砂不净
  (B)减摩片过长、卡在刀承上,或者是硬度不够,或者是触尖太尖
  (C)连杆挂钩不垂直
  (D)销钉没敲紧,与承重板接触

3. BD011 台秤常见故障现象有( )。
  (A)秤体晃动 (B)计量杠杆在平衡位置上颤动
  (C)连杆断 (D)计量杠杆不摆动

(三)判断题(对的画"√",错的画"×")

( )1. BD001 台秤应在规定的部位标明制造厂名、产品型号等。
( )2. BD002 台秤支、重点吊环的装配要将刀承分别套入支、重点吊环的两侧,用开口销穿入固定孔将刀承定位,注意销子长度要擦靠计量杠杆。
( )3. BD003 台秤总装配时,将承重台板放在秤体上,使其四个承重脚上的刀承与长短承重杠杆四把刀重点刀子刃口直接接触,不得翘起。
( )4. BD004 台秤拆卸承重杆时,要先取出长承重杠杆,后取出短承重杠杆。
( )5. BD005 台秤安装后的初步检查工作是台秤安装、拆卸与修理后必做的工序。
( )6. BD006 台秤四角的一致性是台秤调试的程序之一。
( )7. BD007 台秤空秤时稳定性好,最大称重时稳定性变差的原因是受力时杠杆弯曲,灵敏度增加造成。
( )8. BD008 支点刀刃的位置高于杠杆自身重心的位置会造成台秤灵敏度下降。
( )9. BD009 空秤时不灵敏是因为支点刀刃太低,处于杠杆系统重心上方,呈过于稳定平衡,灵敏度低。
( )10. BD010 刀承内的槽子过宽、过平,或有两个以上的压痕,致使刃不能经常保持在一定位置上就会使空秤出现变动性。
( )11. BD011 空秤时计量杠杆不平衡可用平衡调整铊调整。

239

二、技能操作试题

AC005 处理电子充装秤的故障

1. 考核要求

(1)必须穿戴劳动保护用品。
(2)工具、量具、用具准备齐全,正确使用。
(3)操作程序符合安全文明操作。
(4)按规定完成操作项目,质量达到技术要求。
(5)操作完毕,做到工完、料净、场地清。

2. 准备要求

工具、材料、设备准备。

序号	名称	规格	数量	备注
1	电子充装秤		1台	考试专用
2	万用表		1个	
3	螺丝刀		1把	
4	扳手		1把	
5	抹布		1块	

3. 操作程序说明

(1)正确选用工具、用具和使用材料。
(2)处理开机无显示故障。
(3)处理称重显示为零故障。
(4)处理不能输入数据故障。
(5)处理重量显示不正确故障。
(6)处理不能清零故障。
(7)处理不能去皮故障。
(8)处理开机不能自检故障。
(9)清洁收回工具。
(10)穿戴劳保,按规程操作。

4. 考核规定说明

(1)如操作违章或未按操作程序执行操作,将停止考核。
(2)考核采用百分制,考核项目得分按鉴定比重进行折算。
(3)考核方式说明:该项目为实际操作,考核过程按评分标准及操作过程进行评分。
(4)测量技能说明:本项目主要测量考生对处理电子充装秤的故障掌握的熟练程度。

5. 考核时限

(1)考核时间:15min。
(2)计时从领取工具、材料开始,至交回工具、材料为止。
(3)规定时间完成,超时停止工作。

(4)违章操作或发生事故停止工作。

6. 评分记录表

序号	考核内容	考核要求	配分	评分标准	检测结果	得分	扣分	备注
1	工具材料准备	正确选用工具、用具和使用材料	5	工具、用具少选一件扣2分,选错一件扣2分				
				材料少选一件扣2分				
2	开机无显示	测量仪表输入输出电压,桥压输入、输出电压是否正常	10	每漏检查一项扣2分				
				检查不能判断故障一项扣2分				
3	称重显示为零	检查传感器电路绝缘,线路有无碰损,接头处有无松动	15	未检查电路绝缘扣5分				
				未检查线路有无碰损扣5分				
				未检查接头松动扣5分				
				检查故障不能处理扣5分				
4	不能输入数据	检查主板清洁度、潮湿度,主板虚焊处有无异常	15	检查清洁度不高未清洁扣5分				
				检查主板潮湿未烘干扣5分				
				不会用仪器检查主板虚焊元器件扣5分				
5	重量显示不正确	检查传感器的量程是否匹配、是否异常,是否有硬物顶住上秤体	15	未检查传感器是否匹配扣5分				
				未检查秤体下有无异物扣5分				
				调换传感器未重新加砝码校正扣5分				
6	不能清零	检查清零键,损坏调换按键或调换整套键板	10	未按清零键调试扣5分				
				检查清零键损坏,不能处理扣5分				
7	不能去皮	检查操作是否正确,去皮键损坏,调换按键或调换整套键板	10	检查去皮程序错误扣5分				
				检查故障不能处理扣5分				
8	开机不能自检	检查传感器是否异常,重新修正程序恢复出厂设置,或调换CPU	15	未检查传感器扣5分				
				发现问题未恢复出厂设置扣5分				
				检查异常不能判断扣5分				
9	工具用具收回	清洁收回工具	5	不清洁工具扣5分,不收回2分				
				回收工具用具,少一件扣2分				
10	安全生产	穿戴劳保,按规程操作		不穿戴劳保扣10分,少一件扣3分				从总分中扣除
				操作中违反安全规定,取消考试资格				
合计			100					

三、答案

（一）单项选择题

1. A 2. C 3. D 4. A 5. D 6. B 7. A 8. D 9. C 10. B 11. C
12. B 13. B 14. C 15. A 16. C 17. D 18. A 19. A 20. A 21. B 22. C

（二）多项选择题

1. ABCD 2. ABCD 3. BD

（三）判断题

1. √ 2. × 支、重点吊环的装配要将刀承分别套入支、重点吊环的两侧,用开口销穿入固定孔将刀承定位,注意销子长度不要擦靠计量杠杆。 3. √ 4. √ 5. √ 6. √ 7. × 台秤空秤时稳定性好,最大称重时稳定性变差的原因是受力时杠杆弯曲,灵敏度变小造成。 8. √

9. × 空秤时不灵敏是因为支点刀刃太高,处于杠杆系统重心上方,呈过于稳定平衡,灵敏度低。 10. √ 11. √

第十三章 自动控制系统及色谱仪

第一节 自动控制系统

一、SCADA 系统

SCADA(Supervisor Control And Data Acquisition)系统,即监测监控及数据采集系统。SCADA 系统是以计算机为基础的生产过程控制与调度自动化系统。它可以对现场的运行设备进行监视、控制及数据测量,以实现数据采集、设备控制、测量、参数调节以及各类信号报警等各项功能。它可以实时采集现场数据,对现场进行本地或远程的自动控制,对工艺流程进行全面、实时的监视,并为生产、调度和管理提供必要的数据。SCADA 系统主要包括三部分,主站端、通信系统和远程终端单元。

JBE001 SCADA 系统的概念

二、DCS 系统

(一)DCS 系统的概念与特点

DCS 系统也称分散式控制系统,它是利用计算机技术、控制技术、通信技术、图形显示技术实现过程控制和过程管理的控制系统。它采用危险分散、控制分散、操作和管理集中的基本设计思想,适应现代工业生产和管理要求。DCS 系统不仅具备极高的可靠性,多功能性,而且人机联系便利,能够完成各类数据的采集与处理以及复杂、高级的控制。

一个基本的 DCS 系统由现场控制站、操作员站、工程师站和系统网络等四部分组成。

JBE002 DCS 系统的概念及结构

(二)DCS 现场控制站

DCS 现场控制站一般由主控模块(CPU 模块)、通信模块、电源模块、各种 I/O 模块、各种 I/O 端子接线板、专用连接电缆、机箱及机柜等组成,主要完成输入数据处理、控制运算、输出数据处理和通信等功能。

(三)DCS 操作员站

DCS 操作员站由电脑主机、操作员键盘、工程师键盘及操作员站软件组成。它主要完成系统与操作员之间的人机界面功能,包括集中监视、操作、系统的状态监视、数据和信息的记录、报警和报表的打印等功能。

三、PLC 系统

PLC(可编程逻辑控制器)具有采集数据、设备通信、逻辑运算和设备控制等功能,性能强大且可靠性高。

PLC 基本组成包括中央处理器(CPU)、存储器、输入/输出组件(I/O)、电源、RS485 通信接口和以太网接口等。

JBE003 PLC 系统的概念及结构

(一)中央处理器

中央处理器是 PLC 的控制中枢。它按照 PLC 系统程序赋予的功能接收并存储从编程器键入的用户程序和数据;检查源存储器、I/O 以及警戒定时器的状态,并能诊断用户程序中的语法错误。当 PLC 投入运行时,首先它以扫描的方式接收现场各输入装置的状态和数据,并分别存入 I/O 映象区,然后从用户程序存储器中逐条读取用户程序,经过命令解释后按指令的规定执行逻辑或算数运算的结果送入 I/O 映象区或数据寄存器内。

等所有的用户程序执行完毕之后,最后将 I/O 映象区的各输出状态或输出寄存器内的数据传送到相应的输出装置,如此循环运行,直到停止。

(二)输入/输出组件

PLC 输入/输出组件有模拟量输入/输出接口(AI/AO)、数字量输入/输出接口(DI/DO)。模拟量输入接口用来采集压力变送器、温度变送器等具备 4~20mA 电流输出的仪表;模拟量输出接口用来控制流量信号,可输出 4~20mA 电流,用以控制流量设备;数字量输入接口用来采集燃气泄漏报警、切断阀状态等信号;数字量输出接口用来控制切断阀、报警指示灯等设备;RS485 通信接口用来与流量计和其他串行设备通信;以太网接口用来与上位机监控计算机通信或数据交换。

(三)存储器

存放系统软件的存储器称为系统程序存储器;存放应用软件的存储器称为用户程序存储器。

(四)电源

PLC 的电源在整个系统中起着十分重要的作用。如果没有一个良好的、可靠的电源系统,PLC 将无法正常工作。

(五)编程语言

PLC 采用的编程语言主要有梯形图(LAD)、语句表(STL)、逻辑功能图三种。

四、SCADA 与 DCS 系统的比较

DCS 系统属 20 世纪 90 年代国际先进水平的大规模控制系统。它适用于测控点数多、测控精度高、测控速度快的工业现场,其特点是分散控制和集中监视,具有组网通信能力,测控功能强、运行可靠、易于扩展、组态方便、操作维护简便,但系统的价格昂贵。

SCADA 系统属中小规模的测控系统。它集中了 PLC 系统的现场测控功能强和具备 DCS 系统的组网通信能力的两大优点,性能价格比高。

五、自动控制系统的维护保养

(1)日常要检查主机设备的运行状态,外围设备包括打印机等的投用情况和完好状况,各机柜的风扇(包括内部风扇)运转状况,机房、操作室的温度等。

(2)定期检查系统电源电压是否满足在额定范围内,电压是否有波动。

(3)运行环境温度过高会使系统故障率增加,温度过低会控制系统动作不正常。

(4)定期吹扫内部灰尘,以保证风道的畅通和元件的绝缘。

(5)定期检查系统各组件是否牢固,各种 I/O 模块端子是否松动,通信电缆是否有松动,外部连接是否损伤。

六、自动控制系统的故障处理

自动控制系统的控制器具有一定的自检能力,而且在系统运行周期中都有自诊断处理阶段,所以在维修过程中应检查以下几项:

(1)检查系统供电是否正常。若 POWER 指示灯不亮,可检查供电线路和熔断器。

(2)查看"RUN"指示是否正常,有无报警发生。通常正在使用的自动控制系统控制器很难发生这种故障。

(3)检查 I/O 模块供电电压是否正常;检测输入输出端口的信号及对应端口指示灯显示是否正常。

(4)DCS 系统某个卡件故障灯闪烁或者卡件上全部数据都为零,可能的原因是模块处于备用状态而冗余端子连接线未接、模块本身故障、该槽位没有组态信息等。

(5)上位机无数据或所有数据长时间不变或者是无法进行编程时,要检查上位机与 DCS/PLC 的通信故障或者重启计算机。

(6)现场某一仪表的输出数据正常,而上位机显示该数据不正常,很可能的原因是 I/O 通道故障。

JBE005 自动控制系统故障的检查处理方法

七、装车仪上位机通信故障及处理

装车仪上位机通信故障,可能原因为:

(1)串口转换器接口松动,关闭装车仪和计算机电源后重新插紧。

(2)通信线路接线松动或者接线错误,请检查线路。

(3)串口转换器的 COM 口与上位机软件中的串口设置没有一一对应(如使用计算机上的 COM2 口而在上位机中设置是 COM1)。

通信卡损坏,考虑更换通信卡。如果个别通信故障,可能原因如下:

(1)有故障的装车仪通信线路松动或者接线错误,请检查线路。

(2)有故障装车仪本身通信地址设置错误或丢失,请查看装车仪通信地址是否正常,是否有重复的地址存在。

如果上述均正常可能是控制板上通信芯片损坏。

上位机开单不成功,可能原因:

(1)上位机与装车仪通信不成功,检查通信线路。

(2)装车仪未提单数量过大,清除未提单后再开单。

JBE006 装车仪上位机通信故障及处理方法

第二节 气相色谱仪故障及处理

气相色谱仪是液化石油气库站必备的化验仪器,其操作简单易学,按照仪器的操作手册操作即可,这里不再赘述。本节主要讲述气相色谱仪在使用过程中常见的故障原因及处理方法。

一、进样后不出色谱峰

气相色谱仪正常开机进样后,检测信号没有变化,仪器不出峰,输出仍为直线,出现这种问题时,需从样品进样针、进样口到检测器的顺序逐一检查。检查顺序如下:

首先检查样品进样针是否堵塞,若堵塞则更换气相色谱仪样品进样针,如果没有问题,再检查进样口和检测器的垫圈处是否紧固、漏气,若不正常则更换垫圈,若正常则检查色谱柱是否有断裂漏气情况,最后检查检测器出口是否畅通。

如果检查进样口、注射器、垫圈和色谱柱都正常,可就是不出峰,那很可能是检测器出口堵塞。

二、基线波动、漂移

气相色谱基线波动、漂移都是基线问题。基线问题可使测量误差增大,有时甚至会导致仪器无法正常使用,遇到此类问题时可按以下顺序进行检查:

(1)先检查仪器的使用条件是否有改变,近期是否新换气瓶及设备配件。如果有更换或条件有改变,则要先检查基线问题是不是由这些改变造成的,一般来说,这种变化往往是产生基线问题的原因。在工作中遇到新载气纯度不够,换过载气之后,基线逐渐上升(由于载气净化管的原因,基线不是马上变化的),第二天开机之后,基线非常高,并伴有基线强烈抖动,所有峰都淹没在噪声中,无法检测时,问题出在新换的载气上,重新更换载气后,可恢复正常。

(2)排除了上述可能造成基线波动、漂移的原因后,则应当检查进样垫是否老化,进样垫应定期更换(不适用于小型气相色谱仪)。

(3)上述原因排除后,检查石英棉是不是该更换了,更换石英棉时,上表面最好距离进样针1~3mm左右,而且填充时上表面一定要填平,这样进样之后色谱峰的效果会比较好。

(4)玻璃衬管是否清洁,不清洁则按以下方法清洗:从仪器中小心取出玻璃衬管,用镊子或其他小工具小心移去衬管内的玻璃毛和其他杂质,移取过程不要划伤衬管表面。如果条件允许,可将初步清理过的玻璃衬管在有机溶剂中浸泡,再用超声波进行清洗,烘干后使用;也可以用丙酮、甲苯等有机溶剂直接清洗,清洗完成后经过干燥即可使用。

(5)检测器污染也可能造成基线问题,可以通过清洗或热清洗的方法来解决。

三、峰丢失和假峰

液化石油气的气相图谱中一般有9个峰,依次是空气+甲烷、乙烷+乙烯、丙烷、丙烯、异丁烷、正异丁烯、正丁烷、2-反丁烯、2-顺丁烯。但是有时候会丢峰,造成峰丢失的原因有两种,一是气路中有污染,二是峰没有分开。

气路中有污染情况可通过多次空运行和清洗气路(进样口、检测器等)来解决。为了减少对气路的污染,可采用以下的措施:

(1)程序升温的最后阶段应有一个高温清洗过程;

(2)注入进样口的样品应当清洁;

(3)减少高沸点的油类物质的使用;

(4)使用尽量高的进样口温度、柱温和检测器温度。

对于峰没有分开的故障,有可能是因系统污染造成的柱效下降造成,或者是由于色谱柱老化导致的,但色谱柱老化所造成的峰丢失是渐进的、缓慢的。

假峰一般是由于系统污染和漏气造成的,其解决方法也是通过检查漏气和去除系统污染来解决,在平时的工作中应当记录正常时基线的情况,以便在维护时作参考。

技师练习题及答案

一、理论知识试题

(一)单项选择题(每题四个选项,只有一个是正确的,将正确的选项号填入括号内)

1. BE001　SCADA 系统是以计算机为基础的生产过程与自动化系统,对现场运行设备可进行监视,控制及( )。
   (A)模拟　　　　(B)制图　　　　(C)数据测量　　　　(D)模数转换

2. BE001　SCADA 系统主要包括三部分,主站端、通信系统和( )。
   (A)远程终端单元　(B)控制阀　　　(C)数据测量单元　　(D)PLC

3. BE002　DCS 也称分散式控制系统,它是利用( )、控制技术、通信技术、图形显示技术实现过程控制和过程管理的控制系统。
   (A)逻辑运算　　(B)采集数据　　(C)计算机技术　　　(D)数据传输

4. BE002　一个基本的 DCS 系统由现场控制站、( )、工程师站和系统网络等四部分组成。
   (A)电脑主机　　(B)操作员键盘　(C)工程师键盘　　　(D)操作员站

5. BE003　可编程序控制器(PLC)基本组成包括中央处理器(CPU)、( )、输入/输出组件、电源、RS485 通信接口和以太网接口等。
   (A)控制技术　　(B)存储器　　　(C)通信技术　　　　(D)电脑主机

6. BE003　PLC 采用的编程语言主要有梯形图(LAD)、语句表(STL)、( )三种。
   (A)逻辑图　　　(B)现场控制站　(C)工程师站　　　　(D)系统网络

7. BE004　关于仪表与自控系统日常维护的说法正确的是( )。
   (A)检查主机设备的运行状态　　　(B)机房操作室的温度是否符合要求
   (C)检查各机柜风扇运转是否正常　(D)检查供电源是否正常

8. BE004　要定期吹扫自控系统内部灰尘,以保证风道的畅通和( )的绝缘。
   (A)风扇　　　　(B)机房　　　　(C)操作室　　　　　(D)元件

9. BE005　DCS 系统某个卡件故障灯闪烁或者卡件上全部数据都为零,可能的原因是( )。
   (A)模块处于备用状态而冗余端子连接线未接
   (B)模块本身故障
   (C)该槽位没有组态信息
   (D)以上全是

10. BE005　上位机死机或失灵的处理方法( )。
    (A)修理计算机　　　　　　　　(B)重新启动计算机
    (C)维修网络　　　　　　　　　(D)以上全是

11. BE006　装车仪和上位机串口转换器接口松动或接线错误可能引起( )。
    (A)装车仪故障　　　　　　　　(B)上位机通信故障
    (C)上位机故障　　　　　　　　(D)以上全是

12. BE006　装车系统通信正常,但是不能开单的原因可能是( )。
    (A)装车系统电液阀故障　　　　(B)装车仪无输出

(C)装车仪未提单数量过多　　　　(D)以上都是

13. BE007　气相色谱仪的( ),会引起色谱仪正常进样后不出色谱峰。
(A)检测器出口堵塞　　　　(B)样品不干净
(C)基线波动　　　　(D)气路中有污染

14. BE007　气相色谱仪常见的不出峰的原因可能是( )。
(A)色谱仪的使用条件改变　　　　(B)进样口漏气
(C)标准气不纯　　　　(D)气路污染

15. BE008　气相色谱基线出现波动、漂移时,首先应检查( )。
(A)是否新换气瓶及设备配件　　　　(B)检测器出口堵塞
(C)石英棉是不是该换了　　　　(D)检测器污染了

16. BE008　气相色谱基线非常高、并伴强烈抖动的,所有峰都淹没在噪声中可能的原因为( )。
(A)检测器信号没有变化　　　　(B)检测器出口堵塞
(C)新换的载气纯度不够　　　　(D)进样垫老化

17. BE009　气相色谱仪造成色谱峰丢失可能的原因是( )。
(A)进样口泄漏　　　　(B)气路中有污染或是峰没有分开
(C)检测器出口堵塞　　　　(D)要更换石英棉

18. BE009　气相色谱仪的谱图中,正常情况下第三个出现的峰是( )。
(A)丙烷　　　(B)丙烯　　　(C)乙烷＋乙烯　　　(D)正丁烷

(二)多项选择题(每题四个选项,至少有两个是正确的,将正确的选项号填入括号内)

1. BE002　对 SCADA 与 DCS 系统的区别描述正确的是( )。
(A)DCS 系统,即集散控制系统,适用于测控点数多、测控精度高、测控速度快的工业现场
(B)DCS 系统的特点是分散控制和集中监视,具有组网通信能力、测控功能强、运行可靠、易于扩展、组态方便、操作维护简便,但系统的价格昂贵
(C)SCADA 系统,即分布式数据采集和监控系统,属中小规模的测控系统
(D)SCADA 系统集中了 PLC 系统的现场测控功能强和 DCS 系统的组网通信能力的两大优点,性能价格比高

2. BE003　PLC 的基本组成部分有编程软件工具包和( )等。
(A)CPU 模块　　　(B)I/O 模块　　　(C)编程器　　　(D)电源模块

3. BE005　对自控系统的一般故障检查处理程序说法正确的是( )。
(A)检查系统供电是否正常。若 POWER 指示灯不亮,可检查供电线路和熔断器
(B)检查 I/O 模块供电电压是否正常,检测输入输出端口的信号及对应端口指示灯显示是否正常
(C)DCS 系统某个卡件故障灯闪烁或者卡件上全部数据都为零,可能的原因是模块处于备用状态而冗余端子连接线未接、模块本身故障、该槽位没有组态信息等
(D)上位机无数据或所有数据长时间不变或者是无法进行编程时,要检查上位机与 DCS/PLC 的通信故障

(三)判断题(对的画"√",错的画"×")

(　)1. BE001　SCADA 系统可以实时采集现场数据,对现场进行本地或远程的自动控制,对工艺流程进行全面、实时的监视。

(　)2. BE002　一个基本的 DCS 系统由现场控制站、操作员站、工程师站和系统网络等四部分组成。

(　)3. BE003　PLC 系统的中央处理器是 PLC 的控制中枢。

(　)4. BE004　仪表与工艺接口是否泄漏及紧固程度不是仪表工日常维护保养的内容。

(　)5. BE005　现场某一仪表的输出数据正常,而上位机显示该数据不正常,很可能的原因是 I/O 通道故障。

(　)6. BE006　个别装车仪通信线路松动或者接线错误会导致该装车仪故障。

(　)7. BE007　气相色谱仪的检测器出口堵塞有可能会造成色谱仪不出色谱峰的故障现象。

(　)8. BE008　气相色谱仪的色谱基线波动、漂移可使测量误差增大。

(　)9. BE009　液化石油气的气相色谱仪的图谱中一般有 9 个峰。

二、技能操作试题

(一) AD001 诊断处理 PLC/DCS 系统故障

1. 考核要求

(1)必须穿戴劳动保护用品。

(2)工具、量具、用具准备齐全,正确使用。

(3)操作程序符合安全文明操作。

(4)按规定完成操作项目,质量达到技术要求。

(5)操作完毕,做到工完、料净、场地清。

2. 准备要求

工具、材料、设备准备。

序号	名称	规格	数量	备注
1	PLC/DCS 系统		1 套	考试专用
2	万用表		1 个	
3	螺丝刀		1 把	
4	抹布		1 块	
5	扳手		1 把	

3. 操作程序说明

(1)正确选用工具、用具和使用材料故障。

(2)处理监控画面不变故障。

(3)处理监控画面波动较大故障。

(4)处理操作站无显示故障。

(5)处理监控画面数据为零故障。

(6)处理监控画面数据上下不一致故障。

(7)处理上位机和下位机不能联动故障。

(8)清洁收回工具。

(9)穿戴劳保,按规程操作。

4. 考核规定说明

(1)如操作违章或未按操作程序执行操作,将停止考核。

(2)考核采用百分制,考核项目得分按鉴定比重进行折算。

(3)考核方式说明:该项目为实际操作,考核过程按评分标准及操作过程进行评分。

(4)测量技能说明:本项目主要测量考生对诊断处理 PLC/DCS 系统故障掌握的熟练程度。

5. 考核时限

(1)考核时间:15min。

(2)计时从领取工具、材料开始,至交回工具、材料为止。

(3)规定时间完成,超时停止工作。

(4)违章操作或发生事故停止工作。

6. 评分记录表

序号	考核内容	考核要求	配分	评分标准	检测结果	得分	扣分	备注
1	工具材料准备	正确选用工具、用具和使用材料	5	工具、用具少选一件扣2分,选错一件扣2分				
				材料少选一件扣2分				
2	监控画面不动	检查监控画面长时间不变的原因	15	不检查是否死机扣5分				
				不检查下位机是否运行扣5分				
				不检查是否连接网络扣5分				
				判断不了故障原因扣15分				
3	监控画面数据波动较大	检查监控画面数据波动较大的原因	15	不检查现场仪表是否故障扣5分				
				不检查仪表或PLC接线是否松动扣5分				
				不检查PLC或输入输出接口是否故障扣5分				
				判断不了原因的扣15分				
4	操作站监控画面无显示	检查操作站无监控画面显示的原因	10	不检查监控软件是否故障扣5分				
				判断故障不能处理扣10分				
5	监控画面数据为零	检查监控画面数据为零的原因	15	不检查PLC或输入输出接口是否掉电的扣5分				
				不检查通道是否损坏的扣5分				
				不知道故障原因的扣15分				

续表

序号	考核内容	考核要求	配分	评分标准	检测结果	得分	扣分	备注
6	监控画面数据上下不一致	检查监控画面数据上下不一致的原因	20	不会打开监控软件的扣5分				
				不会检查量程是否正确的扣5分				
				不会测PLC通道电流扣5分				
				不会利用PLC通道电流值计算出实际值的扣5分				
				不会检查的扣15分				
7	上位机和下位机不能联动	检查上位机和下位机不能联动的原因	15	不检查连接线是否松动或未接线扣5分				
				不检查现场联动阀门等设备是否正常的扣5分				
				不检查现场联动阀门等设备是否带电的扣5分				
				不知道如何检查的扣15分				
8	工具用具收回	清洁收回工具	5	不清洁工具扣5分,不收回扣2分				
				回收工具用具,少一件扣2分				
9	安全生产	穿戴劳保,按规程操作		不穿戴劳保扣10分,少一件扣3分				从总分中扣除
				操作中违反安全规定,取消考试资格				
合计			100					

(二) AD002 处理 PLC 输入输出模块的故障

1. 考核要求

(1)必须穿戴劳动保护用品。

(2)工具、量具、用具准备齐全,正确使用。

(3)操作程序符合安全文明操作。

(4)按规定完成操作项目,质量达到技术要求。

(5)操作完毕,做到工完、料净、场地清。

2. 准备要求

工具、材料、设备准备。

序号	名称	规格	数量	备注
1	PLC/DCS 系统		1套	考试专用
2	万用表		1个	
3	螺丝刀		1把	
4	抹布		1块	
5	扳手		1把	

3. 操作程序说明

(1) 正确选用工具、用具和使用材料。

(2) 处理输入输出模块受损故障。

(3) 处理电源指示灯不亮故障。

(4) 处理运行故障。

(5) 处理输入输出故障。

(6) PLC 运行环境检查。

(7) 处理某一编号的输入输出通道故障。

(8) 清洁收回工具。

(9) 穿戴劳保,按规程操作。

4. 考核规定说明

(1) 如操作违章或未按操作程序执行操作,将停止考核。

(2) 考核采用百分制,考核项目得分按鉴定比重进行折算。

(3) 考核方式说明:该项目为实际操作,考核过程按评分标准及操作过程进行评分。

(4) 测量技能说明:本项目主要测量考生对处理 PLC 输入输出模块的故障掌握的熟练程度。

5. 考核时限

(1) 考核时间:15min。

(2) 计时从领取工具、材料开始,至交回工具、材料为止。

(3) 规定时间完成,超时停止工作。

(4) 违章操作或发生事故停止工作。

6. 评分记录表

序号	考核内容	考核要求	配分	评分标准	检测结果	得分	扣分	备注
1	工具材料准备	正确选用工具、用具和使用材料	5	工具、用具少选一件扣2分,选错一件扣2分				
				材料少选一件扣2分				
2	输入输出模块受损	检查模块是否过电压,是否有高电压窜入	15	不用万用表检查模块电压扣5分				
				不检查是否有高电压窜入扣5分				
				不知道原因的扣10分				
3	电源指示灯不亮	检查是否有电,检查电源保险和接线	15	未检查电源是否接通扣5分				
				不检查保险是否损坏扣5分				
				不检查接线是否有误扣5分				
				不知道检查扣15分				
4	运行故障	电源正常,运行指示灯故障处理	15	不检查或不会检查 PLC 是否运行扣10分				
				不检查或不会检查 CPU 是否正常扣10分				

续表

序号	考核内容	考核要求	配分	评分标准	检测结果	得分	扣分	备注
5	输入输出故障	检查输入设备、连接线路有无异常	20	不检查连接线路是否连通扣5分				
				不检查保险管是否完好扣5分				
				不检查输入设备是否正常扣5分				
				不检查输入端电压扣5分				
				不会检查扣15分				
6	PLC的运行环境	PLC的运行环境检查	10	不检查PLC运行温度扣5分				
				不检查PLC运行环境扣5分				
7	某一编号的输入输出异常	检查输入输出模块公共端螺钉松动,端子有无接触不良等	15	不检查端子是否异常扣5分				
				不检查螺钉是否松动扣5分				
				不检查熔断丝是否烧坏扣5分				
				不会测量输入输出电压及电流的扣10分				
8	工具用具收回	清洁收回工具	5	不清洁工具扣5分,不收回扣2分				
				回收工具用具,少一件扣2分				
9	安全生产	穿戴劳保,按规程操作		不穿戴劳保扣10分,少一件扣3分				从总分中扣除
				操作中违反安全规定,取消考试资格				
合计			100					

三、答案

(一) 单项选择题

1. C   2. A   3. C   4. D   5. B   6. A   7. D   8. D   9. D   10. A   11. B
12. C   13. A   14. B   15. A   16. C   17. B   18. A

(二) 多项选择题

1. ABCD   2. ABCD   3. ABCD

(三) 判断题

1. √   2. √   3. √   4. ×   仪表和工艺接口检查泄漏情况及紧固程度是仪表工日常维护保养的内容。   5. √   6. ×   个别装车仪通信线路松动或者接线错误会导致该装车仪通信故障。
7. √   8. √   9. √

第十四章　电子汽车衡

第一节　电子汽车衡的组成及工作原理

一、电子汽车衡的规格型号

电子汽车衡通常用"SCS – 数字"表示,其中:第一个 S 代表地上衡;C 代表传力结构——传感器;第二个 S 代表数字显示;后面的数字代表最大称量。例如,SCS – 80,表示 80t 的电子汽车衡。

二、电子汽车衡的组成

(一)基本组成及各部分作用

一般来说,电子汽车衡由承重和传力部、称重传感器(简称传感器)和称重显示部分三大基本单元组成。可选外设包括:计算机、打印机、大屏幕显示器、电源浪涌保护器、稳压电源等。

(1)承重和传力部:将物体的重量传递给称重传感器的全部装置,包括称重台面、吊挂连接单元、安全限位装置、地面固定件和基础设施等。

(2)称重传感器:介于秤台和基础之间,将被称物的重量转换为相应的电信号,经信号电缆输出至称重显示仪表进行称量。

(3)显示仪表:用以测量称重传感器输出的电信号,经对电信号处理后,以数码形式输出数据,包括称重显示仪表、接线盒和信号电缆。

(4)电源:主要指向称重传感器提供的桥路激励电源和仪表线路工作的电源。

JBG001 电子汽车衡的组成及各部分作用

(二)SCS 系列电子汽车衡组成及作用

SCS 系列电子汽车衡主要由秤台、传感器、连接件、限位装置、显示仪表及接线盒等零部件组成,还可以选配打印机、大屏幕显示器、计算机和稳压电源等外部设备。

限位装置的作用主要是防止秤台横向移动和左右晃动幅度,保证称量结果准确、误差小。

三、电子汽车衡的工作原理

JBG002 电子汽车衡的工作原理

(一)模拟式

被称重物或载重汽车停在秤台上,在重力的作用下,秤台将重力传递至传感器,导致附着在传感器上的弹性体发生变形,则弹性体应变梁上的应变电阻片及桥路失去平衡,输出与重量数值成正比的电信号,经线性放大器将信号放大,再经 A/D 转换为数字信号,由仪表内的微处理器对重量信号进行处理后直接显示重量数。配置打印机后,即可打印称重数据;如配置计算机,可将计量数直接输入称重管理系统进行综合管理。

(二)数字式

被称重物或载重汽车停在秤台上,在重力的作用下,使称重传感器弹性体产生形变,粘贴于弹性体上的应变片桥路阻抗失去平衡,输出与重量数值成比例的电信号,经传感器内部的放大器、A/D 转换器、微处理器等电子元器件进行相应的数据处理,输出数字信号,各传感器数字信号经接线盒进入称重显示仪表直接显示出重量等数据。如果显示仪表与计算机、打印机连接,仪表可同时把重量信号输给计算机等设备,组成称重管理系统。

第二节 操作、维护与故障处理

JBG003 电子汽车衡允许载荷及操作注意事项

一、允许载荷

过衡车辆的最大载荷,不允许超过秤的最大称量。电子汽车衡允许过衡车辆的轴载按表 14-1 选择。

表 14-1 电子汽车衡允许过衡车辆的最大轴载

规格型号	SCS-10	SCS-20	SCS-30	SCS-50	SCS-80
				SCS-60	SCS-100
允许轴载,t	7	12	20	25	30

注:轴载是汽车后轴(含轴组)总载荷。

电子汽车衡允许过衡轴线与传感器容量、电子汽车衡传感器支点距离等因素有关,一般电子汽车衡禁止接近铲车之类的短轴距车辆过衡。

二、操作注意事项

(1)仪表开机后先预热 15min 左右;
(2)指挥车辆以低于 5km/h 速度驶上秤台,缓缓刹车,车辆停稳后计量;
(3)车辆应直线行使,并尽可能停在秤台中心位置;
(4)进入电脑操作或者在仪表上操作,打印出过衡单即可;
(5)下班时必须停机,切断电源。

电子汽车衡每年由当地技术监督部门检定一次。

JBG004 电子汽车衡日常检查与维护要求

三、日常检查与维护

(一)日常检查内容

(1)秤体是否卡住;
(2)限位间隙是否合理、是否顶上护坡,限位螺丝与护坡间隙 2~3mm;
(3)传感器是否倾斜;
(4)接线盒的接线是否有松动、断线、短路等现象;
(5)仪表、计算机、显示器、键盘的连线是否牢固;

(6)误操作,使皮重或毛重丢失;
(7)秤台四周间隙内和底部不得卡有石子、煤块等异物;
(8)保持秤台台面清洁,表面油漆应定期重新刷涂。

(二)秤台检查维护内容

(1)承重台四个传感器受力点对角误差在 4mm 以内,以中心线为基准左右偏差在 ±1.5mm 以内和前后偏差在 ±2mm 以内为合格。

(2)禁止在秤台上进行电弧焊作业。如果必须在秤台上进行电弧焊作业时,应注意以下几点:断开信号线和仪表的连接;电弧焊的地线必须设置在被焊部位附近并牢固接触在秤体上;不可以使传感器成为电弧焊回路的一部分。

(三)仪表使用注意事项

(1)仪表只能使用单独的电源,严禁从三相四线中引线,且同一路电源中无产生干扰的其他设备;

(2)仪表电源应设置单独的地线;

(3)秤台附近无干扰设备。

(四)仪表保养

(1)检查各接线是否松动、折断,接地线是否牢靠;

(2)保持接线盒内干燥,盒内干燥剂要定期更换,一旦接线盒内有湿空气和水滴进入,可用电吹风吹干。

四、电子汽车衡故障处理方法

(1)检测单个传感器的输入、输出阻抗是否在范围内。

电子汽车衡中的柱式、桥式传感器大致有四线制和六线制之分,六线制由于多了一组反馈线,可以减少电阻、维持恒压,避免由于线路长度而引起的信号衰竭,所以较四线制好。这两种传感器的输出阻抗一般在$(350±1)\Omega$之间,输入阻抗在$(382±4)\Omega$之间,因此,查找电子汽车衡称重传感器故障时,可断开传感器电源,把砝码放在秤台上,测量传感器之间的电阻值。

(2)判断传感器零点是否输出过大时,可在空秤状态下,测量总信号电缆上的电压信号。

(3)仪表数值剧烈跳动。

有时需要测量屏蔽线与其他线间的绝缘阻值(其理论值大于或等于$5000M\Omega$)。可用万用表最大一挡(如$20M\Omega$)测量屏蔽线与其他任何线之间的绝缘电阻值,显示应是无穷大(注意手不要碰表棒)。

(4)仪表开机或卸载后不回零时,可能是仪表放大部分有故障或者传感器数据滞后、零点漂移等,秤体与基础间有杂物支撑也可引起。处理时先检查秤体与基础间是否有杂物顶住秤台,若有则清除;若没有杂物则打开接线盒,检查传感器接线间的阻抗,若阻值不对,检查传感器接线,若正常检查仪表主板的放大部分是否有故障。

(5)汽车衡接通仪表后显示负超载可能是仪表电缆有问题、仪表损坏或者传感器损坏。

JBG005 电子汽车衡故障处理方法

排除方法：① 若是新安装的秤，仪表损坏的可能性很小，且用另一台显示正常的仪表替换后，仍然出现此现象，判断故障出在别的部位。② 检查电缆线、插头，测量传感器的组织均正常。③ 再用同样的方法接通另外四只传感器，显示为负超载，确定有问题的传感器就在这四只中间，分别测量这四只传感器的输出信号，确认其中一只传感信号不正常，零点漂移过大。④ 更换传感器，故障消除。

第三节　传　感　器

一、应变电阻片式传感器

应变电阻片是一种弹性体，其作用：一是它承受传感器所受到的外力，对外力产生反作用力，达到相对静平衡；二是使附着在表面的应变电阻片比较理想地产生变形，利用惠斯登电桥，将电阻变化转换为电压输出。

二、传感器安装注意事项

JBG006 电子汽车衡传感器安装注意事项

电子汽车衡在长期使用中，往往由于超载、冲击等原因，造成传感器塑性变形，影响计量准确度，所以需要更换传感器。

（1）要轻拿轻放，尤其是对于用铝合金材料制造弹性体的小容量传感器，任何冲击、跌落，对传感器本身的性能都会造成极大损害；对于大容量的传感器，一般来说有较大自重，故而要求在搬运、安装时，尽可能使用适当的起吊设备（如手拉葫芦、电动葫芦等）。

（2）单个传感器安装底座的安装平面要用水平仪调整水平；多个传感器安装底座安装平面要尽量调整到一个水平面上（相对误差在 3~5mm），目的是使各传感器承受的负载基本一致，否则会造成称重误差。

（3）每种传感器的受力方向都是确定的，使用传感器时，一定要在受力方向上加载，应避免横向力、侧向力等非受力方向上加载。

（4）尽量采用有自动定位（或自动复位）功能的传感器，如含有球形轴承、关节轴承、定位紧固器等，这样的传感器可以防止某些横向力作用在传感器上。

（5）传感器周围应设置一些挡板，或者把传感器罩起来，这样可以防止因进入脏物、灰尘等使可动部分运动不畅造成的影响称量精度的现象。判断可动部分是否运动不畅，可以用以下方法：在秤台上增加或减少千分之一的额定负荷，如果显示仪表有反映，说明可动部分运转正常。

（6）传感器虽有一定的过载能力，但在秤的安装过程中，应防止传感器超载，即使是短时间的超载也会造成传感器损坏，所以在安装过程中，可以先用一个和传感器等高度的垫块代替传感器，最好放平后，再安装传感器。

（7）传感器在使用中，应注意以下问题：传感器应采用绞合铜线形成电器旁路，以保护传感器免受电焊、电流或雷电的危害；避免接受强烈的热辐射，尤其是单侧的强烈热辐射。

（8）电子汽车衡传感器更换后要重新进行标定，否则不得投入使用。

三、电气连接注意事项

（1）传感器的信号电缆，不能和强电电源线或控制线并行布置（如不能把传感器信号线和强电电源线及控制线放在同一管道内），如果必须并行布置，那么线与线之间的距离应保持在 50cm 以上，并把信号线用金属管套好。

（2）传感器信号线如果需要延长，应采用特制的密封电缆接线盒，如果不用此种接线盒，而采用电缆与电缆直接对接的方式，则应注意密封防潮，接好后应检验绝缘电阻，且达到标准（2000～5000MΩ），必要时重新标定传感器。

（3）若信号电缆线很长，又要保证很高的测量精度，应考虑采用带有中继放大器的电缆补偿电路。

（4）所有通向显示仪表或从仪表引出的导线，均应采用屏蔽电缆，屏蔽线的连接及接地应合理。

（5）传感器输出信号读出电路不应和能产生强烈干扰的设备（如可控硅、接触器等）及有很大热量产生的设备放在同一箱体中，如果不能保证这一点，则应考虑在它们之间设置障板隔离，并在箱体内安置风扇。

JBG007 电子汽车衡电气连接注意事项

四、维修维护注意事项

（1）在更换传感器时，应尽可能用和原来一样载荷的传感器。若想更换更大载荷的，就要注意显示仪表量程是否可调，如果不可调，会因为额定载荷大而输出的微伏/分度信号小不能满量程输出、显示、拨码调整达不到目的而不能使用；如果可以调整，则按说明书要求设定和调试，同时也不要使额定载荷过大，否则会因为输出的微伏/分度信号过小，容易降低秤的灵敏度。

（2）更换传感器后要经过检定合格，才能使用。

（3）电子汽车衡开机后无显示，可检查显示仪表是否故障、电源是否接通、接线盒里是否积水等。

（4）不得将电子汽车衡正负极短路，否则会导致仪表损坏，开机后无显示。

第四节　系统安装

电子汽车衡基础结构形式一般有两种：一种是电子汽车衡安装在地平面之上的无基坑，称为地上衡；另一种是安装在地平面之下的浅基坑，称为地中衡。

一、基础施工要求

（1）基础下素土承载力要求不低于 117.6kPa（12t/m²），如现场地质条件为湿陷性黄土、膨胀土、冻土层、回填土时，则基础必须另加措施处理。基础开挖必须挖至当地冻土线以下。

（2）对于浅基坑基础，必须设置排水管道，同时考虑基础四周盖板的放置，以便为今后维护人员的操作预留空间。无基坑基础也要考虑四周转动惯量排水通道，保证电子汽车衡不会因下雨而淹入水中。

（3）用于穿信号电缆的电缆管的要求，直径一般选用 50mm 的镀锌管，电缆管打弯处弯曲半径大于 6 倍电缆管外径，如果弯点过多时应考虑设置一过渡井，

JBG008 电子汽车衡安装基础要求

否则会造成穿线困难。

（4）基础预埋件施工中必须采取措施,保证准确位置,以便安装秤体。建议采用二次浇灌侧向限位挡板,各承重地板之间的水平度和标高误差必须符合基础图样设计要求,偏差要小于3mm,秤体两端平台空间应为长方形面而不是平行四边形,因此施工完成后测量对角线应相等。混凝土基础施工完毕后,必须注意保护,一般基础养护期为28天。为缩短施工周期和养护时间,允许施工时在混凝土中加"早强剂"等措施,混凝土未达到设计强度时不得安装秤台。基坑的四周和支承座不应有裂纹、蜂窝等影响强的缺陷。

（5）如果基础至磅房的距离小于15m,穿线管在进磅房一端的固定接地夹,通过接地电缆与稳压电源的接端子相连形成系统地,同时仪表也通过接地电缆连至穿线管的接地夹上。其余设备通过电源插座与该系统地相连。如果基础至磅房距离大于15m,在磅房附近设置一接地桩,同时在接地桩上固定接地夹,各设备接地方法同上,要求接地电阻小于4Ω。

电子汽车衡信号电缆从接线盒引出,经金属电缆管进入磅房,穿信号线电缆的金属穿线管与基础接地网相连,采用焊接固定的方法相连。金属穿线管在地磅内可充当接地桩,要求接地电阻小于4Ω。

（6）基础接地网的施工方法:在秤体附近设置一根接地桩(接地电阻小于4Ω),安装电子汽车衡时从秤体上接一根专用接地电缆到接地桩上。

（7）对于配置防爆装置的复合型防爆电子汽车衡,基础施工应增加下列几点要求:

① 用于有易爆区的电子汽车衡,其基础设计要由有设计资质的单位进行;
② 安全栅的接地与系统接地之间的阻抗不大于1Ω。

二、秤台安装前准备工作

（1）现场安装和调试所需设备和工具。

起重机,其吨位按单元秤台最大重量以及工作现场起重机的工作位置来确定,建议按单元秤台重量的2倍选择起重机型号规格。

工具:千斤顶1只(最大起升力大于5tf),12in活动扳手2个、开口扳手2个、20m钢卷尺、组合工具、水准仪一架、黄油、万用表、满量程一半以上的标准砝码等。

（2）安装前准备工作。

按基础设计图纸的技术要求,验收基础施工质量,复核传感器各支承重底板的位置尺寸、纵横向限位板尺寸、水平度和相对标高尺寸。验收合格方可进行下步工作。

检查基坑排水通道是否畅通,清扫基坑内垃圾、杂物。

检查信号电缆的金属穿线管是否畅通,所有接地点是否可靠,接地电阻是否满足要求。

检查电源是否符合规定。

三、秤台安装

（1）在基坑内秤台传感器支点位置附近垫上方木,用起重机将秤台平稳吊起落入基坑内,如果是多单元秤台,则应按秤台的搭接顺序逐节吊运到基坑内,连接处用螺栓固定,秤台所用螺栓、螺母都要涂一层黄油。

(2)用千斤顶或起重设备顶起秤台,撤除垫在秤台下的方木,慢慢松开千斤顶,使秤台缓缓落下,并让传感器支承头插进传感器支承孔内,并与传感器连接起来。

(3)秤台就位后,检查和校正秤台四周间隙是否均匀合理,调节限位螺栓,使之与限位挡板之间间隙在3mm左右。

技师练习题及答案

一、理论知识试题

(一)单项选择题(每题四个选项,只有一个是正确的,将正确的选项号填入括号内)

1. BG001　SCS 系列电子汽车衡主要由秤台、(　)、连接件、限位装置、显示仪表及接线盒等零部件组成。
　　(A)打印机　　　(B)传感器　　　(C)大屏幕　　　(D)以上全是

2. BG001　电子汽车衡的称重传感器能将被称物的(　)转换为相应的电信号,经信号电缆输出至称重显示仪表进行称量。
　　(A)速度　　　　(B)位移　　　　(C)重量　　　　(D)以上全是

3. BG002　电子汽车衡的称重传感器采用(　)。
　　(A)应变式电阻片　　　　　　　(B)热电阻
　　(C)可控硅　　　　　　　　　　(D)以是均可

4. BG002　模拟式电子汽车衡称重时,弹性体应变梁上的应变电阻片及桥路输出与(　)成正比的电信号,经处理后直接显示重量数。
　　(A)速度　　　　(B)位移　　　　(C)重量　　　　(D)弹性

5. BG003　电子汽车衡的操作注意事项说法不正确的是(　)。
　　(A)仪表开机后先预热 15min 左右
　　(B)上衡车辆时速应低于 5km/h
　　(C)上衡车辆要直线行驶
　　(D)仪表开机后不用预热

6. BG003　电子汽车衡的检定周期最长为(　)。
　　(A)半年　　　　(B)一年　　　　(C)三个月　　　(D)二年

7. BG004　电子汽车衡承重台四个传感器受力点对角误差在(　)以内。
　　(A)1.5mm　　　(B)5mm　　　　(C)4mm　　　　(D)2mm

8. BG004　电子汽车衡日常保养要经常检查限位间隙是否合理、限位螺栓与秤体(　),一般间隙 2~3mm。
　　(A)不相连接　　(B)相连接　　　(C)不能碰撞接触　(D)碰撞接触

9. BG005　查找电子汽车衡称重传感器故障时,可能过断开传感器电源,把砝码放在秤台上,测量传感器之间的(　)。
　　(A)电流值　　　(B)电阻值　　　(C)电压值　　　(D)以上全错

10. BG005　电子汽车衡在断电的情况下,传感器之间的阻值约为(　)。
　　(A)350Ω　　　　(B)200Ω　　　(C)2500Ω　　　(D)400Ω

11. BG006　电子汽车衡传感器更换后要重新进行(　),否则不得投入使用。
　　(A)维护　　　　(B)标定　　　　(C)检修　　　　(D)以上全错

12. BG006　电子汽车衡传感器安装注意事项,说法不正确的是(　)。
　　(A)要轻拿轻放,不得冲击、跌落　　　(B)要安装在同一水平面上

(C)安装时可以有一定量的过载 　　(D)传感器周围应加装挡板

13. BG007 电子汽车衡开机后无显示,可能的原因是( )。
(A)传感器故障 　　(B)更换传感器型号不符
(C)传感器连杆断裂 　　(D)接线盒内有积水

14. BG007 电子汽车衡正负极短路,会导致( )。
(A)显示仪表故障 　　(B)开机无显示
(C)开机后不显示正常零位 　　(D)以上全对

15. BG008 防爆电子汽车衡基础施工比普通电子衡基础施工的要注意( )。
(A)安全栅的接地与系统接地之间的阻抗不大于1Ω
(B)无特别之处
(C)金属穿线管在地磅内可充当接地
(D)在秤体附近设置一根接地电阻小于4Ω的接地桩

16. BG008 电子汽车衡的基础必须下压到当地( )以下。
(A)最低气温 　　(B)冻土层 　　(C)最低水位 　　(D)最高气温

(二)多项选择题(每题四个选项,只有一个是正确的,将正确的选项号填入括号内)

1. BG001 电子汽车衡主要由( )、连接件、显示仪表及接线盒等零部件组成。
(A)秤台 　　(B)传感器 　　(C)大屏幕 　　(D)限位装置

2. BG004 电子汽车衡日常检查与维护的主要内容是秤体是否卡住、限位是否顶住、( )等。
(A)接线盒的接线是否松动
(B)仪表、计算机、显示器、键盘的连线是否牢固
(C)误操作,使皮重或毛重丢失现象
(D)传感器是否正常

3. BG005 电子汽车衡仪表开机或卸载后不回零的原因可能是( )等。
(A)传感器零点漂移 　　(B)秤体与基础之间有杂物支撑
(C)线路短路 　　(D)误操作造成

(三)判断题(对的画"√",错的画"×")

( )1. BG001 电子汽车衡限位器的作用主要是防止秤台横向移动和左右晃动幅度。
( )2. BG002 电子汽车衡可配置计算机,将计量数直接进行打印管理。
( )3. BG003 上衡车辆以低于50km/h速度驶上秤台,缓缓刹车,车辆停稳后计量。
( )4. BG004 禁止在电子汽车衡的秤台上进行电弧焊作业。
( )5. BG005 查找电子汽车衡称重传感器故障时,可通过断开传感器电源,把砝码放在秤台上,测量传感器之间的电阻值。
( )6. BG006 电子汽车衡单个传感器安装底座的安装平面要平整。
( )7. BG007 电子汽车衡所有通向显示仪表或从仪表引出的导线,均应采用屏蔽电缆,屏蔽线的连接及接地应合理。
( )8. BG008 用于穿信号电缆的电缆管的要求,直径一般选用50mm的镀锌管,电缆管打弯处弯曲半径大于6倍电缆管外径。

二、技能操作试题

(一) AD003 处理电子汽车衡传感器故障

1. 考核要求

(1) 必须穿戴劳动保护用品。

(2) 工具、量具、用具准备齐全,正确使用。

(3) 操作程序符合安全文明操作。

(4) 按规定完成操作项目,质量达到技术要求。

(5) 操作完毕,做到工完、料净、场地清。

2. 准备要求

工具、材料、设备准备。

序号	名称	规格	数量	备注
1	万用表		1块	
2	绝缘电阻表		1块	
3	扳手		1把	
4	地磅		1台	考试专用
5	抹布		1块	
6	酒精		1瓶	

3. 操作程序说明

(1) 正确选用工具、用具和使用材料。

(2) 检查接线盒内是否浸水。

(3) 观察部件有无虚焊、掉线、断线、错接现象。

(4) 用万用表测试线路有无异常,线路正常更换电缆。

(5) 检查正负极电阻。

(6) 测量正负极或正负输出间电阻。

(7) 清洁收回工具。

(8) 穿戴劳保,按规程操作。

4. 考核规定说明

(1) 如操作违章或未按操作程序执行操作,将停止考核。

(2) 考核采用百分制,考核项目得分按鉴定比重进行折算。

(3) 考核方式说明:该项目为实际操作,考核过程按评分标准及操作过程进行评分。

(4) 测量技能说明:本项目主要测量考生对处理电子汽车衡传感器故障掌握的熟练程度。

5. 考核时限

(1) 考核时间:15min。

(2) 计时从领取工具、材料开始,至交回工具、材料为止。

(3)规定时间完成,超时停止考核。

(4)违章操作或发生事故停止工作。

6. 评分记录表

序号	考核内容	评分要素	配分	评分标准	检测结果	扣分	得分	备注
1	工具材料准备	正确选用工具、用具和使用材料	5	工具、用具少选一件扣2分,选错一件扣2分				
				材料少选一件扣2分				
2	检查接线盒内是否浸水	检查接线盒内有水汽,用酒精擦洗后用吹风机吹干	15	发现故障不能排除扣10分				
				未清洁内部扣5分				
3	检查线路	观察部件有无虚焊、掉线、断线、错接现象	20	漏查一处扣2分				
				发现故障不能排除扣10分				
4	测试线路	用万用表测试线路有无异常,线路正常更换电缆	20	未用万用表检测线路扣10分				
				发现故障不能排除扣10分				
5	检查正负极电阻	检查通往仪表的信号电缆接线柱电阻和总输出端的正负极电阻是否异常	20	少检查一处扣2分				
				发现故障不能排除扣10分				
6	测量正负极或正负输出间电阻	测量正负极或正负输出间电阻	15	未检测扣15分				
				发现故障不能排除扣10分				
7	工具用具收回	清洁收回工具	5	不清洁工具扣5分,不收回扣2分				
				回收工具用具,少一件扣2分				
8	安全生产	穿戴劳保,按规程操作		不穿戴劳保扣10分,少一件扣3分				从总分中扣除
				操作中违反安全规定,取消考试资格				
	合计		100					

(二) AD004 处理显示器故障

1. 考核要求

(1)必须穿戴劳动保护用品。

(2)工具、量具、用具准备齐全,正确使用。

(3)操作程序符合安全文明操作。

(4)按规定完成操作项目,质量达到技术要求。

(5)操作完毕,做到工完、料净、场地清。

2. 准备要求

工具、材料、设备准备。

序号	名称	规格	数量	备注
1	万用表		1块	
2	扳手		1把	
3	螺丝刀		1把	
4	显示器工艺		1套	考试专用

3. 操作程序说明

(1)正确选用工具、用具和使用材料。

(2)用万用表检查电源线电压是否正常。

(3)用万用表检查信号线电压是否正常。

(4)检查电源线、信号线连接接头有无松动、滑落现象。

(5)检查电子板有无异常。

(6)清洁收回工具。

(7)穿戴劳保,按规程操作。

4. 考核规定说明

(1)如操作违章或未按操作程序执行操作,将停止考核。

(2)考核采用百分制,考核项目得分按鉴定比重进行折算。

(3)考核方式说明:该项目为实际操作,考核过程按评分标准及操作过程进行评分。

(4)测量技能说明:本项目主要测量考生对处理显示器故障掌握的熟练程度。

5. 考核时限

(1)考核时间:15min。

(2)计时从领取工具、材料开始,至交回工具、材料为止。

(3)规定时间完成,超时停止考核。

(4)违章操作或发生事故停止工作。

6. 评分记录表

序号	考核内容	评分要素	配分	评分标准	检测结果	扣分	得分	备注
1	工具材料准备	正确选用工具、用具和使用材料	5	工具、用具少选一件扣2分,选错一件扣2分				
				材料少选一件扣2分				
2	检查电源线	用万用表检查电源线电压是否正常	25	未检查电源线扣25分				
				检查故障不能处理扣10分				
3	检查信号线	用万用表检查信号线电压是否正常	25	未检查信号线扣25分				
				检查故障不能处理扣10分				
4	检查接头	检查电源线、信号线连接接头有无松动、滑落现象	20	每漏查一项扣2分				
				发现异常不能处理扣10分				
5	检查电子板	检查电子板有无异常	20	未检查电子板扣20分				
				检查异常不能处理扣10分				

续表

序号	考核内容	评分要素	配分	评分标准	检测结果	扣分	得分	备注
6	工具用具收回	清洁收回工具	5	不清洁工具扣5分,不收回扣2分				
				回收工具用具,少一件扣2分				
7	安全生产	穿戴劳保,按规程操作		不穿戴劳保扣10分,少一件扣3分				从总分中扣除
				操作中违反安全规定,取消考试资格				
	合计		100					

三、答案

(一) 单项选择题

1. B 2. C 3. A 4. C 5. D 6. B 7. C 8. C 9. B 10. A 11. B
12. C 13. D 14. B 15. A 16. B

(二) 多项选题

1. ABD 2. ABC 3. AB

(三) 判断题

1. √ 2. × 电子汽车衡可配置计算机,将计量数直接输入称重管理系统进行计算机综合管理。 3. × 上衡车辆以低于5km/h速度驶上秤台,缓缓刹车,车辆停稳后计量。 4. √
5. √ 6. × 电子汽车衡单个传感器安装底座的安装平面要用水平仪调整水平。 7. √
8. √

第十五章　HSE 管理体系

第一节　HSE 管理体系简介

JAA001 HSE 代表的意义

健康、安全与环境管理体系简称为 HSE 管理体系,是三位一体管理体系。H(健康 Health)是指人身体上没有疾病,在心理上保持一种完好的状态;S(安全 Safety)是指在劳动生产过程中,努力改善劳动条件、克服不安全因素,使劳动生产在保证劳动者健康、企业财产不受损失、人民生命安全的前提下顺利进行;E(环境 Environment)是指与人类密切相关的、影响人类生活和生产活动的各种自然力量或作用的总和,它不仅包括各种自然因素的组合,还包括人类与自然因素间相互形成的生态关系的组合。

由于安全、环境与健康的管理在实际工作过程中有着密不可分的联系,因此把健康、安全和环境形成一个整体的管理体系,是现代石油化工企业的必然。

HSE 管理体系是一种事前进行风险分析,确定其自身活动可能发生的危害和后果,从而采取有效的防范手段和控制措施防止其发生,以便减少可能引起的人员伤害、财产损失和环境污染的有效管理方式。

一、HSE 管理体系要遵循的原则

HSE 管理体系要遵循 PDCA 循环的原则,P 计划(Plan)、D 实施(Do)、C 检查(Check)、A 改进(Action)。

二、HSE 管理体系的适用标准及要素

JAA002 HSE 管理体系的适用标准及要素

HSE 管理体系适用的标准是:
(1)Q/SY 1002.1—2013《健康、安全与环境管理体系　第一部分　规范》。
(2)Q/SY 1002.2—2008《健康、安全与环境管理体系　第二部分　实施指南》。
(3)Q/SY 1002.3—2008《健康、安全与环境管理体系　第三部分　审核指南》。
HSE 管理体系的基本框架是:7 个一级要素,25 个二级要素。

7 个一级要素为:(1)领导和承诺;(2)健康、安全与环境方针;(3)策划;(4)组织结构、资源和文件;(5)实施和运行;(6)检查和纠正措施;(7)管理评审。

7 个一级要素中,"领导和承诺"是 HSE 管理体系建立与实施的前提条件和核心;"健康、安全与环境方针"是 HSE 管理体系建立和实施的总体原则与方向;"策划"是 HSE 管理体系建立和实施的输入;"组织结构、资源和文件"是 HSE 管理体系建立和实施的基础;"实施和运行"是 HSE 管理体系实施的关键;"检查和纠正措施"是 HSE 管理体系有效运行的保障;"管理评审"是推进 HSE 管理体系持续改进的动力。

三、HSE 管理体系的一级要素

(一)领导和承诺

领导和承诺是指企业自上而下的各级管理层的领导和承诺,是 HSE 管理体系的核心。高层管理者应对健康、安全与环境的责任和管理提供强有力的领导和明确的承诺,是实施 HSE 管理体系的前提,并保证将领导和承诺转化为必要的资源,以建立、运行和保持 HSE 管理体系既定的方针和战略目标。

(二)健康、安全与环境方针

健康、安全与环境方针是 HSE 管理体系建立和实施的总体原则和方向,它规定了组织在健康、安全与环境方面的发展方向和行动纲领,并通过将其要求在体系诸要素中具体化和落实,从而控制各类 HSE 风险,并实现绩效的持续改进。

(三)策划

防止事故发生,将危害及影响降低到可接受的最低程度,是 HSE 管理体系运行的最直接目的。风险管理是一个不间断的过程,是所有 HSE 要素的基础,应定期检查危害的存在,并评估业务活动中的相关风险,对所有风险都将采取适当的措施进行管理,以防止潜在事故的发生或降低事故所产生的影响。

(四)组织结构、资源和文件

组织结构、资源和文件是 HSE 管理体系运行的组织保障和物质基础,是保证健康、安全与环境绩效的必要条件。组织结构是企业管理系统负有 HSE 管理责任的部门和人员的构成及职责,是企业 HSE 管理体系的具体管理机构组织状况。资源主要指可供使用的人力、财力、物力、技术、设备等内部资源,是 HSE 管理体系建立和运行的重要物质保障。文件是指 HSE 管理体系在建立、运行和保持过程中所形成的各种文档,可以是书面的,也可以是电子的。

(五)实施和运行

实施和运行是 HSE 风险管理的重要内容,是实施 HSE 计划管理的重要方面。实施运行的目的是满足组织的 HSE 管理体系运行和实现组织的健康、安全和环境方针、目标与指标所需的支持机制以及控制、削减 HSE 风险保障。

(六)检查和纠正措施

组织在 HSE 管理体系的运行控制过程中,需要对自身状况进行监控,以确定是否满足了法律和其他应遵守的要求,评价目标和指标的实现情况,发现不符合并有效纠正,及时报告事故、事件处理,为体系的实施和改进提供依据。

(七)管理评审

评审是企业的高层领导对健康、安全与环境管理体系的适用性及其执行情况进行的正式评审,评审是健康、安全与环境管理体系的最后一个环节,是健康、安全与环境管理体系实现持续改进的保证。它是组织的最高领导者对管理体系所做的全面评审。

JAA004 HSE 风险评价概念和目的

四、风险管理

HSE 管理体系的核心是风险管理,它体现了源头治理、事故预防的系统风险控制思想。

(一)风险

Q/SY 1002.1 定义风险为某一特定事件发生的可能性与后果的组合,即风险是指特定事件发生的概率和可能危害后果的函数:

$$风险 = 可能性 \times 后果的严重程度$$

(二)危险

危险是指可能导致事故的状态,它是指事物所处的一种不安全状态,是可能发生潜在事故的征兆,危险的特征在于其可能性的大小与安全条件和概率有关。危险概率指危险发生(即转变为)事故的可能性,即频度,或单位时间发生的次数。危险的严重程度则是指每次危险发生事故导致的伤害程度或损失大小。

危险和风险是两个既相互区别又密不可分的概念。危险所表达的是某事物对人们构成的不良影响或后果,它强调的是客体,是客观存在的、随机的危害现象;而风险表达的则是人们采取了某种不良行动后可能面临的有害后果,它强调的是主体,而风险又是危险的后果。

(三)风险评价

风险评价是对风险发生的概率、损失程度,结合其他因素进行全面考虑,评估发生风险的可能性及危害程度,并与公认的安全指标相比较,以衡量风险的程度,并决定是否需要采取相应措施的过程。风险评价的目的是评价危险发生的可能性及其后果的严重程度,以寻求最低事故率、最少的损失和最优的安全投资效益。

风险评价的方法是对系统的危险性、危害性影响进行分析、评价的工具。风险评价的方法有风险矩阵法、风险评价指数法、作业条件危险性评价法、危险与可操作性分析方法、事件树与故障树法等。

(四)风险控制

风险控制是风险管理的根本目的,是实施风险管理决策的行为,风险控制是采用工程技术、教育和管理等手段消除或削减风险,通过制定和执行具体方案(措施)实现对风险的控制,防止事故发生造成人员伤害、环境破坏和财产损失。

第二节 HSE 管理体系的两书一表

HSE 作业指导书、HSE 作业计划书和 HSE 现场检查表,简称 HSE 两书一表。它们是基层 HSE 管理体系的实施模式,是 HSE 管理体系重要组成部分。

一、HSE 作业指导书

HSE 作业指导书是对专业常规 HSE 风险的管理。它通过对一个特定专业常规作业危害因素的识别,以及后续的风险评估、削减或控制等风险管理过程,对专业常规 HSE 风险制定对策措施,并落实到相应的岗位职责和操作规程中去,从而实现对该常规作业 HSE 风险的控制。

(一)HSE 作业指导书内容

HSE 作业指导书的内容应包括:(1)管理制度;(2)岗位 HSE 职责;(3)操作规程;(4)危险点源和控制措施;(5)记录;(6)检查表。

HSE 作业指导书是支持而不是取代现有的岗位操作规程的 HSE 作业文件。HSE 作业指导书的编制是为了指导各岗位的操作,规范岗位 HSE 行为,达到消除或降低风险的目的,保证安全。

(二)HSE 作业指导书的编制

基层单位 HSE 作业指导书的编制可按照工艺单元、设备操作单元进行划分(如车间、钻井队、压裂队、检修组等),但应尽可能保持其完整性。

HSE 作业指导书由 HSE 管理人员、相关技术专家或有经验的岗位操作人员编写,经 HSE 主管部门组织评审后实施。

1. 管理制度

清理现有的管理制度,充实 HSE 作业指导书的内容,减少文件重复现象。

2. 岗位 HSE 职责

基层企业内所有岗位,均应按下列要求编制:

(1)根据 HSE 管理体系及法律、法规的要求,明确从事本岗位工作人员应具备的 HSE 条件,主要包括文化素质、技能资质、业务水平、工作经验、身体素质、工作表现。

(2)岗位职责。

根据基层企业的生产管理和 HSE 组织网络、岗位之间的关系,界定岗位的 HSE 职责,主要包括对上向谁负责、对下负责什么、HSE 权利、HSE 义务。

(3)岗位风险。

描述本岗位常见的风险,明确应采取或防范的风险削减及控制措施,主要包括岗位风险是什么、可能产生的危害程度及频率、采取什么样的控制措施。

(4)岗位规定。

按照岗位性质和岗位的 HSE 职责,明确应遵守的 HSE 管理文件,主要包括法律、法规,HSE 管理体系文件,合同规定。

3. 操作指南

操作指南主要包括岗位 HSE 操作程序、岗位操作程序、操作程序图、注意事项等。

4. 风险及控制

(1)风险识别。

描述基层企业存在的各种潜在和常见的风险,可采用风险矩阵或列表方式说明风险的危害程度、频率以及涉及的岗位。

(2)风险削减及控制。

对于通常可能构成危害的风险,削减和控制风险的常规措施,可采用关键岗位 HSE 任务清单，分类、分项列出危害、地点或环节、潜在后果、频率、削减和控制措施，并专门标明岗位操作的关键工序和关键点。

针对具体或特殊施工作业时，在识别上述风险基础上，还应结合因项目变更、作业内容变化或人员变动具体分析可能引起的潜在风险，通过 HSE 作业计划书进一步细化和补充控制措施，并落实到有关岗位、人员。

（3）应急措施。

根据可能遇到的自然灾害、突发事件，制定应急处置预案，明确应急组织、各岗位在应急处置中的职责和义务，主要包括应急处置图、应急程序。

5. 记录与考核

（1）记录管理。

（2）岗位考核。

按岗位 HSE 作业指导书定期对员工的 HSE 业绩和表现水平进行考核，规定考核方式及实施程序，主要包括考核组织实施办法、考核程序、考核周期、奖惩制度。

明确各岗位在生产过程中应报告的 HSE 内容和填写的 HSE 记录，主要包括填写要求、资料管理、验收要求。

二、HSE 作业计划书

HSE 作业计划书是针对变化了的情况，由基层组织结合具体施工工作情况和所处环境等特定条件，为满足新项目作业的动态风险管理要求，在进入现场或从事作业前所编制的 HSE 具体作业文件。编制 HSE 作业计划书的基础是 HSE 作业指导书，主要是运用风险管理理论，针对 HSE 作业指导书中没有涉及的内容，即对由于人、机、料、法、环的变更而引发的新增风险的控制。

（一）HSE 作业计划书内容

JAA007 HSE 作业计划书的内容

（1）项目概况、作业现场及周边情况；

（2）人员能力及设备状况；

（3）项目新增危害因素辨识与主要风险提示；

（4）风险控制措施；

（5）应急预案。

HSE 作业计划书主要用于对非常规作业的 HSE 风险管理。编制 HSE 作业计划书的基础是 HSE 作业指导书，HSE 作业计划书是对 HSE 作业指导书所没有涵盖内容的补充。HSE 作业计划书应在作业项目开展前编写完毕，并经主管部门评审后实施。

HSE 作业计划书由基层组织结合具体施工作业的情况和所处环境等特定的条件，在开始进行作业前，按照风险管理流程所策划编制的对各种变化所产生的新增风险的控制。

（二）HSE 作业计划书的作用

JAA008 HSE 作业计划书的作用

（1）对非常规作业（变化大、不常做、无规程）HSE 风险的控制。

（2）可用于移动性作业项目中，由于各种变化、变更所新增的 HSE 风险的管理。

（3）可用于固定作业场所中,非常规作业活动(如临时性作业等)的 HSE 风险的管理。

（4）在进行非常规作业之前,首先应对所要开展的活动进行危害因素辨识,对辨识出需要防控的风险制定出相应的防控措施,形成书面意见,经过审批后实施。

三、HSE 现场检查表

JAA009 HSE 管理体系的检查表

HSE 现场检查表是在现场施工过程中实施检查的工具,涵盖 HSE 作业指导书和 HSE 作业计划书的主要检查要求和检查内容,根据施工作业现场具体情况,事先精心设计的一套与"两书"要求相对应的检查表格,主要是对设备、设施及施工作业现场安全状态的检查与管理。

使用 HSE 现场检查表的目的是发现问题和排除隐患。

HSE 两书一表中的 HSE 作业指导书、HSE 作业计划书和 HSE 现场检查表同属于 HSE 管理体系中的作业文件层次。其中 HSE 作业指导书主要是用以规范基层岗位员工的操作行为,通过强化"规定动作",减少"自选动作",实现对专业常规作业风险的管理,即 HSE 作业指导书主要用于规范基层岗位员工安全行为的作业文件;HSE 作业计划书是对具体项目或活动的新增风险的动态管理,它既具有防范人员的不安全行为的效力,也具有控制物的不安全状态的作用。HSE 现场检查表则主要是实现对设备、设施以及施工作业现场安全状态的检查与管理,即岗位员工按照 HSE 现场检查表规定的巡回检查路线和检查内容,检查本岗位所使用或管理的设备、设施等安全情况,从而达到对物的不安全状态的控制。

技师练习题及答案

一、理论知识试题

(一)单项选择题(每题四个选项,只有一个是正确的,将正确的选项号填入括号内)

1. AA001　HSE 管理体系是一种(　)进行风险分析,确定其自身活动可能发生的危害和后果,从而采取有效的防范手段和控制措施防止其发生,以便减少可能引起的人员伤害、财产损失和环境污染的有效管理方式。
   (A)事前　　　　(B)事中　　　　(C)事后　　　　(D)以上全是

2. AA001　HSE 管理要遵循的原则是(　)。
   (A)风险削减　　　　　　　　(B)安全控制
   (C)PDCA 原则　　　　　　　(D)领导负责的原则

3. AA002　HSE 管理体系建立与实施的前提条件和核心是(　)。
   (A)领导和承诺　　　　　　　(B)方针和战略目标
   (C)组织机构　　　　　　　　(D)资源和文件

4. AA002　HSE 管理体系的基本框架是 7 个一级要素(　)个二级要素。
   (A)7　　　　　(B)5　　　　　(C)25　　　　　(D)28

5. AA003　HSE 管理体系的(　)是指 HSE 管理体系在建立、运行和保持过程中所形成的各种文档,可以是书面的,也可以是电子的。
   (A)组织　　　　(B)文件　　　　(C)风险管理　　　　(D)风险辨识

6. AA003　HSE 管理体系的实施运行要素的目的是(　)。
   (A)满足组织的 HSE 管理体系运行和实现组织的健康、安全和环境方针、目标与指标所需的支持机制以及控制、削减 HSE 风险保障
   (B)保证健康、安全与环境管理体系持续改进的实现
   (C)保证体系不断变化、不断发展
   (D)以上全是

7. AA004　风险评价的目的是(　)。
   (A)风险评价是个不断变化、不断发展的过程
   (B)评价危险发生的可能性及其后果的严重程度,以寻求最低事故率、最少的损失和最优的安全投资效益
   (C)实施风险管理决策的行为
   (D)以上全是

8. AA004　HSE 管理体系的核心是(　)。
   (A)调查和处理　　(B)领导和承诺　　(C)风险管理　　(D)风险评价

9. AA005　HSE 作业指导书的编制是指导各岗位的操作,规范岗位(　),达到消除或降低风险的目的、保证 HSE 管理体系的有效运行。
   (A)安全　　　　(B)HSE 行为　　　(C)程序文件　　　(D)管理手册

10. AA005　基层单位 HSE 作业指导书的编制可按照(　)、设备单元划分。

(A)工艺单元　　(B)操作单元　　(C)班组　　(D)组织机构

11. AA006　HSE 作业指导书编制时,针对具体或特殊施工作业时,应结合因项目变更、作业内容变化或人员变动具体分析可能引起的潜在风险,通过( )进一步细化和补充控制措施,并落实到有关岗位、人员。

(A)HSE 作业指导书　　　　　(B)HSE 作业计划书
(C)HSE 现场检查表　　　　　(D)以上都是

12. AA006　HSE 作业指导书编写时,对于通常可能构成危害的风险,削减和控制风险的常规措施,可采用( ),分类、分项列出危害、地点或环节、潜在后果、频率、削减和控制措施,并专门标明岗位操作的关键工序和关键点。

(A)HSE 作业计划书　　　　　(B)应急措施
(C)风险识别　　　　　　　　(D)关键岗位 HSE 任务清单

13. AA007　HSE 作业计划书是对( )所没有涵盖内容的补充。

(A)HSE 作业指导书　　　　　(B)任务完成情况
(C)岗位书说明书　　　　　　(D)施工方案

14. AA007　HSE 作业计划书由基层组织结合具体施工作业的情况和所处环境等特定的条件,在开始进行作业前,按照风险管理流程所策划编制的( )的控制。

(A)施工工程程序　　　　　　(B)对工作岗位原有风险
(C)对各种变化所产生的新增风险　(D)以上全是

15. AA008　可用于移动性作业项目中,由于各种变化、变更所新增的 HSE 风险的管理是( )。

(A)HSE 作业指导书　　　　　(B)安全管理制度
(C)操作规程　　　　　　　　(D)HSE 作业计划书

16. AA008　可用于固定作业场所中,非常规作业活动(如临时性作业等)的 HSE 风险的管理是( )。

(A)HSE 作业指导书　　　　　(B)HSE 作业计划书
(C)操作规程　　　　　　　　(D)安全管理制度

17. AA009　HSE 现场检查表涵盖( )的主要检查要求和检查内容。

(A)HSE 作业计划书和 HSE 作业指导书
(B)检查表
(C)工作内容
(D)以上全是

18. AA009　使用 HSE 现场检查表的目的是发现问题和( )。

(A)现场检查　　(B)现场评价　　(C)排除隐患　　(D)进行考核

(二)多项选择题(每题四个选项,只有一个是正确的,将正确的选项号填入括号内)

1. AA002　HSE 管理体系 7 个一级要素包括:领导和承诺、策划、管理评审( )。

(A)属地管理　　　　　　　　(B)健康、安全与环境方针
(C)组织结构、资源和文件　　(D)实施和运行

2. AA006　HSE 作业指导书中风险与控制内容包括( )。

(A)风险识别　　　　　　　　(B)风险削减及控制
(C)应急措施　　　　　　　　(D)记录管理

(三)判断题(对的画"√",错的画"×")

( )1. AA001　HSE体系管理的核心是PDCA循环。

( )2. AA002　HSE承诺是最高层领导郑重作出的口头承诺。

( )3. AA003　防止事故发生,将危害及影响降低到可接受的最低程度,是HSE管理体系运行的最直接目的。

( )4. AA004　风险表达的是人们采取了某种不良行动后可能面临的有害后果,它强调的是主体。

( )5. AA005　HSE作业指导书的编制是为了指导各岗位的操作,规范岗位HSE行为,达到消除或降低风险的目的,保证安全。

( )6. AA006　对于通常可能构成危害的风险,削减和控制风险的常规措施,可采用风险识别、分类、分项列出危害、地点或环节、潜在后果、频率、削减和控制措施,并专门标明岗位操作的关键工序和关键点。

( )7. AA007　HSE作业计划书的主要用于对非常规作业的HSE风险管理。

( )8. AA008　HSE作业计划书是对常规作业HSE风险的控制。

( )9. AA009　HSE现场检查表是基层单位全面执行程序文件、保证安全生产的有力措施。

二、答案

(一)单项选择题

1. A　2. C　3. A　4. C　5. B　6. B　7. B　8. C　9. B　10. A　11. B　12. D　13. C　14. C　15. D　16. B　17. A　18. C

(二)多项选题

1. BCD　　2. ABC

(三)判断题

1. ×　HSE体系管理的原则是PDCA循环。　2. ×　承诺是最高层领导郑重作出的书面承诺。　3. √　4. √　5. √　6. ×　对于通常可能构成危害的风险,削减和控制风险的常规措施,可采用关键岗位HSE任务清单,分类、分项列出危害、地点或环节、潜在后果、频率、削减和控制措施,并专门标明岗位操作的关键工序和关键点。　7. √　8. ×　HSE作业计划书是对非常规作业HSE风险的控制。　9. √

液化石油气库站运行工技师模拟试卷及参考答案

理论知识试卷

考试时间:90分钟

一、判断题(第1题~40题。将判断题结果填入括号中。正确的填"√",错误的填"×"。每题0.5分,满分20分)

1. (　)HSE管理体系要素是指为了建立和实施体系,将HSE管理体系划分成一些具有相对独立性的问题。
2. (　)HSE作业计划书应在作业项目开展前编写完毕,并经主管部门评审后实施。
3. (　)液化石油气库站的建设单位在建设前,应报请单位上级部门对拟建站址给予选定审查。
4. (　)液化石油气库站所使用的储罐、罐车、钢瓶、分离器、汽化器等设备,必须是取得技术监督部门颁发的相应的制造资质证书的专业制造厂生产的产品。
5. (　)液化石油气库站储罐数量多应分组布置,每组内的储罐应双排布置。
6. (　)液化石油气库站铁路装卸栈台与安全梯的制造材质没有要求。
7. (　)液化石油气库站在装卸台与汽车罐车停放位置之间应留有空隙。
8. (　)液化石油气库站钢瓶库四周宜设置非燃烧的实体围墙。
9. (　)液化石油气的生产区域与办公区域必须按照国家规范设定一定的距离,不得设置在一起。
10. (　)液化石油气库站技术负责人不必取得"特种设备作业人员证"。
11. (　)液化石油气库站应设有安全出口,周围设置安全标志,安全标志应当符合GB 2894—2001《安全标志及其使用导则》的有关规定。
12. (　)液化石油气库站质量管理手册不包含公司的组织机构设置。
13. (　)汽车罐车充装量可以超过允许的最大充装质量,但是不能超过太多。
14. (　)气密性试验应在耐压试验前进行。
15. (　)使用单位从外单位拆来新安装的或本单位内部移装的压力容器必须进行耐压试验。
16. (　)机泵安装前开箱验收对需主机、附属设备及零部件进行外观检查。
17. (　)压缩机安装就位前应检查底盘与机体及电机的连接处不应有影响两者平稳接触的异物。
18. (　)压缩机试运转前应给机器各润滑部位加注油。
19. (　)压缩机运行中应检查控制联锁是否灵敏可靠。
20. (　)最大称量时稳定性良好而空秤的稳定性不好,就是某个杠杆机械强度不够。
21. (　)台秤装配时,将秤座抬起,把连杆放入立柱,不带刀承的一端向下。

22.（　）台秤拆卸时要先拆下计量杠杆。
23.（　）台秤常见故障现象有计量杠杆不摆动和秤体晃动。
24.（　）仪表与工艺接口是否泄漏及紧固程度不是仪表工日常维护保养的内容。
25.（　）一个基本的 DCS 系统由现场控制站、操作员站、工程师站和系统网络等四部分组成。
26.（　）个别装车仪通信线路松动或者接线错误会导致该装车仪故障。
27.（　）气相色谱仪的色谱基线波动、漂移可使测量误差增大。
28.（　）气相色谱仪的检测器出口堵塞有可能会造成色谱仪不出色谱峰的故障现象。
29.（　）PLC 系统的中央处理器是 PLC 的控制中枢。
30.（　）SCADA 系统可以实时采集现场数据，对现场进行本地或远程的自动控制，对工艺流程进行全面、实时的监视。
31.（　）电子汽车衡可配置计算机，将计量数直接进行打印管理。
32.（　）禁止在电子汽车衡的秤台上进行电弧焊作业。
33.（　）电子汽车衡传感器接线盒有无水汽对传感器无影响。
34.（　）传感器的信号电缆，不能和强电电源线或控制线并行布置。
35.（　）查找电子汽车衡称重传感器故障时，可通过断开传感器电源，把砝码放在秤台上，测量传感器之间的电阻值。
36.（　）外观检查分初步检查与系统检查。
37.（　）压缩机试运行前应给机器各润滑部位加注油。
38.（　）台秤最大称重时灵敏度的高低主要取决于支点、重点是否在同一水平面上。
39.（　）氮气置换时，储罐内气体含氧量大于3%时停止置换。
40.（　）无损探伤是在不损坏被检容器的条件下，用各种方法探测容器金属层内部所存在的缺陷。

二、单项选择题（第41题～160题。选择一个正确的答案，将相应的字母填入体内的括号中。每题0.5分，满分60.0分）

41. HSE 管理体系中的"E"的意义描述正确的是（　）。
    (A) 是指人身体上没有疾病，在心理上保持一种完好的状态
    (B) 是指在劳动生产过程中，努力改善劳动条件、克服不安全因素，使劳动生产在保证劳动者健康、企业财产不受损失、人民生命安全的前提下顺利进行
    (C) 是指与人类密切相关的、影响人类生活和生产活动的各种自然力量或作用的总和
    (D) 是指人与劳动者的环保意识

42. HSE 管理体系的实施运行要素的目的是（　）。
    (A) 满足组织的 HSE 管理体系运行和实现组织的健康、安全和环境方针、目标与指标所需的支持机制以及控制、削减 HSE 风险保障
    (B) 保证健康、安全与环境管理体系持续改进的实现
    (C) 保证体系不断变化、不断发展
    (D) 以上全是

43. 风险评价的方法有风险矩阵法、风险评价指数法、作业条件危险性评价法及（　）。
    (A) 危险与可操作性分析方法　　　(B) 事件树
    (C) 故障树法　　　　　　　　　(D) 以上全是

44. HSE 作业指导书由( )编写,经 HSE 主管部门组织评审后实施。
   (A)HSE 管理人员　　　　　　　　(B)相关技术专家
   (C)有经验的岗位操作人员　　　　(D)以上全是

45. HSE 作业指导书编写时,对于通常可能构成危害的风险,削减和控制风险的常规措施可采用( ),分类、分项列出危害、地点或环节、潜在后果、频率、削减和控制措施,并专门标明岗位操作的关键工序和关键点。
   (A)作业计划书　　　　　　　　　(B)关键岗位 HSE 任务清单
   (C)风险识别　　　　　　　　　　(D)应急措施

46. HSE 作业计划书适用于( )。
   (A)对变化大的作业的 HSE 风险的控制
   (B)对无操作规程的 HSE 风险的控制
   (C)对不经常做的作业的 HSE 风险的控制
   (D)以上全是

47. 使用 HSE 检查表的目的是发现问题和( )。
   (A)现场检查　　(B)现场评价　　(C)排除隐患　　(D)进行考核

48. 液化石油气库站通常分为( )两大部分。
   (A)生产区和生产辅助区　　　　　(B)罐区和栈桥
   (C)生产区和消防区　　　　　　　(D)储罐和办公楼

49. 台秤四个角的误差都不相等的调试方法是( )。
   (A)首先设法使两前角或两后角接近一致,再调整合成重点刀使前两角和后两角趋于一致,然后调整长承重杠杆力点刀或磨计量杠杆重点刀
   (B)首先设法使前两角或后两角接近一致,再调修长承重杠杆的力点刀
   (C)调整误差最大的那个角,使前两角相等、后两角相等,然后调整合成重点刀使四角相等,再调整长承重杠杆力点刀使臂比正确
   (D)在四个角中选出一个误差比较适中的角作参考角,调整其他三个角的重臂,使三个角的示值都与参考角相等,然后再调整长承重杠杆力点刀

50. 液化石油气库站储罐数量多的应分组布置,每组不超过四台储罐,组与组的间距不应小于( )。
   (A)10m　　　　(B)20m　　　　(C)30m　　　　(D)40m

51. 液化石油气库站应与名胜古迹、文物保护区、大型公共建筑、通信和交通设施、电力枢纽等保持( )以上的安全距离。
   (A)100m　　　(B)200m　　　(C)300m　　　(D)500m

52. 液化石油气库站宜设置在地下水位( )的地区。
   (A)较高　　　(B)较低　　　(C)非常高　　　(D)以上都可以

53. 总容积为 4000m³ 的储罐区与企业专用铁路中心线的防火间距为( )。
   (A)25m　　　(B)30m　　　(C)35m　　　(D)40m

54. 液化石油气库站正式投产前,应向( )部门提出充装许可申请。
   (A)交通　　　(B)政府　　　(C)消防　　　(D)城建

55. 液化石油气库站的液化石油气储罐配置数量应根据设计总储存量和储罐容积确定,总设计储量在( )以上时,宜选用大容积的储罐。

(A)100m³ (B)200m³ (C)300m³ (D)400m³

56. 液化石油气库站铁路罐车装卸线一般设置在储罐区的一侧,装卸栈桥的铁路应设计成直段,其坡度不应大于( )。
(A)0.001 (B)0.002 (C)0.003 (D)0.004

57. 液化石油气库站安全管理组织、制度检查的内容是( )。
(A)安全生产组织机构,设置专(兼)职安全管理人员的情况
(B)安全生产管理制度和安全生产责任制的建立健全情况
(C)是否全员签订安全合同
(D)以上都是

58. DCS系统某个卡件故障灯闪烁或者卡件上全部数据都为零,可能的原因是( )。
(A)模块处于备用状态而冗余端子连接线未接
(B)模块本身故障
(C)该槽位没有组态信息
(D)以上全是

59. 装车仪上位机突然全部货位均通信故障,可能原因如下( )。
(A)RS485转RS232卡损坏 (B)装车仪的通信卡故障
(C)装车仪的通信地址丢失 (D)以上都是

60. 液化石油气库站生产辅助区内的( )应远离生产区,符合建筑防火规范要求。
(A)空压机 (B)带明火的锅炉房
(C)消防水泵房 (D)办公楼

61. 压缩机间属( )生产厂房,可与烃泵房合建。
(A)甲类 (B)乙类 (C)丙类 (D)丁类

62. 储罐距站区围墙的距离不小于( )。
(A)5m (B)10m (C)15m (D)20m

63. 库站危险因素及风险控制检查内容是( )。
(A)是否建立隐患管理台账 (B)是否设置专(兼)职安全员
(C)建立领导安全联系点 (D)以上都是

64. 液化石油气库站安全检查时,对岗位的检查内容是( )。
(A)岗位人员是否进行了常规安全检查
(B)是否有违章指挥、违章操作或违反劳动纪律情况存在
(C)劳动防护用品使用情况和员工应急技能掌握情况
(D)以上都是

65. 液化石油气钢瓶库四周宜设置( )的实体围墙。
(A)易燃烧 (B)高温易燃烧 (C)非燃烧 (D)高温不易燃烧

66. 安全阀下设置的阀门,运行时处于常开状态,并加( )。
(A)标记 (B)标牌 (C)铅封 (D)堵头

67. 关于液化石油气库站现场安全要求,说法正确的是( )。
(A)库站内照明电路及电气设备一律采用防爆型
(B)每月检查一次干粉和气体灭火器
(C)压力表每半年检验一次

(D)以上均是

68. 液化石油气库站的( )对充装单位的安全负责。
   (A)技术负责人　　(B)安全检查人员　　(C)单位负责人　　(D)化验人员

69. 液化石油气库站设专(兼)职安全管理人员,负责( )。
   (A)合同管理　　(B)客户服务　　(C)财务监管　　(D)安全管理和检查

70. 液化石油气库站的充装作业人员不得少于( )人。
   (A)4　　(B)2　　(C)3　　(D)5

71. 库站充装许可中对设备设施的基本要求是( )。
   (A)特种设备在投入使用前,应当按照要求办理使用登记手续
   (B)对特种设备及其安全附件和承压附件等应当进行日常维护保养和定期检验,并且确保按照有关安全技术规范的要求实施定定期检验
   (C)建立特种设备安全技术档案
   (D)以上都是

72. 装卸软管和快速装卸接头在承受( )倍公称压力时不得破裂。
   (A)4　　(B)3　　(C)2　　(D)1

73. 在易燃、易爆介质作业区域行驶的机动车辆,在其排气管出口装有( )。
   (A)静电导线　　(B)堵头　　(C)阻火器　　(D)警示标识

74. 为了防止充装过量,确保压力容器安全运行,国家颁布的《压力容器安全技术监察规程》、《液化气体汽车槽车安全监察规程》规定液化石油气充装系数为( )。
   (A)0.42　　(B)0.43　　(C)0.49　　(D)0.51

75. 液化石油气库站的介质储存和充装区安装明显可见的( )。
   (A)风向标　　(B)路标　　(C)危险源分布图　　(D)介质说明书

76. 库站质量管理手册中安全管理制度包括( )。
   (A)安全生产　　(B)安全检查　　(C)安全教育　　(D)以上都是

77. 储罐水压试验时,检查储罐各部位是否有泄漏现象时,储罐的压力应( )。
   (A)保持不变　　(B)持续加压　　(C)缓慢降低　　(D)缓慢升高

78. 宏观检查是用肉眼或( )直接观察容器的表面情况的一种常规检查方法。
   (A)5~10倍的放大镜　　　　　　(B)5kg手锤
   (C)尺子　　　　　　　　　　　(D)以上均是

79. 气密性试验最主要的目的是检查容器的连接部位的密封情况和( )的泄漏检查。
   (A)焊缝　　(B)阀门　　(C)法兰　　(D)以上全是

80. 为了保证煤油有足够的浸润时间,以持续( )以上不出现印渍为合格。
   (A)10min　　(B)20min　　(C)30min　　(D)40min

81. 水置换投产,待系统内液化石油气压力升至( )以上,再关闭连接进气相液化石油气的阀门,置换工作完成。
   (A)0.2MPa　　(B)0.3MPa　　(C)0.49MPa　　(D)0.5MPa

82. 固定式储罐的水压试验的压力为设计压力的( )倍。
   (A)1.05　　(B)1.25　　(C)1.5　　(D)2

83. 液化石油气库站抽真空置换投产时,当系统真空度降到0.0866MPa以下时,停止抽气,关闭( )上的操作阀。

(A)储罐放散管　　　(B)气相管　　　(C)液相管　　　(D)排污管

84. 泵前应安装过滤器,过滤器的有效截面应大于吸入管截面的( )倍。
    (A)1~2　　　(B)2~3　　　(C)3~4　　　(D)4~5

85. 机泵安装就位前应复查( )。
    (A)基础的尺寸、位置、标高是否符合设计要求
    (B)底座是否找正合格,地脚螺栓是否合适
    (C)设备是否有缺件、损坏、锈蚀,管口保护物和堵盖是否完好
    (D)以上全是

86. 新投产烃泵试车应先解离( ),单独启动电动机检查其转向是否正确。
    (A)安全阀　　　(B)压力表　　　(C)气缸　　　(D)传动皮带

87. 单吸泵的进口处,最好配置一段约( )倍进口直径的直管。
    (A)1　　　(B)2　　　(C)3　　　(D)4

88. 台秤四个角的误差都不相等的调试方法是( )。
    (A)首先设法使两前角或两后角接近一致,再调整合成重点刀使前两角和后两角趋于一致,然后调整长承重杠杆力点刀或磨计量杠杆重点刀
    (B)首先设法使前两角或后两角接近一致,再调修长承重杠杆的力点刀
    (C)在四个角中选出一个误差比较适中的角作参考角,调整其他三个角的重臂,使三个角的示值都与参考角相等,然后再调整长承重杠杆力点刀
    (D)调整误差最大的那个角,使前两角相等、后两角相等,然后调整合成重点刀使四角相等,再调整长承重杠杆力点刀使臂比正确

89. 调整空秤平衡时造成台秤产生变动性的故障原因是( )。
    (A)支重环与顶板挂钩的接触点不垂直
    (B)支重环挂钩的靠背没靠实
    (C)平衡铊螺丝松动,弹簧脱落不紧,以致调整时产生滑动
    (D)以上都是

90. 整体安装的压缩机应拆卸下活塞、连杆、气阀和填料,进行( )。
    (A)清洗　　　(B)安装　　　(C)组装　　　(D)以上全是

91. 对压缩机进行验收,应按照随机装箱清单检查零部件的( )是否相符。
    (A)名称　　　(B)规格　　　(C)数量　　　(D)以上都是

92. 压缩机安装后无负荷试运行,启动电动机,运行( ),停机检查摩擦部件温度及油温和水温等,并观察停车是否平稳。
    (A)1~2min　　　(B)2~3min　　　(C)3~5min　　　(D)10~50min

93. 台秤安装必须有GB/T 335—2002《非自行指示秤》与原轻工业部批准的( )。
    (A)图纸　　　(B)文件　　　(C)基础　　　(D)以上全错

94. 台秤部件组装时,首先安装好( )。
    (A)支、重点吊环　　　(B)游铊　　　(C)计量杠杆　　　(D)长短承重杠杆

95. 台秤调试的内容主要包括外观检查、全面检定、( )等。
    (A)稳定性和灵敏性　　　　　　(B)臂比的正确性
    (C)游铊的重量　　　　　　　　(D)以上均是

96. 一个基本的DCS系统由现场控制站、( )、工程师站和系统网络等四部分组成。

(A)电脑主机　　　　(B)操作员　　　　(C)工程师　　　　(D)操作员站

97. 在易燃、易爆介质作业区域行驶的机动车辆,要在其排气管出口装有( )。
(A)静电导线　　　　(B)堵头　　　　(C)阻火器　　　　(D)警示标识

98. 针对具体或特殊施工作业时,应结合因项目变更、作业内容变化或人员变化或人员变动具体分析可能引起的潜在风险,通过( )进一步细化和补充控控制措施,并落实到有关岗位、人员。
(A)HSE 作业计划书　　　　　　(B)HSE 作业指导书
(C)HSE 现场检查表　　　　　　(D)以上都是

99. HSE 作业计划书适用于( )。
(A)对变化大的作业的 HSE 风险的控制
(B)对无操作规程的 HSE 风险的控制
(C)对不经常做的作业的 HSE 风险的控制
(D)以上全是

100. DCS 现场控制站由 CPU 模块、通信模块、( )组成。
(A)电源模块　　　(B)各种 I/O 模块　　　(C)专用连接电缆　　　(D)以上全是

101. 储罐总容量超过( )时,生产区应设两个对外的出入口,间距不应小于30m,出入口的宽度不应小于4m。
(A)200m^3　　　(B)400m^3　　　(C)1000m^3　　　(D)100m^3

102. 液化石油气库站对员工的安全要求是( )。
(A)应当配备相应的防护用具和用品
(B)应当选择避免产生静电与阻燃的工作服和防静电鞋
(C)使用不易形成火花的工具
(D)以上均是

103. 煤油渗漏试验,试验时将被检查的表面清理干净,涂以白粉浆,待晾干后在焊缝( )涂以煤油。
(A)表面　　　　(B)背面　　　　(C)外侧　　　　(D)均可

104. 压缩机试车前应盘车( )圈,检查有无异常等。
(A)1~2　　　　(B)2~3　　　　(C)7~10　　　　(D)11~50

105. 以下关于台秤安装的步骤,叙述正确的是( )。
(A)短承重杆装好后再安装长承重杆
(B)承重台板放在秤体上,使其4个承重脚座上的刀承与长、短承重杠杆上的4把刀重点刀子刃口同时接触,不得翘起
(C)计量杠杆应安装在示准器的中心位置
(D)以上全对

106. 电子汽车衡承重台四个传感器受力点对角误差在( )以内。
(A)1.5mm　　　(B)5mm　　　(C)4mm　　　(D)2mm

107. HSE 作业计划书是对( )所没有涵盖内容的补充。
(A)HSE 作业指导书　　　　　　(B)任务完成情况
(C)岗位书说明书　　　　　　　(D)施工方案

108. 液化石油气库站现场检查内容包括( )。

(A)运行人员是否按规定时间进行了巡检
(B)所有阀门必须配有手轮或扳把
(C)安全阀下设置的阀门,运行时处于常开状态,并加铅封
(D)以上均是

109. 库站质量管理手册中管理制度包括( )。
    (A)安全管理制度   (B)安全责任制度
    (C)装卸过程关键点控制制度   (D)以上均正确

110. SCS系列电子汽车衡主要由秤台、( )、连接件、限位装置、显示仪表及接线盒等零部件组成。
    (A)打印机   (B)传感器   (C)大屏幕   (D)以是全是

111. 电子汽车衡日常保养要经常检查限位间隙是否合理、限位螺栓与秤体( ),一般间隙2~3mm。
    (A)不相连接   (B)相连接   (C)不能碰撞接触 (D)碰撞接触

112. 电子汽车衡的操作注意事项说法不正确的是( )。
    (A)仪表开机后先预热15min左右   (B)上衡车辆时速应低于5km/h
    (C)上衡车辆要直线行驶   (D)仪表开机后不用预热

113. 查找电子汽车衡称重传感器故障时,可能过断开传感器电源,把砝码放在秤台上,测量传感器之间的( )。
    (A)电流值   (B)电阻值   (C)电压值   (D)以上全错

114. 电子汽车衡传感器安装注意事项,说法正确的是( )。
    (A)要轻拿轻放,不得冲击、跌落   (B)要安装在同一水平面上
    (C)安装时要防止超载   (D)以上均是

115. 电子汽车衡传感器更换后要重新进行( ),否则不得投入使用。
    (A)维护   (B)标定   (C)检修   (D)以上全错

116. 防爆电子汽车衡基础施工比普通电子衡基础施工的要注意( )。
    (A)安全栅的接地与系统接地之间的阻抗不大于1Ω
    (B)无特别之处
    (C)金属穿线管在地磅内可充当接地
    (D)在秤体附近设置一根接地电阻小于4Ω的接地桩

117. HSE管理体系关键要素中( )是体系建立和实施的总体原则。
    (A)领导和承诺   (B)健康、安全与环境方针
    (C)计划与改进   (D)资源和文件

118. HSE管理体系的( )是指HSE管理体系在建立、运行和保持过程中所形成的各种文档,可以是书面的,也可以是电子的。
    (A)组织   (B)文件   (C)风险管理   (D)风险辨识

119. PDCA循环中D代表( )。
    (A)计划   (B)实施   (C)检查   (D)改进

120. HSE管理体系的核心是( )。
    (A)风险管理   (B)领导和承诺 (C)调查和处理 (D)风险评价

121. 基层单位HSE指导书的编制可按照( )、设备单元划分。

(A)工艺单元　　　(B)操作单元　　　(C)班组　　　(D)组织机构

122. HSE检查表涵盖( )的主要检查要求和检查内容。
(A)作业计划书和作业指导书　　(B)检查表
(C)工作内容　　　　　　　　　(D)以上全是

123. 使用HSE检查表的目的是发现问题和( )。
(A)现场检查　　(B)现场评价　　(C)排除隐患　　(D)进行考核

124. 液化石油气站属于( )类火灾危险场所。
(A)甲　　(B)乙　　(C)丙　　(D)丁

125. 液化石油气库的生产区和生产辅助区的中间应采用( )高的非燃烧实体墙隔离。
(A)1.2m　　(B)1m　　(C)2m　　(D)0.6m

126. 液化石油气库生产区是( )类火灾危险区域,应单独设立出入口及门卫,是安全管理的重点区域。
(A)甲　　(B)乙　　(C)丙　　(D)丁

127. 液化石油气库配站应避免设在( )淤泥、坍方和受山洪危险的地段等位置。
(A)熔岩　　(B)断层　　(C)泥石流　　(D)以上都是

128. 总容积为4000m³的储罐区与居住区、村镇和学校、影剧院、体育馆等重要公共建筑(最外侧建、构筑物外墙)防火间距为( )。
(A)70m　　(B)90m　　(C)110m　　(D)130m

129. 单罐容积400m³的储罐与国家铁路中心线的防火间距为( )。
(A)60m　　(B)70m　　(C)80m　　(D)100m

130. 储罐区的地面应设计成( )地面。
(A)沥青　　　　　　　　(B)钢混
(C)不发生火花的混凝土　　(D)以上均可

131. 罐区四周要砌筑高度不低于( )的非燃烧实体防护围堤。
(A)1m　　(B)1.2m　　(C)1.5m　　(D)2m

132. 配套的安全措施项目及工程要做到与主体工程( )。
(A)同时设计　　(B)同时施工　　(C)同时验收投产　　(D)以上都是

133. 铁路装卸线和中心线与液化石油气储罐的防火间距不应小于( )。
(A)15m　　(B)20m　　(C)30m　　(D)35m

134. 工程竣工后,施工单位应向( )交付完整的竣工和设备资料,并经验收合格后,方可交付使用。
(A)建设单位　　　　(B)监理单位
(C)当地政府　　　　(D)质量技术监督局

135. 为保证接收、储存、充装、倒罐作业的正常运行,储罐最少应配备( )台。
(A)二　　(B)三　　(C)四　　(D)五

136. 汽车罐车装卸台高度应比站内地平面高( )以上。
(A)0.2m　　(B)0.6m　　(C)0.8m　　(D)1m

137. 液化石油气库站火车罐车装卸栈桥的两端和沿栈桥每隔( )左右应设置安全梯。
(A)60m　　(B)40m　　(C)30m　　(D)50m

138. 在装卸台与汽车罐车停放位置之间应设有( )装置。

(A)止溜　　　　　(B)防撞　　　　　(C)警示　　　　　(D)消防

139. 液化石油气库站灌瓶间前面应有运瓶车的回车场地,场地宽度一般不应小于(　)。
    (A)20m　　　　(B)30m　　　　(C)35m　　　　(D)40m

140. 灌瓶间和机泵房在结构上,应采用敞开或半敞开式的(　)厂房。
    (A)单层　　　　(B)双层　　　　(C)三层　　　　(D)四层

141. 液化石油气库站液化石油气钢瓶库总储量不超过10m³时,与相邻建筑物的防火间距不小于(　)。
    (A)4m　　　　　(B)8m　　　　　(C)10m　　　　(D)12m

142. 安全检查时,应使用符合现场要求的(　),进行检查。
    (A)仪器
    (B)工具
    (C)穿戴好适合生产场所的劳动保护用品　(D)以上均是

143. 与储罐罐体紧连的阀门,运行中应处于(　)状态。
    (A)常开　　　　(B)常关　　　　(C)常动　　　　(D)以上都可以

144. 液化石油气库站现场检查内容包括(　)。
    (A)运行人员是否按规定时间进行了巡检
    (B)所有阀门必须配有手轮或扳把
    (C)安全阀下设置的阀门,运行时处于常开状态,并加铅封
    (D)以上均是

145. 液化石油气库站的设备或管线防静电对地电阻值不超过(　)。
    (A)1Ω　　　　　(B)2Ω　　　　　(C)5Ω　　　　　(D)10Ω

146. 液化石油气库站设专(兼)职安全管理人员,负责(　)。
    (A)合同管理
    (B)客户服务
    (C)安全管理和检查工作
    (D)财务监管

147. 液化石油气库站应设立1名熟悉介质充装、安全技术规范及专业技术知识的(　)。
    (A)技术负责人
    (B)安全检查人员
    (C)负责人
    (D)特种设备管理人员

148. 液化石油气储配库铁路罐车充装场地要求有(　)。
    (A)符合设计、建设与运行的专用铁路装卸线
    (B)铁路电力线
    (C)国家铁路中心线
    (D)Ⅰ级通信线

149. 液化石油气库站对场地的基本要求是(　)。
    (A)有移动式压力容器充装前后进行安全检查的场地
    (B)有专用的移动式压力容器充装场地
    (C)设有安全出口,周围设置安全标志
    (D)以上都是

150. 库站充装许可规定,充装易燃、易爆介质,应当有符合消防要求的水源和(　)。
    (A)消防喷淋　　(B)消防水炮　　(C)消防设施　　(D)消防栓

151. 装卸用管和快速装卸接头的工程压力不得小于装卸系统工作压力的(　)倍。
    (A)1　　　　　　(B)2　　　　　　(C)3　　　　　　(D)1.5

152. 液化石油气库站生产区的( )采取防止易燃、易爆、有毒介质流入下水道或者其他以顶盖密封的沟渠中的措施。
    (A)排水系统   (B)消防系统   (C)工艺系统   (D)报警系统

153. 质量管理手册由( )批准并颁布实施。
    (A)企业法定代表人   (B)质量管理工程师
    (C)技术负责人   (D)安全总监

154. 充装钢瓶时,应( ),临时停充装时应及时停泵,防止烃泵空转过久发热,造成汽蚀或损坏设备。
    (A)先开泵后灌瓶   (B)先灌瓶后开泵
    (C)开泵和灌瓶同时进行   (D)以上均可

155. 冬季大风低温可能造成储罐、烃泵、管路冻堵,升压设备效率下降、升压困难等。夏季阳光暴晒,储罐压力升高,烃泵易( ),管路易气塞,充装困难增多等。要根据气象条件采取相应的措施预防或减少不利影响。
    (A)憋压   (B)集液   (C)汽蚀   (D)泄漏

156. 装卸用管必须每半年进行一次耐压(水压)试验,试验压力为( )倍的公称压力。
    (A)0.5   (B)1   (C)1.5   (D)2

157. 对于在用的液化石油气储罐,通常采用非破坏件的无损检验,即( )等。
    (A)宏观检查   (B)气密性试验   (C)耐压试验   (D)以上均是

158. 气密性试验最主要的目的是检查容器的连接部位和( )的泄漏检查。
    (A)焊缝   (B)阀门   (C)法兰   (D)以上全是

159. ( )也是一种检查储运容器的常用宏观检查方法。
    (A)着色   (B)磁粉   (C)水压   (D)锤击检查

160. 气密性试验当升压至规定试验压力,保压( )后,将肥皂液涂在密封部位、法兰连接处及所有焊缝处,检查是否有渗漏。
    (A)15min   (B)20min   (C)25min   (D)30min

三、多项选择题(第161题~180题。选择一个正确的答案,将相应的字母填入体内的括号中。每题1.0分,满分20分)

161. 液化石油气储罐气密性试验时,一般选用的介质为( )。
    (A)液化石油气   (B)氮气   (C)空气   (D)真空

162. 面对液化石油气储罐的检验周期描述正确的是( )。
    (A)安全状况等级为1、2级的,一般每6年检验一次
    (B)安全状况等级为3级的,一般3~6年一次
    (C)安全状况等级为4级的,其检验周期由检验机构确定
    (D)压力容器首次全面检验一般应当于投用满6年时进行

163. 气密性试验最主要的目的是检查容器的( )是否泄漏。
    (A)焊缝   (B)阀门   (C)法兰   (D)连接部位

164. 液化石油气储罐及工艺管线安装或检修完毕并验收合格后,可进行置换,置换方法可分为( )。
    (A)水置换法   (B)氮气置换法   (C)空气置换法   (D)抽真空置换法

165. 下列哪项属于机泵安装前开箱验收内容( )。
    (A)泵的开箱验收需施工承包商、监理、业主、供货商等相关人员参与
    (B)核对机器的名称、型号、规格、包装箱号、箱数并检查质量情况
    (C)检查随机技术资料及专用工具是否齐全
    (D)对主机、附属设备及零部件进行外观检查

166. 液化石油气库站内场地应满足( )行驶与回车的需要。
    (A)运瓶车   (B)汽车罐车   (C)火车罐车   (D)消防车

167. 新投产或大修后的泵的试车方法是( )。
    (A)解离传动皮带,单独启动电动机检查其转向是否正确,经确认无误后再挂接皮带
    (B)检查各固定和连接部位是否松动,确认安全阀、压力表灵敏可靠,接地装置测试合格
    (C)检查泵的润滑油是否充足,油的规格、质量是否符合技术要求
    (D)打开进口管路上的各阀门向泵内充入液体,若系统内有气体,可拆下出口压力表,通过根部阀排尽气体,排尽后安装压力表,打开压力表根部阀

168. 压缩机安装就位前的检查内容有( )。
    (A)检查基础的尺寸、位置、标高是否符合设计要求
    (B)底座是否找正合格,地脚螺栓是否合适
    (C)设备是否有缺件、损坏、锈蚀,管口保护物和堵盖是否完好
    (D)盘车是否灵活,是否有阻滞、卡住现象和异常声音

169. 压缩机的管理工作有( )。
    (A)建立压缩机主辅机的设备档案
    (B)设备备品和备件的管理
    (C)设备技术改造情况
    (D)设备故障及事故总结

170. 电子汽车衡主要由( )、连接件、显示仪表及接线盒等零部件组成。
    (A)秤台   (B)传感器   (C)大屏幕   (D)限位装置

171. 电子汽车衡日常检查与维护的主要内容是秤体是否卡住、限位是否顶住( )等。
    (A)接线盒的接线是否松动
    (B)仪表、计算机、显示器、键盘的连线是否牢固
    (C)误操作,使皮重或毛重丢失现象
    (D)传感器是否正常

172. 关于液化石油气库站的总平面布置要求,下列哪些说法是正确的( )。
    (A)液化石油气库生产区和生产辅助区中间采用1m高的非燃烧实体墙隔离
    (B)生产区应单独设立出入口及门卫
    (C)储罐区要按照要求用围堰隔离,围堰高度不低于1m
    (D)储罐总容量超过1000m³时,生产区应设两个对外的出入口,间距不应小于30m,出入口的宽度不应小于4m

173. PLC的基本组成部分有编程软件工具包和( )等组成。
    (A)CPU模块   (B)I/O模块   (C)编程器   (D)电源模块

174. 台秤常见故障现象有( )。
    (A)秤体晃动   (B)计量杠杆在平衡位置上颤动

(C)连杆断   (D)计量杠杆不摆动

175. 关于水压试验的程序的描述,下列说法正确的是( )。
  (A)储罐进水时应从罐体上部的安全阀接口进入
  (B)储罐进水时应从罐体下部的排污阀或液相管或高压注水管线进入
  (C)水泵和储罐压力表的最大量程应为容器试验压力的1.5~2倍
  (D)试验时,储罐中应充满水,滞留在储罐内的气体必须排净

176. 关于水压试验的程序的描述,下列说法正确的是( )。
  (A)储罐进水时应从罐体上部的安全阀接口进入
  (B)储罐进水时应从罐体下部的排污阀或液相管或高压注水管线进入
  (C)水泵和储罐压力表的最大量程应为容器试验压力的1.5~2倍
  (D)试验时,储罐中应充满水,滞留在储罐内的气体必须排净

177. 宏观检查可以发现( )等缺陷。
  (A)壳体局部变形   (B)容器内外磨损、腐蚀
  (C)容器表面裂纹   (D)焊缝尺寸是否符合要求

178. 液化石油气储配站必须配备的人员的是( )。
  (A)技术负责人   (B)监察人员
  (C)安全第一负责人   (D)充装作业人员

179. 常用的无损探伤的方法有( )。
  (A)磁粉探伤   (B)射线探伤
  (C)超声波探伤   (D)渗透探伤

180. 液化石油气库站对汽车罐车装车台的布置要求正确的是( )
  (A)汽车罐车装卸台中心线与液化石油气储罐的防火距离不应小于30m
  (B)汽车罐车装卸台宽度不小于3.5m,高度应比站内地平面高0.6m以上
  (C)装卸台的路面应留有不小于0.005的向外坡度
  (D)在装卸台与汽车罐车停放位置之间应设有防撞装置

参考答案

一、判断题(第1题~40题。将判断题结果填入括号中。正确的填"√",错误的填"×"。每题0.5分,满分20分)

1. × 2. √ 3. × 4. √ 5. × 6. × 7. × 8. √ 9. √ 10. ×
11. × 12. × 13. × 14. × 15. √ 16. √ 17. √ 18. √ 19. √ 20. √
21. × 22. × 23. × 24. × 25. √ 26. × 27. × 28. × 29. × 30. √
31. √ 32. √ 33. × 34. × 35. √ 36. √ 37. √ 38. × 39. × 40. ×

二、单项选择题(第41题~160题。选择一个正确的答案,将相应的字母填入体内的括号中。每题0.5分,满分60.0分)

41. C 42. B 43. D 44. D 45. B 46. D 47. C 48. A 49. D 50. B
51. C 52. B 53. D 54. D 55. D 56. C 57. D 58. C 59. D 60. B
61. A 62. C 63. D 64. D 65. C 66. C 67. D 68. C 69. D 70. A
71. D 72. A 73. C 74. A 75. A 76. D 77. A 78. C 79. A 80. C
81. C 82. B 83. C 84. B 85. D 86. D 87. C 88. C 89. D 90. A
91. D 92. C 93. A 94. B 95. C 96. D 97. C 98. A 99. D 100. D
101. C 102. D 103. B 104. B 105. D 106. C 107. A 108. D 109. D 110. B
111. C 112. D 113. B 114. D 115. B 116. A 117. B 118. C 119. B 120. A
121. A 122. A 123. C 124. A 125. C 126. A 127. D 128. D 129. C 130. C
131. A 132. D 133. B 134. D 135. A 136. B 137. D 138. B 139. B 140. A
141. C 142. C 143. A 144. D 145. D 146. C 147. A 148. A 149. D 150. C
151. B 152. A 153. A 154. A 155. C 156. C 157. D 158. C 159. A 160. D

三、多项选择题(第161题~180题。选择一个正确的答案,将相应的字母填入体内的括号中。每题1.0分,满分20分)

161. BC 162. ABC 163. AD 164. ABD 165. ABCD 166. ABD 167. ABCD
168. ABCD 169. ABCD 170. ABD 171. ABC 172. BCD 173. ABCD 174. BD
175. BCD 176. BCD 177. ABCD 178. ACD 179. ABCD 180. ABCD

附 录

附录1 液化石油气库站运行工职业资格等级标准

1. 工种概况

1.1 工种名称

液化石油气库站运行工。

1.2 工种定义

从事液化石油气库站移动式或固定式压力容器操作,对液化石油气机械设备、工艺管道以及附属设施设备维护、维修的人员。

1.3 职业等级

本工种共设四个等级,分别为:初级(国家职业资格五级)、中级(国家职业资格四级)、高级(国家职业资格三级)、技师(国家职业资格二级)。

1.4 职业环境

室外作业,工作环境有液化石油气体泄漏、冻伤、高空坠落、触电及机械伤害。

1.5 职业能力特征

具有一定的学习、表达和计算能力,具有一定的空间感、形体知觉感,手指、手臂灵活,动作协调。

1.6 基本文化程度

高中毕业(或同等学历)。

1.7 培训要求

1.7.1 培训期限

全日制职业学校教育,根据其培养目标和教学计划确定期限。晋级培训期限:初级不少于280标准学时;中级不少于210标准学时;高级不少于200标准学时;技师不少于280标准学时。

1.7.2 培训教师

培训初、中、高级的教师应具有本工种高级及以上职业资格证书或中级以上专业技术职务任职资格;培训技师的教师应具有本工种技师职业资格证书或相应专业高级专业技术职务任职资格。

1.7.3 培训场地设备

理论培训应具有可容纳30名以上学员的教室;技能操作培训场所应具有相应的设备、工具和安全设施完善的场地。

1.8 鉴定要求

1.8.1 适用对象

从事或准备从事本工种的人员。

1.8.2 申报条件

分别按中国石油天然气集团公司、中国石油化工集团公司职业技能操作练习申报政策有关规定执行。

1.8.3 鉴定方式

分理论知识考试和技能操作考核。理论知识考试采取闭卷笔试方式,技能操作考核采用现场实际操作方式。理论知识考试和技能操作考核均实行百分制,成绩皆达60分以上(含60分)者为合格。技师还须进行综合评审。

1.8.4 考评人员与考生配比

理论知识考试考评员与考生比例为1∶20;每个标准教室不少于2名考评人员;技能操作考核考评员与考生比例为1∶5,且不少于3名考评人员;技师综合评审考评人员不少于5人。

1.8.5 鉴定时间

理论知识考试时间为90min;技能操作考试不少于60min。

1.8.6 鉴定场所设备

理论知识考试在标准教室进行;技能操作考核在具有相应的设备、工具和安全设施完善的场所进行。

2. 基本要求

2.1 职业道德

(1)爱岗敬业,自觉履行职责。
(2)忠于职守,严于律己。
(3)吃苦耐劳,工作认真负责。
(4)勤奋好学,刻苦钻研业务技术。
(5)谦虚谨慎,团结协作。
(6)安全生产,严格执行生产操作规程。
(7)文明作业,质量、环保意识强。
(8)文明守纪,遵纪守法。

2.2 基础知识

2.2.1 液化石油气的基础知识

(1)液化石油气的来源。
(2)液化石油气的成分与质量要求。
(3)液化石油气的物理、化学性质及燃烧特性。
(4)液化石油气的危险性及对安全的影响。
(5)液化石油气的理化特性对安全的影响。

2.2.2 机械的基础知识
(1)机械识图、制图国标的基本规定。
(2)零件的表达方法及视图的概念。
(3)螺纹基础知识。
(4)润滑基础知识。

2.2.3 钳工与管工的基础知识
(1)常用工具。
(2)常用的紧固件和连接件。

2.2.4 爆炸性气体环境基础知识
(1)爆炸性气体环境知识。
(2)爆炸危险场所使用的电气设备。

2.2.5 工艺流程基础知识
(1)工艺流程识图知识。
(2)工艺流程画图知识。

2.2.6 HSE 管理体系基础知识
(1)HSE 管理体系的基本概念。
(2)HSE 管理体系的两书一表。

2.2.7 相关法律法规知识
(1)《安全生产法》关于经营单位职责、法律责任及从业人员的权利义务等。
(2)《工伤保险条例》对劳动能力鉴定及工伤认定。
(3)《特种设备安全监察条例》关于从业人员及设备管理的规定。
(4)《危险化学品的安全管理条例》。

3. 工作要求

3.1 初级

职业功能	工作内容	技能要求	相关知识
一、操作、维护储罐与工艺管道	(一)操作、维护储罐与工艺管道安全附件	1. 能更换压力表 2. 能更换温度表 3. 能清洗液位计 4. 能检查处理压力表、温度表故障	1. 压力容器的基本知识 2. 储罐与管道的最高工作压力 3. 压力表的量程选择 4. 压力表的安装要求 5. 压力表和温度表的结构及工作原理 6. 液位计清洗操作规程
	(二)操作、维修阀门	1. 能操作阀门 2. 能保养维护阀门	1. 液化石油气工艺管道常用阀门种类 2. 截止阀的结构 3. 截止阀的操作方法及操作注意事项
	(三)储罐与工艺管道堵漏操作	1. 能操作液压钳 2. 能操作液压泵 3. 能操作紧带器	1. 液压钳的操作规程 2. 液压泵的操作规程 3. 储罐及相关管道技术参数 4. 紧带器的使用方法

续表

职业功能	工作内容	技能要求	相关知识
二、操作、维护、维修工艺设备	(一)操作、维护、维修压缩机	1. 能选择压缩机机油型号 2. 能加注机油至规定的液位 3. 能调整机油压力 4. 能启停压缩机	1. 压缩机的概念 2. 五定三过滤知识 3. 压缩机的机油加注规定 4. 压缩机的操作规程 5. 机油选型要求 6. 机油压力要求
	(二)操作、维护、维修泵	1. 能在油嘴处准确加注润滑脂 2. 能对消防泵加填料 3. 能对真空泵加油 4. 能排除真空泵喷油的故障 5. 能排除真空泵漏油的故障	1. 烃泵的结构 2. 烃泵的维护内容 3. 离心泵的维修保养知识 4. 真空泵维护保养的内容 5. 真空泵喷油和漏油的故障原因及处理方法
	(三)操作、维护、维修流体臂	1. 能在流体臂油嘴处加注润滑脂 2. 能检查装卸胶管的静电连接	1. 流体臂的分类、结构及工作原理 2. 流体臂的保养内容 3. 装卸胶管静电检查方法
	(四)操作、维护、维修钢瓶充装设施	1. 能检查钢瓶 2. 能检查钢瓶运输机的机头及直线段 3. 能处理链条翻出链槽的故障 4. 能检查保养机械充装秤	1. 钢瓶的相关知识 2. 钢瓶运输机的构造 3. 钢瓶运输机的保养内容 4. 钢瓶运输机的常见故障与处理 5. 机械充装秤结构及工作原理 6. 机械充装秤的维护保养内容
三、操作、维护工艺与自动控制系统	(一)操作自动控制系统	1. 能操作装车控制仪 2. 能操作定量装车控制系统	1. 装车控制仪的作用 2. 装车控制系统的组成 3. 电液阀的操作方法
	(二)操作工艺系统	1. 了解库站工艺流程 2. 能进行钢瓶充装作业 3. 能进行储罐倒罐作业 4. 能理解装卸车操作原理 5. 能对出入库罐车及钢瓶进行安全检查	1. 库站装卸车工艺流程 2. 储罐倒罐原因及方法 3. 用压缩机装卸车原理 4. 用烃泵装卸车原理 5. 钢瓶充装原理及方法 6. 钢瓶与罐车安全检查内容 7. 装卸车安全操作规程
四、操作、维护消防设施	(一)操作消防设施	1. 能操作灭火器材 2. 能开启消防水系统	1. 液化石油气火灾扑救方法 2. 消防水系统的操作规程 3. 灭火器的使用方法
	(二)维护消防设施	1. 能检查灭火器 2. 能检查消防栓 3. 能检查保养电动消防阀	1. 灭火器的选型知识 2. 消防栓和灭火器的检查内容及方法 3. 电动消防阀的检查内容及方法
	(三)操作应急抢险器材	1. 能检查正压式呼吸器压力及面罩气密性 2. 能在规定时间内戴好正压式呼吸器和穿好防火服	1. 正压式呼吸器的工作原理 2. 正压式呼吸器的压力要求 3. 面罩的检查方法 4. 钢瓶的检查方法

3.2 中级

职业功能	工作内容	技能要求	相关知识
一、操作、维护储罐与工艺管道	(一)操作、维护储罐与工艺管道安全附件	1. 能对储罐与管道做外部检查工作 2. 能处理液位计的故障 3. 能拆装储罐与管道安全阀	1. 储存设备的分类及构造 2. 球形储罐与卧式储罐的参数 3. 储罐外部检查的内容和要求 4. 磁浮子和玻璃板液位计的结构及工作原理 5. 液位计的故障处理方法
	(二)操作、维修阀门	1. 能拆装工艺管道阀门 2. 能判断与处理阀门内漏 3. 能处理阀门垫圈处的泄漏 4. 能更换止回阀阀芯 5. 能处理阀门填料函处的泄漏 6. 能检查处理紧急切断阀失灵的故障	1. 阀门垫圈泄漏原因及处理方法 2. 止回阀的结构及工作原理 3. 拆装管道阀门注意事项 4. 紧急切断阀的工作原理及构造 5. 紧急切断阀的用途 6. 阀门填料函泄漏处理方法
	(三)储罐与工艺管道堵漏操作	1. 能封堵储罐第一道阀门泄漏 2. 能封堵储罐焊缝 3. 能封堵管道泄漏点 4. 能操作堵漏器材	1. 注水、冷冻技术 2. 第一道阀门泄漏后的堵漏方法 3. 管道泄漏堵漏方法 4. 储罐焊缝泄漏的堵漏方法 5. 储存设备与管道的技术数据 6. 液化石油气堵漏技术
二、操作、维护、维修工艺设备	(一)操作、维护、维修压缩机	1. 能清洗进口过滤器 2. 能根据进出口压力不平衡判断集液分离器有故障 3. 能更换压缩机气阀阀片、弹簧 4. 能处理压缩机油温过高的故障 5. 能处理压缩机油压过低和过高的故障 6. 能做更换阀片弹簧后的压缩机试车与检查	1. 压缩机的主要技术参数 2. 压缩机油温度过高的故障诊断及处理方法 3. 压缩机油压力过高过低的诊断及处理方法 4. 压缩机进出口压力不平衡的原因及处理方法 5. 压缩机大修或新机第一次开机前的准备工作内容及开机运转注意事项方法 6. 压缩机检查保养注意事项
	(二)操作、维护、维修泵	1. 能处理烃泵噪声过大的故障 2. 能做处理烃泵不出液的故障	1. 烃泵的工作原理 2. 烃泵的性能参数 3. 烃泵噪声过大及不出液的故障判断及处理方法
	(三)操作、维护、维修流体臂	1. 能更换流体臂密封圈 2. 能更换流体臂的油封	1. 流体臂的工作原理 2. 流体臂维修注意事项 3. 流体臂的检修周期 4. 流体臂故障分析与处理方法
	(四)操作、维护、维修钢瓶充装设施	1. 能处理钢瓶运输机轴承磨损故障 2. 能处理钢瓶运输机卡链、卡瓶和倒瓶故障 3. 能保养电子充装秤 4. 能处理钢瓶瓶阀的故障	1. 钢瓶运输机的工作原理 2. 钢瓶卡链、卡瓶和倒瓶故障处理方法 3. 电子充装秤的结构及工作原理 4. 充装秤的维护保养内容 5. 钢瓶角阀的故障及处理方法

续表

职业功能	工作内容	技能要求	相关知识
三、操作、维护工艺与自动控制系统	(一)操作、维护自动控制系统	1. 能排除装车系统静电接地报警故障 2. 能排除电液阀不能开启或关闭的故障	1. 静电接地报警器的工作原理 2. 电液阀的构造及工作原理 3. 电液阀不出液或不动作的故障处理方法
	(二)操作工艺系统	1. 能用压缩机进行装卸车作业 2. 能用烃泵进行装卸车作业 3. 能进行钢瓶残液回收作业 4. 能用加热装卸法装卸车作业 5. 能用静压差方法装卸车作业 6. 能操作压缩机 7. 能计算球罐库存	1. 压缩机装卸车的工作原理 2. 烃泵装卸车原理及注意事项 3. 静压差法装卸车原理及注意事项 4. 加热装卸车原理及注意事项 5. 压缩机操作方法 6. 钢瓶残液回收方法及工艺 7. 球罐库存计算方法
四、操作、维护消防设施	(一)维护消防设施	1. 能保养消防水炮 2. 能保养消防栓	1. 消防炮的保养内容及方法 2. 消防栓的保养内容及方法
	(二)维护防雷防静电设施	1. 能检查防静电设施 2. 能检查维修接地报警器	1. 防雷防静电知识 2. 静电检查设备的安装方法 3. 接地报警器的工作原理

3.3 高级

职业功能	工作内容	技能要求	相关知识
一、操作、维护储罐与工艺管道	(一)操作、维护储罐与工艺管道	1. 能做储罐与管道检修前的准备工作 2. 能读懂储罐与管道的检验报告	1. 储罐与管道检修前的准备工作 2. 储罐与管道的内部检验内容 3. 液化石油气在管道中流量计算方法
	(二)操作、维修阀门	1. 能处理阀杆升降失灵故障 2. 能处理止回阀流体倒流问题 3. 能处理安全阀的故障	1. 截止阀结构、检维修知识 2. 止回阀的故障处理方法 3. 安全阀的结构及工作原理 4. 安全阀的故障处理方法
二、操作、维护、维修工艺设备	(一)操作、维护、维修压缩机	1. 能更换到期部件 2. 能更换填料与密封圈 3. 能调整活塞与气缸间隙 4. 能做大修后的试车	1. 压缩机的检修周期 2. 压缩机的结构 3. 压缩机的工作原理 4. 压缩机故障分析与处理方法 5. 压缩机的大修内容 6. 压缩机大修后试车注意事项
	(二)保养、维护、维修泵	1. 能更换到期部件 2. 能拆卸安装整机 3. 能更换填料与密封圈 4. 能调整更换机械密封 5. 能做大修后的试车	1. 离心泵和滑片泵的检修周期 2. 离心泵和滑片泵的结构及工作原理 3. 离心泵和滑片泵故障分析与处理知识 4. 离心泵和滑片泵的大修内容 5. 离心泵和滑片泵大修后的试车注意事项

续表

职业功能	工作内容	技能要求	相关知识
二、操作、维护维修工艺设备	（三）操作、维护、维修汽化器	1. 能操作汽化器 2. 能更换汽化器易损件 3. 能检查汽化器的电磁阀故障 4. 能检查汽化器的液位高报警 5. 能安装拆卸汽化器 6. 能更换盘管或列管 7. 能调试安装大修后的汽化器	1. 汽化器的概念 2. 汽化器的结构 3. 汽化器故障原因及处理方法 4. 汽化器的安装与调试知识 5. 汽化器的工作原理 6. 汽化器操作规程 7. 汽化器的维护保养内容
	（四）操作、维护、维修钢瓶充装设施	1. 能处理钢瓶角阀泄漏故障 2. 能检查处理电子充装秤电磁阀的故障	1. 钢瓶角阀故障的原因及处理方法 2. 电子充装秤故障诊断及处理方法
三、操作、维护工艺与自动控制系统	（一）维护自动控制系统	1. 能拆装压力变送器 2. 能拆装温度变送器 3. 能检查可燃气体报警器工作状态 4. 能拆装可燃气体报警器 5. 能处理可燃气体报警器的故障 6. 能提起或放下伺服式液位计浮子	1. 温度变送器工作原理及结构 2. 温度、压力变送器日常使用注意事项 3. 温度变送器的巡检与日常维护内容 4. 温度、压力变送器、可燃气体报警器拆装要求 5. 可燃气体报警器的工作原理 6. 可燃气体报警器的故障处理 7. 压力变送器的结构及工作原理 8. 伺服式液位计的结构及工作原理 9. 可燃气体报警器的结构及工作原理
	（二）维护工艺系统	1. 能进行液化石油气的汽化操作 2. 能进行液化石油气的混气操作 3. 能进行库站工艺系统冲洗作业 4. 能进行工艺系统置换前的准备工作 5. 能处理工艺系统故障 6. 能检查汽车罐车	1. 汽化的方法 2. 汽化的原理 3. 工艺系统冲洗方法及注意事项 4. 工艺系统置换前的准备工作 5. 工艺系统故障处理方法 6. 汽车罐车的安全附件知识 7. 液化石油气的运输方式
四、操作、维护消防设施	（一）维护消防设施	1. 能更换雨淋阀隔膜 2. 能排除消防自控系统不能开启的故障	1. 消防系统自动控制工作原理 2. 库站应急预案
	（二）维护防雷防静电设施	能安装防雷装置	1. 防雷电技术 2. 防雷保护装置的安装技术

3.4 技师

职业功能	工作内容	技能要求	相关知识
一、操作、维护储罐与工艺管道	（一）检验储罐与工艺管道	1. 能组织压力容器及管道检修前和投产前的置换工作 2. 能做储罐水压试验 3. 能进行储罐气密性试验	1. 储罐与管道的检验技术 2. 储罐置换投产方法 3. 储罐水压试验方法 4. 储罐气密性试验方法 5. 压力容器的安全技术管理
	（二）维修阀门	能安装紧急切断阀	紧急切断阀的安装调试方法

续表

职业功能	工作内容	技能要求	相关知识
二、操作、维护、维修工艺设备	（一）操作、维护、维修压缩机	1. 能对压缩机进行故障排除 2. 能安装压缩机 3. 能绘制压缩机的安装图纸	1. 压缩机的故障诊断方法 2. 安装压缩机的方法 3. 工艺设备的识图知识
	（二）操作、维护、维修泵	1. 能对泵进行故障排除 2. 能安装泵 3. 能绘泵的安装图纸	1. 泵的故障诊断方法 2. 安装泵的方法 3. 图纸的绘制方法
	（三）操作、维护、维修钢瓶充装设施	1. 能处理台秤的故障 2. 能安装台秤 3. 能调试台秤 4. 能对钢瓶做表面检验 5. 能安装钢瓶运输机	1. 台秤的结构及工作原理 2. 台秤的安装调试方法 3. 台秤的故障判定及处理方法 4. 钢瓶的表面检验方法 5. 钢瓶运输机的安装调试方法
三、操作、维护工艺与自动控制系统	（一）维护自动控制系统	1. 能诊断处理 PLC\DCS 系统故障 2. 能判断输出模块的输出数据是否正确 3. 能检查输入输出模块的故障 4. 能维护保养自动控制系统 5. 能解决装车仪通信故障 6. 能掌握自动控制系统故障的检查和处理方法 7. 能处理色谱仪常见故障	1. PLC\DCS 系统工作原理及结构 2. PLC\DCS 系统故障处理方法 3. 用万用表测量输出模块电流的方法 4. 模块输出电流与实际值的计算方法 5. 自动装车仪的工作原理及故障诊断方法 6. 远传仪表接线图的识图 7. 远传仪表电流电压信号与实际值的换算关系 8. 装车仪的故障处理方法 9. 色谱仪故障处理
	（二）操作、维护工艺系统	1. 能进行液化石油气库站布局 2. 能进行库存管理	1. 液化石油气库站布局 2. 库存计算及盈亏计算
	（三）检查维护电子汽车衡	1. 能指导安装电子汽车衡 2. 能处理传感器故障 3. 能处理显示器故障	1. 电子汽车衡的结构及工作原理 2. 电子汽车衡的使用、安装与检定 3. 电子汽车衡常见故障及排除方法
四、培训指导	（一）操作计算机	1. 能利用 Excel 制作表格 2. 能利用 Word 制作文档 3. 能制作多媒体幻灯片	1. Excel 制作表格 2. Word 制作文档 3. 多媒体幻灯片制作方法
	（二）培训	1. 能指导初、中、高级工人技能培训 2. 能讲解培训教材 3. 能编制培训教案	1. 液化石油气库站设备结构、工作原理及维护保养知识 2. 培训讲义的编写方法 3. 初、中、高技能培训要求
五、液化石油气库站管理	（一）管理液化石油气充装站	1. 能对液化石油气站安全检查 2. 能做液化石油气站质量控制手册	1. 液化石油气库站设计规范 2. 安全检查的内容 3. 质量管理手册的内容 4. 钢瓶库房的安全要求
	（二）管理液化石油气库	1. 能对库站员工进行安全教育 2. 能进行隐患检查与整改	1. 安全教育内容 2. 安全检查的方法及内容 3. 安全防范的措施

4. 比重表

4.1 理论知识

项目			初级/%	中级/%	高级/%	技师/%
基本要求		基础知识	19	21	21	9
相关知识	操作、维护储罐与工艺管道	维护储罐与工艺管道安全附件	9	8	2	
		检验储罐与工艺管道			10	11
		操作、维修阀门	6	7	7	
		储罐与工艺管道堵漏	3	3	3	
	操作、维护、维修工艺设备	操作、维护、维修压缩机	5.5	5.5	6	7
		操作、维护、维修泵	6.5	8	5	5
		操作、维护、维修流体臂、汽化器	2	2	5	
		操作、维护、维修钢瓶充装设施	10	9	5	5
	操作、维护工艺与自动控制系统	操作、维护自动控制系统	2	6	21	21
		操作工艺系统	11	15.5		
		操作、维护电子汽车衡				5
	操作、维护消防设施	操作消防设施	6			
		维护消防、防塞、防静电设施	5	5	5	
		操作应急抢险器材	5			
		安全作业	10	10	10	
	培训指导	操作计算机				2
		培训				3
	液化石油气库站管理	管理液化石油气充装站				16
		管理液化石油气库				16
合计			100	100	100	100

4.2 技能操作

项目			初级/%	中级/%	高级/%	技师/%
技能要求	操作、维护储罐与工艺管道	操作、维护储罐与工艺管道安全附件	10	10	10	
		操作、检验储罐与工艺管道		5	5	10
		操作、维修阀门	10	10	10	5
		储罐与工艺管道堵漏	10	10	5	5

续表

项目			初级/%	中级/%	高级/%	技师/%
技能要求	操作、维护、维修工艺设备	操作、维护、维修压缩机	5	9	9	13
		操作、维护、维修泵	5	9	9	12
		操作、维护、维修流体臂、汽化器	10	7	2	
		操作、维护、维修钢瓶充装设施	10	10	10	5
	操作、维护工艺与自动控制系统	操作、维护自动控制系统	5	5	10	10
		操作工艺系统	10	10	20	5
		操作、维护电子汽车衡	5	5		5
	操作、维护消防设施	操作消防设施	5	2		
		维护消防设施	5	2	5	
		操作应急抢险器材	5	3		
		维护防雷防静电设施	5	3	5	
	培训指导	操作计算机				5
		培训				15
	液化石油气库站管理	管理液化石油气充装站				5
		管理液化石油气库				5
合计			100	100	100	100

附录2 高级液化石油气库站运行工理论知识鉴定要素细目表

行为领域	代码	鉴定范围（重要程度比例）	鉴定比重	代码	鉴定点	重要程度	备注
A 基础知识 21% (17：10：6)	A	液化石油气的安全使用及爆炸性气体环境基础知识 (07：06：03)	10%	001	液化石油气的火灾爆炸危险性	X	
				002	液化石油气的中毒与冻伤的危险	X	
				003	液化石油气的气态密度对安全的影响	X	
				004	液化石油气的液态密度对安全的影响	X	
				005	液化石油气的蒸气压对安全的影响	X	
				006	液化石油气的相变对安全的影响	Y	
				007	液化石油气露点和沸点对安全的影响	Y	
				008	闪点和自燃点对安全的影响	Y	
				009	其他烯烃和烷烃对安全的影响	Y	
				010	爆炸性气体环境的概念	Z	
				011	气体、蒸气爆炸性环境区域划分	Y	
				012	粉尘、纤维火灾危险区域划分	Z	
				013	隔爆型和增安型电气设备防爆原理	Y	
				014	防爆电气设备的种类与标志	X	
				015	电气设备的工作温度	Z	
				016	爆炸性气体环境用的电气设备分类	X	
	B	机械基础知识 (05：03：02)	7%	001	机械图样的概念	X	
				002	机械制图国家标准的基本规定	X	
				003	视图的概念	Z	
				004	零件的表达方法	Y	
				005	螺纹的种类及代号	Y	
				006	润滑的概念	Z	
				007	润滑剂的作用	X	
				008	润滑脂分类、作用及性质	Y	
				009	润滑剂的"五定"内容	X	
				010	润滑剂的"三过滤""三清洁"要求	X	
	C	HSE体系及安全法律法规的基本知识 (05：01：01)	4%	001	危险化学品分类及危害	Z	
				002	危险化学品储存场所的要求	X	
				003	危险化学品储存方式	X	
				004	危险化学品储存量的限制	X	

续表

行为领域	代码	鉴定范围 （重要程度比例）	鉴定比重	代码	鉴定点	重要程度	备注
A 基础知识 21% (17：10：6)	C	HSE 体系及安全法律法规的基本知识 (05：01：01)	4%	005	危险化学品管理	X	
				006	危险化学品消防措施	X	
				007	废弃物处理要求	Y	
B 专业知识 79% (84：24：9)	A	操作、维护储罐与工艺管道 (25：08：00)	22%	001	球形储罐的技术要求	X	
				002	卧式储罐的技术要求	X	
				003	卧式储罐的安装要求	X	
				004	液化石油气储罐使用基本要求	X	
				005	管道的设计及附件的布置要求	Y	
				006	流过管道某一截面的液化石油气流量	Y	
				007	架空敷设管道的安全要求	Y	
				008	埋地敷设管道的安全要求	X	
				009	库站区管道安装的要求	X	
				010	管道检验的要求	Y	
				011	液化石油气管道维护与检查	X	
				012	储罐的检验周期	X	
				013	储罐与管道的定期检验项目	X	
				014	液化石油气储罐内部检验的内容和要求	X	
				015	液化石油气储罐外部检验的内容和要求	X	
				016	储罐与管道检验前的准备工作	X	
				017	储罐与管道检验报告的主要内容	X	
				018	安全阀的结构与分类	Y	
				019	安全阀的安装要求	X	
				020	安全阀年度检验的内容	X	
				021	安全阀年度检验的要求	Y	
				022	安全阀阀体泄漏的故障处理方法	X	
				023	安全阀阀门频繁启闭的故障处理方法	X	
				024	安全阀启闭不灵活的故障处理方法	X	
				025	液相安全回流阀的构造及故障处理	X	
				026	截止阀的检修方法	X	
				027	阀门内漏的故障原因及处理	X	
				028	阀门垫圈泄漏的原因及处理	X	
				029	常见阀门的故障处理	Y	
				030	带压堵漏技术的原理及特点	Y	

续表

行为领域	代码	鉴定范围（重要程度比例）	鉴定比重	代码	鉴定点	重要程度	备注
B 专业知识 79%（84：24：9）	A	操作、维护储罐与工艺管道（25：08：00）	22%	031	法兰泄漏的密封方法	X	
				032	弯头、三通、直管段及填料函泄漏封堵	X	
				033	带压堵漏注意事项	X	
	B	操作、维护、维修压缩机、泵（19：02：03）	11%	001	活塞式压缩机的结构及工作原理	Y	
				002	活塞式压缩机开机与试车	X	
				003	活塞式压缩机工作面温度过高的原因及处理方法	X	
				004	活塞式压缩机声音异常的原因及处理方法	X	
				005	活塞式压缩机吸气阀盖温度高的原因及处理方法	X	
				006	活塞式压缩机吸排气阀泄漏原因及处理方法	X	
				007	活塞式压缩机排气温度过高、气阀有响声的原因及处理方法	X	
				008	活塞式压缩机填料处漏气或发热的原因及处理方法	X	
				009	滑片泵的结构及工作原理	Z	
				010	滑片泵的故障分析与处理	X	
				011	离心泵的工作原理	Z	
				012	离心泵的汽蚀现象、原因及预防措施	X	
				013	离心泵轴承温度高的原因及处理方法	X	
				014	离心泵机身振动或噪声大的原因及处理方法	X	
				015	离心泵抽空的原因及处理方法	X	
				016	离心泵密封填料冒烟及漏失原因及处理方法	X	
				017	汽化器的种类与工作原理	Y	
				018	汽化器的结构	Z	
				019	汽化器的操作步骤	X	
				020	汽化器的操作注意事项	X	
				021	汽化器的维护保养内容	X	
				022	汽化器进出口压差小的原因及处理方法	X	
				023	汽化器突然停气或温升不够的故障原因及处理方法	X	
				024	汽化器的电磁阀自动关闭及出口管中有液化石油气味的故障原因及处理方法	X	

续表

行为领域	代码	鉴定范围（重要程度比例）	鉴定比重	代码	鉴定点	重要程度	备注
B 专业知识 79% (84:24:9)	C	操作、维护、维修流体臂、钢瓶 (04:02:01)	10%	001	钢瓶瓶阀的结构及要求	Y	
				002	钢瓶瓶阀不出气、漏气的原因及处理方法	X	
				003	钢瓶瓶阀压盖漏气、开关不灵活的原因及处理方法	X	
				004	电子充装秤的功能和特点	Z	
				005	电子充装秤的安装方法	Y	
				006	电子充装秤安装后的检查项目	X	
				007	电子充装秤故障原因分析及处理方法	X	
	D	操作、维护工艺与自动控制系统 (22:07:02)	21%	001	热电阻温度传感器的工作原理及应用	X	
				002	热电阻温度传感器的结构	Y	
				003	一体化温度变送器的结构及工作原理	Y	
				004	温度传感器日常使用中的注意事项	X	
				005	温度传感器日常巡回检查及维护内容	X	
				006	温度传感器维修人员应具备的条件	Y	
				007	压力传感器的组成及作用	Y	
				008	应变片压力传感器的原理及应用	Z	
				009	压力变送器的日常使用注意事项	X	
				010	压力变送器在压力传输过程中的注意事项	X	
				011	压力变送器日常巡回检查和定期维护	X	
				012	压力变送器维护注意事项	X	
				013	压力变送器故障分析与处理	X	
				014	压力变送器投运前工作与投运步骤	X	
				015	压力变送器的选购	Z	
				016	伺服液位计的构成与工作原理	Y	
				017	伺服液位计的控制器	Y	
				018	伺服液位计的安装注意事项	X	
				019	伺服液位计的操作使用注意事项	X	
				020	伺服液位计测量密度操作	Y	
				021	伺服液位计浮子提起和测液面的操作	X	
				022	伺服液位计和翻板液位计差别大的故障原因分析及处理	X	
				023	伺服液位计浮子故障的处理	X	
				024	装车仪接通电源后无显示的故障	X	
				025	装车仪开机后显示不正常的故障	X	

续表

行为领域	代码	鉴定范围（重要程度比例）	鉴定比重	代码	鉴定点	重要程度	备注
B 专业知识 79% (84:24:9)	D	操作、维护工艺与自动控制系统 (22:07:02)	21%	026	电液阀不动作或不出液的故障	X	
				027	电液阀启动和结束时振动过大的故障	X	
				028	装车仪启动后流速很低或泵不启动的故障	X	
				029	装车仪发液过程突然停止或上位机通信故障	X	
				030	电液阀常见故障处理方法	X	
				031	静电接地控制器系统的故障分析与处理方法	X	
	E	安全管理及消防设施 (14:05:03)	15%	001	高处作业的概念及分级	X	
				002	高处作业计划书的内容	Z	
				003	高处作业的基本安全要求	X	
				004	在有毒有害场所的高处作业要求	X	
				005	高处作业在使用工具方面的要求	X	
				006	高处作业在使用梯子方面的要求	X	
				007	进入有限空间作业的概念及作业计划书的内容	Y	
				008	有限空间作业的安全卫生标准	X	
				009	有限空间作业期间监护人的要求	X	
				010	进入有限空间作业人员的要求	X	
				011	进入有限空间作业的综合安全技术要求	X	
				012	进入有限空间作业的其他要求	X	
				013	进入有限空间作业的应急措施	X	
				014	进入有限空间作业的禁止事项	X	
				015	火灾、爆炸的应急救援措施	Y	
				016	中毒的应急救援措施	Y	
				017	事故报告的原则与报告内容	X	
				018	事故处理原则与措施	X	
				019	雨淋报警阀的结构及工作原理	Y	
				020	雨淋报警阀的维护与保养	Y	
				021	雨淋报警阀自动滴水阀漏水故障处理	Z	
				022	雨淋报警阀常见问题的处理方法	Z	

附录3 高级液化石油气库站运行工技能操作鉴定要素细目表

行为领域	代码	鉴定范围（重要程度比例）	鉴定比重	代码	鉴定点	重要程度	备注
A 技能操作 100% (12：4：01)	A	操作、维护储罐与工艺管道 (05：01：00)	30%	001	储罐检修前的准备工作	X	
				002	管道检修前的准备工作	X	
				003	分析处理阀杆升降失灵故障	X	
				004	分析处理单流阀流体倒流故障	X	
				005	分析处理安全阀泄漏、灵敏度不高、失灵的故障	Y	
				006	拆装储罐与管道安全阀	X	
	B	操作、维护、维修工艺设备 (04：01：00)	30%	001	处理活塞式压缩机气阀阀片与弹簧故障	X	
				002	更换活塞式压缩机填料与密封圈	X	
				003	更换滑片泵的机械密封	X	
				004	活塞式压缩机大修后的试车方法	X	
				005	处理钢瓶角阀泄漏故障	Y	
	C	操作、维护工艺与自动控制系统 (02：01：00)	30%	001	拆装压力变送器	X	
				002	拆装温度变送器	Y	
				003	处理装车仪与静电接地报警仪联锁故障	X	
	D	操作、维护消防设施 (01：01：01)	10%	001	更换雨淋阀隔膜	Y	
				002	排除消防自控系统不能开启的故障	X	
				003	排除及预防冬季蒸汽系统冻结故障	Z	

附录4 技师液化石油气库站运行工理论知识鉴定要素细目表

行为领域	代码	鉴定范围（重要程度比例）	鉴定比重	代码	鉴定点	重要程度	备注
A 基础知识 9% (05：03：01)	A	HSE 基础知识 (05：03：01)	9%	001	HSE 代表的意义	Y	
				002	HSE 管理体系的适用标准及要素	Z	
				003	HSE 管理体系的一级要素	Y	
				004	HSE 风险评价概念和目的	Y	
				005	HSE 作业指导书的内容及编制	X	
				006	HSE 风险及控制	X	
				007	HSE 作业计划书的内容	X	
				008	HSE 作业计划书的作用	X	
				009	HSE 管理体系的检查表	X	
B 专业知识 91% (70：13：4)	A	液化石油气库站管理 (28：05：01)	32%	001	液化石油气库总平面布置要求	Y	
				002	液化石油气库储罐区布置要求	X	
				003	液化石油气库站的位置要求	X	
				004	液化石油气库站地势与场地要求	X	
				005	液化石油气储罐的防火间距	X	
				006	液化石油气库站建设前的规定	X	
				007	液化石油气库站工程竣工后的规定	X	
				008	储罐区的选址与布置	X	
				009	铁路罐车装卸线的布置	X	
				010	汽车罐车装卸台的布置	X	
				011	灌瓶间的布置	X	
				012	压缩机间的布置	X	
				013	钢瓶库的布置	Y	
				014	液化石油气库生产辅助区的布置	X	
				015	液化石油气库站安全检查的方法	X	
				016	液化石油气库站安全管理组织、制度检查的内容	Y	
				017	库站危险因素及风险控制检查内容	X	
				018	库站操作规程、岗位安全生产、安全教育和安全活动、作业许可管理检查的内容	X	
				019	库站储罐区现场安全检查的内容	X	
				020	库站装卸车区现场安全检查的内容	X	

续表

行为领域	代码	鉴定范围（重要程度比例）	鉴定比重	代码	鉴定点	重要程度	备注
B 专业知识 91% (70∶13∶4)	A	液化石油气库站管理 (28∶05∶01)	32%	021	库站充装许可的资源条件	X	
				022	库站充装许可中对技术负责人的要求	Y	
				023	库站充装许可中对安全管理人员的要求	Y	
				024	库站充装许可中对充装人员的要求	X	
				025	库站充装许可中对充装场地的基本要求	X	
				026	库站充装许可中对设备设施的基本要求	X	
				027	库站充装许可中对装卸台和装卸配置的要求	X	
				028	库站充装许可中对消防的要求	X	
				029	库站充装许可中对安全的要求	X	
				030	液化石油气库站质量管理手册的内容	X	
				031	库站质量管理手册中管理制度	X	
				032	储罐及罐车充装量的规定	X	
				033	罐区运行注意事项	X	
	B	操作、维护储罐与工艺管道 (07∶02∶00)	11%	001	液化石油气储罐无损检验的内容	Y	
				002	宏观检查的方法	X	
				003	气密性试验的方法	X	
				004	气密性试验步骤	X	
				005	煤油渗漏试验方法	Y	
				006	储罐水压试验的方法	X	
				007	储罐必须进行耐压试验的条件	X	
				008	储罐氮气置换投产方法	X	
				009	储罐水置换投产方法	X	
				010	储罐抽真空投产方法	X	
	C	操作、维护、维修压缩机、泵 (10∶02∶00)	12%	001	泵的使用要求	Y	
				002	泵安装前开箱验收内容	Y	
				003	泵安装就位前的复查内容	X	
				004	新投产及大修后的泵试车方法	X	
				005	泵的配管注意事项	X	
				006	压缩机验收内容	X	
				007	压缩机安装就位前应检查内容	X	
				008	整体安装和解体压缩要检查内容	X	
				009	压缩机安装后的试运行	X	

续表

行为领域	代码	鉴定范围（重要程度比例）	鉴定比重	代码	鉴定点	重要程度	备注
B 专业知识 91%（70:13:4）	C	操作、维护、维修压缩机、泵（10:02:00）	12%	010	压缩机安装后无负荷试运行	X	
				011	压缩机试运行后的检查内容	X	
				012	压缩机的管理	X	
	D	操作、维护、维修钢瓶充装设施（10:01:00）	5%	001	台秤安装的基本要求	Y	
				002	台秤安装时各部件的组装要求	X	
				003	台秤总装配步骤	X	
				004	台秤的拆卸步骤	X	
				005	台秤的外观检查	X	
				006	台秤的调试程序	X	
				007	台秤的稳定性调试	X	
				008	台秤的灵敏度调试	X	
				009	台秤的误差调试	X	
				010	台秤的示值变动性调试	X	
				011	台秤的故障及处理方法	X	
	E	操作、维护工艺与自动控制系统（07:01:01）	21%	001	SCADA 系统的概念	Y	
				002	DCS 系统的概念及结构	X	
				003	PLC 系统的概念及结构	Z	
				004	自动控制系统的维护保养内容	X	
				005	自动控制系统故障的检查处理方法	X	
				006	装车仪上位机通信故障及处理方法	X	
				007	气相色谱仪进样后不出色谱峰的故障	X	
				008	气相色谱仪基线波动、漂移的故障	X	
				009	气相色谱仪峰丢失和假峰的故障	X	
	F	培训管理（01:01:01）	5%	001	计算机及其附属	Z	
				002	Wood2003 编辑文档的方法	Y	
				003	Wood2003 中文档格式的设置方法	X	
	G	操作、维护电子汽车衡（06:01:01）	5%	001	电子汽车衡的组成及各部分作用	Z	
				002	电子汽车衡的工作原理	Y	
				003	电子汽车衡允许载荷及操作注意事项	X	
				004	电子汽车衡日常检查与维护要求	X	
				005	电子汽车衡故障处理方法	X	
				006	电子汽车衡传感器安装注意事项	X	
				007	电子汽车衡电气连接注意事项	X	
				008	电子汽车衡安装基础要求	X	

附录5 技师液化石油气库站运行工技能操作鉴定要素细目表

行为领域	代码	鉴定范围 （重要程度比例）	鉴定比重	代码	鉴定点	重要程度	备注
A 技能操作 100% (14∶04∶01)	A	液化石油气库站管理 (02∶00∶00)	10%	001	液化石油气库站安全检查	X	
				002	编制质量保证手册	X	
	B	操作、维护储罐与工艺管道 (03∶00∶00)	20%	001	压力容器及管道投产前的置换工作	X	
				002	储罐水压试验操作	X	
				003	储罐气压试验操作	X	
	C	操作、维护、维修工艺设备 (04∶01∶00)	30%	001	排除压缩机运行故障	X	
				002	安装压缩机	Y	
				003	排除泵的故障	X	
				004	拆卸压缩机	X	
				005	处理电子充装秤的故障	X	
	D	操作、维护工艺与自动控制系统 (03∶01∶00)	20%	001	诊断处理 PLC/DCS 系统故障	Y	
				002	处理 PLC 输入输出模块的故障	X	
				003	处理电子汽车衡传感器故障	X	
				004	处理显示器故障	X	
	E	培训指导 (02∶02∶01)	20%	001	利用 Excel 制作表格	Y	
				002	利用 Word 制作文档	Y	
				003	制作多媒体幻灯片	Z	
				004	讲解培训教材	X	
				005	编制培训教案	X	

附录6 液化石油气库站运行工技能操作考试内容层次结构表

内容项目\级别	技能操作						合计
	操作、维护储罐与工艺管道	操作、维护、维修工艺设备	操作、维护工艺与自动控制系统	操作、维护消防设施	培训指导	液化石油气库站管理	
初级工	30分 10~20min	30分 10~15min	20分 15~30min	20分 15~20min			100分 50~75min
中级工	35分 15min	35分 15min	20分 15min	10分 15min			100分 60min
高级工	30分 15min	30分 15min	30分 15~30min	10分 15min			100分 60~75min
技师	20分 15min	30分 15min	20分 15min		20分 15~30min	10分 15min	100分 75~90min

参 考 文 献

[1] 祖因希．液化石油气操作技术与安全管理．3 版．北京：化学工业出版社，2009．
[2] 张应立．液化石油气储运与管理．北京：中国石化出版社，2007．
[3] 张兆杰，等．压力容器安全技术．郑州：黄河水利出版社，2001．
[4] 中国石油天然气集团公司安全环保与节能部．HSE 管理体系基础知识．北京：石油工业出版社，2012．
[5] 丁崇功．液化石油气站设备检修工．北京：化学工业出版社，2006．
[6] 丁崇功．液化石油气站设备操作工．北京：化学工业出版社，2006．
[7] GB 50016—2006．建筑设计防火规范．
[8] GB 150—2011．压力容器．
[9] GB 5842—2006．液化石油气钢瓶．
[10] GB 11174—2011．液化石油气．
[11] GB 50028—2006．城镇燃气设计规范．